福建 饲用植物名录

应朝阳 陈　恩　李春燕
黄毅斌　翁伯琦 等 编著

科学出版社

北　京

内 容 简 介

　　饲用植物资源是能够为畜禽放牧采食或人工收获（加工）后用来饲喂畜禽的植物资源，是经过漫长的自然选择和人工培育而形成的再生性资源。它是发展草食畜禽的物质基础，对保护和改善人类生存环境具有重要的作用。本书是作者研究团队历经近20年的考察、收集、鉴定、评价研究并总结前人的调查结果，经系统整理、鉴定、分析编著而成。本书共收录了100科495属1103种饲用植物，是迄今为止最为全面的介绍福建饲用植物资源概况的一部科学著作。全书收录的饲用植物依次记载了其别名、学名、分布、生境、饲用价值、其他用途等内容，外来植物及引进品种则注明原产地及分布现状，为进一步开发利用福建丰富的饲用植物资源提供了系统、翔实的资料和可靠的依据。

　　本书具有一定的科学理论水平与较强的实用价值，可作为南方草业、畜牧业、生态农业等方面的科技人员、大中专院校相关专业师生的参考书。

图书在版编目（CIP）数据

福建饲用植物名录/应朝阳等编著. —北京：科学出版社，2018.1
ISBN 978-7-03-055110-8

Ⅰ.①福… Ⅱ.①应… Ⅲ.①饲料作物－福建－名录 Ⅳ.①S54-62

中国版本图书馆CIP数据核字（2017）第268748号

责任编辑：李秀伟　白　雪/责任校对：郑金红
责任印制：肖　兴/封面设计：北京图阅盛世文化传媒有限公司

科 学 出 版 社 出版

北京东黄城根北街16号
邮政编码：100717
http://www.sciencep.com

中国科学院印刷厂 印刷

科学出版社发行　　各地新华书店经销

*

2018年1月第　一　版　　　开本：787×1092 1/16
2018年1月第一次印刷　　　印张：25 插页：26
字数：580 000

定价：260.00 元

（如有印装质量问题，我社负责调换）

编著者名单

王俊宏	邓素芳	叶花兰	白昌军	刘　晖
刘国道	李春燕	李振武	杨虎彪	邱燕连
应朝阳	陆　烝	陈　恩	陈志彤	林忠宁
罗旭辉	郑　斌	翁伯琦	黄毅斌	曹卫东
虞道耿	詹　杰			

序

　　这是一部由福建省农业科学院应朝阳研究员等编著完成、关于福建省饲用植物的著作。

　　饲用植物，顾名思义是指可以放牧利用或收获后饲喂畜禽的植物，既包括构成广袤草原（草山、草坡）的野生饲用植物，也包括用于草田轮作的栽培饲用作物。饲用植物资源是生物多样性的重要组成部分，在实施草业科技创新、发展草地农业、实现人类美好生活愿景中具有不可替代的作用。饲用植物的首要功能是为发展草食畜禽养殖业、保障人类食物安全提供重要的物质基础。草原提供了全世界 50% 草食家畜的饲料，我国的草原牧区生产了全国 45.4% 的牛羊肉、49.7% 的牛奶和 75.2% 的羊绒。根据我们新近完成的中国工程院重大咨询项目"中国草地生态保障与食物安全战略研究"：耕地和水资源的不足与不断增长的食物需求将是我国未来一个时期的主要矛盾之一。近年来，我国对畜产品的需求不断增加，口粮消费大幅度减少。发展草食畜禽养殖业是保障国家食物安全的重要措施。经过努力，充分发挥草地在农业系统中的作用，在未来的 20 年之内，我国的牛羊肉基本可以实现自给，而且口粮也有保证，完全可以实现习近平总书记所说，中国人的饭碗牢牢端在自己手上。

　　饲用植物在改善生态环境中具有不可替代的作用，由一棵棵"没有花香、没有树高"的小草组成的草地，其拦截地表径流的能力超过生长 3～8 年的林地。草原年水源涵养总量占全国地表水资源总量的 14%，相当于我国所有大中型水库储存的总量。80% 的黄河水量和 30% 的长江水量源自草原。

　　饲用植物资源，特别是野生饲用植物资源，是选育饲用作物新品种的重要材料。优良的饲用作物品种是发展草食畜禽养殖业、改良退化草原与农田、调整农业结构、建立草地农业系统的重要物质基础。由于种种原因，我国饲用作物育种比发达国家晚开展 50 年左右，也明显落后于我国农作物育种。加之我国草原与退化农田多分布于环境严酷地区，使饲用作物育种面临更大的挑战。但另一方面，我国是世界生物多样性高度丰富的国家之一，草原上共分布着 6700 余种饲用植物。为研究植物的适应机制，发掘抗逆、优质、高产的草类种质资源，培育饲用作物新品种提供了得天独厚的条件。当前国际学术界对饲用植物研究的趋势，首先是加强收集、挖掘、利用植物资源，加大为育种服务的力度；其次是加大驯化选育野生饲用植物，目前加拿大广泛种植的东方山羊豆、新西兰的 Cala 雀麦品种、阿根廷的百脉根品种都是由野生种驯化而来。我国在这方面也开展了大量工作，全国已通过审定的 542 个草类新品种中，野生驯化品种达 116 个，约占审定品种总数的 21.4%。其中不乏在生产中发挥重要作用的品种，如甘肃山丹军马场在 20 世纪 70 年代驯化选育的垂穗披碱草、老芒麦，兰州大学新近驯化选育的腾格里无芒隐子草等。饲用植物中存在着丰富的基因多样性，是重要的、具有实际或潜在价值的基因资源。当前各国对基因资源都在加大争夺，某种情况下，谁掌握了新的基因资源，谁就掌握了整个市场。因此，从现有的野生植物中挖掘重要的基因资源，用于创造饲用作物或农作物新种质，培育新品种，是当前国际学术界的一个重要趋势。

认识和了解饲用植物资源是对其进行更好利用的重要前提。我国学者始终注重对植物资源，也包括饲用植物的采集和认知，取得的重要成果集中反映在《中国植物志》和各省的植物志中，这为利用饲用植物奠定了重要的基础。我国有计划地开展饲用植物资源的调查与研究始于 20 世纪 80 年代。特别是近 30 年来，在科技部、农业部的大力支持下，通过科技基础性工作专项、种质资源保护等计划，专门对饲用植物资源立项研究，促进了这一工作的开展，出版了一系列著作，其中包括陈默君和贾慎修主编的《中国饲用植物》、中国饲用植物志编纂委员会主编的《中国饲用植物志》、吴仁润和卢欣石编著的《中国热带亚热带牧草种质资源》、刘国道等编著和主编的《中国热带饲用植物资源》、《海南禾草志》和《海南莎草志》等。在草地资源研究中具有里程碑意义的工作是 1980 年开始的全国草地资源普查，历时 10 余年完成，其中重要的成果之一是基本查清了我国的草原饲用植物资源，主要成果收录在 1996 年出版的《中国草地资源》中。21 世纪以来，中国农业科学院董玉琛院士和刘旭院士组织全国有关力量编著了《中国作物及其野生近缘植物》，其中包括蒋尤泉研究员主编的"饲用及绿肥作物卷"。所有这些都为我们开展饲用植物研究和利用提供了重要的理论与科技支撑。

人类对自然的认识永无止境，随着科学的发展及技术的进步，新的饲用植物种时有报道，省域内饲用植物新记录种不断被认知，饲用植物的新功能不断被发现。因此，对饲用植物资源的调查、采集、保存与评价亦非一劳永逸，需要不断补充、修订与完善。

福建省地处北回归线附近和我国东南沿海，属于典型的暖热湿润亚热带海洋性季风气候。全境依山傍水，境内峰峦叠嶂、丘陵绵延，素有"八山一水一分田"之说。垂直分布明显，从海平面到海拔两千余米，海岸线逶迤漫长，海岛星罗棋布。独特的地理与气候，构成了山水相依、繁缛多样的生态系统，孕育了丰富的生物资源，号称我国东南生物资源的天然基因库，也形成了十里不同风、百里不同俗的多样的乡间文化。多年来，福建省和我国有关单位的科技人员对全省包括饲用植物在内的植物资源开展了大量的研究，掌握了丰富的第一手资料，出版了《福建植物志》等著作。

该书——《福建饲用植物名录》便是其作者在前人工作的基础上，历时 20 年，发扬脚踏实地、不懈追求、与时俱进的精神而取得的成果。该书也是众多单位科研大协作的结晶，我注意到作者当中除了福建省农业科学院的科技人员之外，还有中国热带农业科学院热带作物品种资源研究所和中国农业科学院农业资源与农业区划研究所的科技人员。当前尤其需要草业科技人员杜绝浮躁、深入实际、通力协作、奋勇攀登，才能完成时代赋予我们的神圣使命。

全面、系统是该书的特点，全书共收录了 100 科 495 属 1103 种饲用植物，除福建地方乡土饲用植物资源外，还收录了大量引入的饲用作物种和品种及具有饲用价值的外来入侵植物。书中也包括了作者通过野外实地调查发现的饲用植物新的分布种及民间用来饲喂畜禽但以往未被记载为饲用植物的物种。这是对《福建植物志》等经典文献的重要补充，也是对福建饲用植物资源新的认知与发现。

全书不仅对收录的每种植物都依次记载了其别名、学名、分布、生境等特点，还根据家畜对其喜食程度，对每种植物给出了优、良、中等饲用价值评价。对非乡土植物则注明了其原产地与分布现状，为进一步地保护、研究与开发利用福建省丰富的植物资源提供了系统而翔实的依据。据我所知，该书可能是迄今为止最为全面的介绍福建省饲用植物资源的著作。

我高兴地看到全国饲用植物资源研究的百花园中又增添了一朵奇葩！祝贺《福建饲用植物名录》出版。

是以为序。

中国工程院　院士

兰州大学草地农业科技学院　教授

前　言

　　福建省地处中国东南沿海，属于中亚热带和南亚热带气候。武夷山脉的天然屏障，曲折的海岸线，众多的海岛，海洋性季风气候及中山丘陵的自然地理条件，使得福建各地蕴藏着极为丰富的植物种质资源。1982～1995年出版的《福建植物志》六卷 [1]，共记载福建维管植物4600多种，为有效地保护和充分利用如此丰富的野生植物资源，对其按用途进行系统分类整理显然很有必要。牧草和饲用植物资源是开发草地、发展草牧业的重要物质基础，通过对牧草和饲用植物资源进行驯化、培育、繁殖，选育高产优质品种，改善草地结构，使牧草和饲用植物资源向有利于开发利用的方向发展，这正是本书的编写初衷。

　　本书共收录了100科495属1103种饲用植物，全书主要根据恩格勒系统编排顺序，由于禾本科、豆科、菊科、莎草科等4科饲用植物资源收录较多，所收录的种类数量占全书的比例将近60%，同时，这4个科也是目前实际应用品种数量最多的科，为方便普通从业者使用，特将这4个科内容置于本书最前面，并以收录种类的多寡为序编排。全书中，禾本科收录241种，豆科收录164种，菊科收录105种，莎草科收录92种，其他科收录共501种。本书的拉丁学名基本以 *Flora of China* [2]为准，个别由于考虑编写方便及使用习惯，则以《中国植物志》[3] 及《福建植物志》为准，如《中国植物志》的崖豆藤属 *Millettia*、鼠麹草属 *Gnaphalium* 在 *Flora of China* 中被分为2个或多个属，本书仍以《中国植物志》为准。全书收录的饲用植物依次记载了其别名、学名、分布、生境、饲用价值、其他用途等内容，外来植物及引进品种，则注明其原产地及分布现状。书中饲用质量分级按全国统一标准：优等，指牲畜最先采食的植物；良等，指牲畜喜欢采食的植物；中等，指牲畜一般情况下采食的植物。

　　本书是作者研究团队自1997年以来对福建饲用植物资源进行实地调查研究和参阅大量文献资料的成果。书中收录的饲用植物除了传统常用的种类外，还包括：①外来引入资源，约40种，如南非马唐 *Digitaria eriantha*、墨西哥玉米 *Zea mexicana*、宽叶雀稗 *Paspalum wettsteinii*、百喜草 *Paspalum notatum* 等，其中部分已归化，如地毯草 *Axonopus compressus*、象草 *Pennisetum purpureum* 等；②入侵植物，约20种，如大米草 *Spartina anglica*、棕叶狗尾草 *Setaria palmifolia*、银合欢 *Leucaena leucocephala*、凤眼莲 *Eichhornia crassipes* 等，

[1]　福建省科学技术委员会. 1982～1995. 福建植物志. 第1-6卷. 福州：福建科学技术出版社

[2]　The Editorial Committee of Flora of China. 1989～2013. Flora of China. Volume 1-25. Beijing: Science Press & St, Louis: Missouri Botanical Garden Press

[3]　中国科学院《中国植物志》编辑委员会. 1959～2004. 中国植物志. 第1-80卷. 北京：科学出版社

如入侵植物能够在畜禽饲养上得以充分利用，在经济上和生态环境上都能给我们带来较大的收益；③我们在野外工作过程中发现的福建新分布种，如无芒山涧草 *Chikusichloa mutica*、海雀稗 *Paspalum vaginatum*、长颈薹草 *Carex longicolla*、刺芹 *Eryngium foetidum* 等；④尚无资料记载，但我们在调查过程中了解到民间有饲用习惯的种类，如匙叶鼠麹草 *Gnaphalium pensylvanicum*、稻槎菜 *Lapsanastrum apogonoides*、高大翅果菊 *Lactuca raddeana* 等；⑤对人体有剧毒，但可作为添加剂少量使用的种类，如钩吻 *Gelsemium elegans*。为便于读者查阅，本书后附有拉丁学名、中文名索引，鉴于各地叫法不同，存在同名异种、同种异名的现象，种名的中文学名、别名、异名均参与检索。

　　本书由应朝阳主持编写，书中禾本科部分由罗旭辉、叶花兰、应朝阳等为主编写，豆科部分由詹杰、应朝阳等为主编写，莎草科和菊科部分由李春燕、应朝阳等为主编写，其他科由王俊宏、陈恩、林忠宁、叶花兰等共同编写完成，邱燕连、陈恩负责禾本科及莎草科的补充修改，邓素芳、郑斌负责文字校对与编排，本书图片主要由陈恩、邱燕连、应朝阳等拍摄，应朝阳负责全书的补充修改和统稿。在资源考察及名录编写过程中，得到了福建省农业科学院农业生态研究所、福建省山地草业工程技术研究中心、中国热带农业科学院热带作物品种资源研究所、中国农业科学院农业资源与农业区划研究所等有关单位的积极支持和大力协助。本书的前期资源调查、鉴定及编撰、出版等工作得到科技部国家科技基础条件平台重点项目（2005DKA21000）、公益性行业（农业）科研专项（201103005）、科技部科技基础资源调查项目（2017FY100601）、国家现代农业产业技术体系（CARS-22）、中央引导地方科技发展专项（2017L3006）、农业部牧草种质资源保护专项、农业部热带作物种质资源保护项目、农业部农作物种质资源保护与利用专项、福建省种业创新与产业化工程项目、福建省农业科学院科技创新团队及 PI 项目、福建省省属公益类科研院所基本科研专项等项目（基金）的支持，在此表示衷心的感谢。本书编写过程中，参考了大量相关文献资料，由于时间仓促，水平有限，挂一漏万，书中错误和疏漏之处在所难免，恳请读者批评指正。

作　者

2017 年 10 月

目 录

一、禾本科
Poaceae（Gramineae）

稻属 *Oryza* Linnaeus

稻

【别　　名】禾

【学　　名】*Oryza sativa* Linnaeus

【分　　布】广泛栽培于世界热带及暖温带地区。我国各省区均有栽培，南方为主产区。福建除东山、平潭栽培较少外，其余县市均作为主要粮食作物栽培。

【生　　境】主要生于水田中。

【饲用价值】茎秆柔软，常用作草食牲畜的粗饲料。

【其他用途】籽粒为重要粮食作物。

普通野生稻

【学　　名】*Oryza rufipogon* Griffith

【分　　布】印度，缅甸、泰国、马来西亚等东南亚国家。我国分布于广东、海南、广西、云南、台湾等省、自治区。福建漳浦有分布。

【生　　境】生于池塘、沼泽等低湿地。

【饲用价值】茎秆柔软，常用作草食牲畜的粗饲料。

假稻属 *Leersia* Solander ex Swartz

李氏禾

【学　　名】*Leersia hexandra* Swartz

【分　　布】全球热带地区。我国分布于广东、广西、台湾、海南等省、自治区。福建各地常见。

【生　　境】生于河沟、田岸、水边、湿地。

【饲用价值】全株可作为牲畜、草鱼的饲料。

▊秕壳草

【学　　名】*Leersia sayanuka* Ohwi

【分　　布】克什米尔地区。我国分布于华东、中南至西南各省区。福建产于永安、屏南、武夷山等地。

【生　　境】生于海拔 700～1000m 的林下湿地或溪边。

【饲用价值】全株可作为牲畜、草鱼的饲料。

水禾属 *Hygroryza* Nees

▊水禾

【学　　名】*Hygroryza aristata*（Retzius）Nees

【分　　布】印度、斯里兰卡，缅甸等东南亚国家。我国分布于广东、云南、江西等省。福建偶见。

【生　　境】生于池塘、湖沼、小溪流中。

【饲用价值】植株可作猪、鱼及牛的饲料。

山涧草属 *Chikusichloa* Koidzumi

▊无芒山涧草

【学　　名】*Chikusichloa mutica* Keng

【分　　布】苏门答腊。我国分布于广东、广西、海南等省、自治区。福建产于建宁。

【生　　境】多生于林下溪边。

【饲用价值】牛、马、羊喜食，良等饲用植物。

菰属 *Zizania* Linnaeus

▊菰

【别　　名】茭白、茭笋

【学　　名】*Zizania latifolia*（Grisebach）Turczaninow ex Stapf

【分　　布】亚洲温带、俄罗斯、欧洲。我国分布于南北各地。福建各地常见。

【生　　境】多栽培于池塘、水田中。

【饲用价值】秆叶是家畜及草鱼的饲料。

【其他用途】秆基嫩茎为真菌茭白黑粉菌 *Ustilago esculenta* 感染后变肥大，可作美味蔬菜；本种也是固堤造陆的先锋植物。

大麦属 *Hordeum* Linnaeus

大麦

【学　　名】*Hordeum vulgare* Linnaeus

【分　　布】广泛栽培于全世界非热带地区及热带高山地区。我国南北各地栽培。福建偶见栽培。

【生　　境】多栽培于旱地。

【饲用价值】营养成分完全，尤其是蛋白质、氨基酸和矿物质含量比较丰富，草质柔软，适口性好。

【其他用途】粮食作物。

藏青稞

【别　　名】三叉大麦

【学　　名】*Hordeum vulgare* var. *trifurcatum*（Schlechtendal）Alefeld

【分　　布】全世界非热带地区常见栽培。我国分布于甘肃、青海、西藏、四川等省、自治区。福建曾有引种。

【生　　境】耐寒性强，适于高寒冷凉地区种植。

【饲用价值】草质柔软，适口性好，优等饲料作物。

【其他用途】粮食作物。

二棱大麦

【学　　名】*Hordeum distichon* Linnaeus

【分　　布】广泛栽培于全世界温带地区。我国分布于河北、安徽、河南、青海、西藏等省、自治区。福建偶见栽培。

【生　　境】多栽培于旱地。

【饲用价值】草质柔软，适口性好。

【其他用途】粮食作物。

披碱草属 *Elymus* Linnaeus

鹅观草

【别　　名】柯孟披碱草

【学　　名】*Elymus kamoji*（Ohwi）S. L. Chen

【分　　布】朝鲜及俄罗斯远东地区。我国分布较普遍。福建大部分地区普遍分布。

【生　　境】多生于山坡、路边、林缘、湿润草地。

【饲用价值】叶质柔软而繁盛，产草量大，动物喜食，优等饲用植物。

纤毛鹅观草

【别　　名】纤毛披碱草

【学　　名】*Elymus ciliaris*（Trinius ex Bunge）Tzvelev

【分　　布】日本、朝鲜、蒙古、俄罗斯等。我国大部分省区有分布。福建较少见。

【生　　境】生于山坡、路边、湿润草地。

【饲用价值】叶质柔软而繁盛，产草量大，动物喜食，优等饲用植物。

竖立鹅观草

【别　　名】日本纤毛草

【学　　名】*Elymus ciliaris* var. *hackelianus*（Honda）G. Zhu & S. L. Chen

【分　　布】日本、朝鲜。我国分布于北京、安徽、贵州、黑龙江、河南、湖北、湖南、江苏、江西、陕西、山东、山西、四川、云南、浙江等省、市、自治区。福建各地较常见。

【生　　境】生于山坡、路边、林缘、湿润草地。

【饲用价值】叶质柔软而繁盛，产草量大，动物喜食，优等饲用植物。

看麦娘属 *Alopecurus* Linnaeus

看麦娘

【学　　名】*Alopecurus aequalis* Sobolewski

【分　　布】欧亚大陆的寒温和暖温地区、北美洲。我国广布于南北各省区。福建各地常见。

【生　　境】生于海拔较低的田边及潮湿之地。

【饲用价值】草质柔软，牛羊喜食，幼嫩时也作猪的青饲料。

日本看麦娘

【学　　名】*Alopecurus japonicus* Steudel

【分　　布】朝鲜、日本。我国分布于安徽、贵州、河南、四川、云南、广东、浙江、江苏、湖北、陕西等省。福建各地常见，常与看麦娘（*A. aequalis*）混杂生长。

【生　　境】多生于田边湿地。

【饲用价值】适口性好，各类家畜喜食，良等饲用植物。

茵草属 *Beckmannia* Host

茵草

【别　　名】水稗子

【学　　名】*Beckmannia syzigachne*（Steudel）Fernald

【分　　布】日本、朝鲜、哈萨克斯坦、吉尔吉斯斯坦、蒙古、俄罗斯及欧洲、北美洲。我国广布于南北各省区。福建各地常见。

【生　　境】生于海拔 3700m 以下的田边湿地、沼泽。

【饲用价值】春、夏两季生长迅速，枝叶繁茂，宜早期收割，贮制干草，草质柔软，营养价值较高。

沟稃草属 *Aniselytron* Merrill

沟稃草

【学　　名】*Aniselytron treutleri*（Kuntze）Soják

【分　　布】印度北部及印度（锡金）、缅甸。我国分布于台湾、湖北、四川、贵州、广西等省、自治区。福建产于武夷山黄岗山。

【生　　境】生于海拔 1350～2000m 的山谷草地、林下阴湿处。

【饲用价值】牛、马、羊喜食，良等饲用植物。

野青茅属 *Deyeuxia* Clarion ex P. Beauvois

野青茅

【学　　名】*Deyeuxia pyramidalis*（Host）Veldkamp

【分　　布】日本、克什米尔地区、朝鲜、巴基斯坦、俄罗斯及欧洲。我国分布于西南、华中、华东、华北、东北、西北等地区。福建山地常见。

【生　　境】生于山坡草地、疏林、灌丛、河谷溪边、沙滩草地。

【饲用价值】幼嫩时家畜喜食，良等饲用植物。

拂子茅属 *Calamagrostis* Adanson

拂子茅

【学　　名】*Calamagrostis epigeios*（Linnaeus）Roth

【分　　布】日本、克什米尔地区、哈萨克斯坦、吉尔吉斯斯坦、蒙古、巴基斯坦、俄罗斯、塔吉克斯坦、土库曼斯坦及东南亚、欧洲。我国广布于全国各地。福建各地常见。

【生　　境】生于山间低湿地、沟渠边。

【饲用价值】幼嫩时家畜喜食，良等饲用植物。

剪股颖属 *Agrostis* Linnaeus

剪股颖

【别　　名】华北剪股颖

【学　　名】*Agrostis clavata* Trinius

【分　　布】日本、朝鲜、蒙古、俄罗斯及东南亚、北欧、北美洲。我国分布于华东、华中地区及云南、贵州、四川东部、台湾等省。福建北部山区常见。

【生　　境】生于海拔 4000m 以下的山坡、草地、路边、溪边等处。

【饲用价值】草质柔软，各种家畜均喜食，优等饲用植物。

巨序剪股颖

【学　　名】*Agrostis gigantea* Roth

【分　　布】阿富汗、印度西北部、日本、朝鲜、蒙古、尼泊尔、巴基斯坦、俄罗斯及北非、东南亚、欧洲。我国分布于华北、华东、东北、西北。福建产于泰宁、武夷山等地。

【生　　境】生于山坡、草地、潮湿处。

【饲用价值】草质柔软，各种家畜均喜食，优等饲用植物。

多花剪股颖

【学　　名】*Agrostis micrantha* Steudel

【分　　布】不丹、印度东北部、缅甸北部、尼泊尔。我国分布丁安徽、广西、云南、贵州、河南、四川、江西、湖南、湖北、青海、陕西、四川、西藏等省、自治区。福建产于泰宁、武夷山等地。

【生　　境】生于山坡、草地、路边、潮湿处。

【饲用价值】草质柔软，各种家畜均喜食，优等饲用植物。

台湾剪股颖

【学　　名】*Agrostis sozanensis* Hayata

【分　　布】我国分布于安徽、广东、贵州、河南、湖北、湖南、江苏、江西、四川、台湾、云南、浙江等省。福建西北部山区常见。

【生　　境】生于山坡、路边、潮湿处。

【饲用价值】草质柔软，各种家畜均喜食，优等饲用植物。

棒头草属 *Polypogon* Desfontaines

棒头草

【学　　名】*Polypogon fugax* Nees ex Steudel

【分　　布】不丹、印度、日本、哈萨克斯坦、朝鲜、吉尔吉斯斯坦、缅甸、尼泊尔、巴基斯坦、俄罗斯、塔吉克斯坦、土库曼斯坦、乌兹别克斯坦及亚洲西南部。我国分布于南北各省区。福建各地常见。

【生　　境】生于田边、草地、水沟边、潮湿地。

【饲用价值】草质柔嫩，叶量丰富，结实后适口性下降，优等饲用植物。

长芒棒头草

【学　　名】*Polypogon monspeliensis*（Linnaeus）Desfontaines

【分　　布】广布于全世界的热带、温带地区。我国分布于南北各省区。福建各地偶见。

【生　　境】生于田边、草地、水沟边。

【饲用价值】叶量丰富，粗蛋白含量高，优等刈割型饲用植物。

鹧鸪草属 *Eriachne* R. Brown

鹧鸪草

【学　　名】*Eriachne pallescens* R. Brown

【分　　布】东南亚、大洋洲。我国分布于广东、广西、江西等省、自治区。福建产于东南沿海各地及永定、上杭、连城、永安等地。

【生　　境】多生于干燥山地。

【饲用价值】抽穗前牛、羊采食。

落草属 *Koeleria* Persoon

落草

【别　　名】六月禾

【学　　名】*Koeleria macrantha*（Ledebour）Schultes

【分　　布】欧亚大陆温带地区。我国分布于西南、华东、华中、华北、西北、东北等地区。福建产于平潭、连江等地。

【生　　境】生于山坡、路旁、草地。

【饲用价值】草质柔软，适口性优良，是夏季羊群采食的重要饲用植物。

三毛草属 *Trisetum* Persoon

三毛草

【别　　名】蟹钩草

【学　　名】*Trisetum bifidum*（Thunberg）Ohwi

【分　　布】朝鲜、日本、巴布亚新几内亚。我国分布于广东、广西、云南、贵州、四川、湖南、湖北、江西、浙江、安徽、江苏、河南、陕西、甘肃等省、自治区。福建各地常见。

【生　　境】多生于山坡、路旁、林缘、沟边湿地。

【饲用价值】茎叶质地较柔嫩，牛、羊喜食。

燕麦属 *Avena* Linnaeus

野燕麦

【学　　名】*Avena fatua* Linnaeus

【分　　布】欧、亚、非三洲的温寒带地区及北美洲。我国广布于南北各省区。福建各地常见。

【生　　境】多生于路旁、山坡旱地、麦田。

【饲用价值】牛、马的青饲料。

【其他用途】造纸、食用。

燕麦

【学　　名】*Avena sativa* Linnaeus

【分　　布】原产我国，北温带地区广泛栽培。我国各地常见栽培。福建有引种栽培。

【生　　境】适宜在气候凉爽、雨量充足的地区种植。在江河两岸、两山岭间土壤肥沃、水分充足、排水良好的地区种植燕麦，可望获得高的产量。

【饲用价值】燕麦茎叶柔软多汁，营养丰富，适口性极佳，适宜抽穗—乳熟期间收割饲喂，是理想的饲用植物。

【其他用途】粮食。

沼原草属 *Molinia* Schrank

沼原草

【别　　名】拟麦氏草

【学　　名】*Molinia japonica* Hackel

【分　　布】日本、韩国、俄罗斯。我国分布于安徽、浙江。福建产于龙岩、三明、屏南、武夷山等地。

【生　　境】生于海拔 900m 以上的山地草地。

【饲用价值】幼嫩茎叶为家畜喜食，可晒制干草和青贮。

【其他用途】造纸、水土保持。

芦苇属 *Phragmites* Adanson

卡开芦

【别　　名】水竹

【学　　名】*Phragmites karka*（Retzius）Trinius ex Steudel

【分　　布】柬埔寨、印度、印度尼西亚、日本、老挝、马来西亚、缅甸、巴布亚新几内亚、菲律宾、斯里兰卡、泰国、越南及非洲、大洋洲北部、太平洋群岛。我国分布于华南、西南。福建各地常见。

【生　　境】多生于河岸、溪边或湿润地。

【饲用价值】幼嫩时适口性良好，良等饲用植物。

芦苇

【学　　名】*Phragmites australis*（Cavanilles）Trinius ex Steudel

【分　　布】全球广泛分布。我国各地均有分布。福建各地零散分布。

【生　　境】生于沼泽、河岸、海滩、湿润地。

【饲用价值】嫩茎叶家畜喜食，可晒制干草和青贮。

【其他用途】造纸、药用、水土保持。

芦竹属 *Arundo* Linnaeus

芦竹

【学　　名】*Arundo donax* Linnaeus

【分　　布】亚洲、非洲、大洋洲热带地区广布。我国分布于西南、华南及湖南、浙江、江苏等省。福建各地常见。

【生　　境】河岸、溪边。

【饲用价值】幼嫩枝叶的粗蛋白达 12%，是牲畜的良好青饲料。

【其他用途】可作园林观赏；秆可造纸；可制作管乐器的簧片。

类芦属 *Neyraudia* J. D. Hooker

类芦

【学　　名】*Neyraudia reynaudiana*（Kunth）Keng ex Hitchcock

【分　　布】不丹、柬埔寨、印度东北部、印度尼西亚、日本、老挝、马来西亚、缅甸、尼泊尔、泰国、越南。我国分布于长江流域以南各省区。福建各地常见。

【生　　境】生于河边、山坡或砾石草地。

【饲用价值】牲畜喜食嫩茎及叶，良等饲用植物。

山类芦

【学　　名】*Neyraudia montana* Keng

【分　　布】我国分布于安徽、湖北、江西、浙江。福建各地常见。

【生　　境】生于覆盖浅薄土层的岩壁或岩隙地。

【饲用价值】牲畜喜食嫩茎及叶，良等饲用植物。

假淡竹叶属 *Centotheca* Desvaux

假淡竹叶

【别　　名】酸模芒

【学　　名】*Centotheca lappacea*（Linnaeus）Desvaux

【分　　布】印度、泰国、马来西亚及非洲、大洋洲。我国分布于广东、广西、海南、江西、台湾、云南等省、自治区。福建产于诏安。

【生　　境】生于林下、林缘、荫蔽处。

【饲用价值】叶质柔软，产草量大，动物喜食，优等饲用植物。

淡竹叶属 *Lophatherum* Brongniart

淡竹叶

【别　　名】山鸡米

【学　　名】*Lophatherum gracile* Brongniart

【分　　布】印度、柬埔寨、马来西亚、印度尼西亚、日本等。我国分布于长江流域以南及西南各省区。福建各地常见。

【生　　境】生于林下或荫蔽处。

【饲用价值】茎叶较柔软，牛、羊喜食，山区牛、羊的放牧型饲用植物。

【其他用途】全草入药，为清热利尿药。

中华淡竹叶

【学　　名】*Lophatherum sinense* Rendle

【分　　布】日本、朝鲜。我国分布于江西、湖南、浙江、江苏等省。福建偶见。

【生　　境】生于山坡、溪边、林下。

【饲用价值】牛、羊喜食，良等饲用植物。

【其他用途】全草入药，为清热利尿药。

黑麦草属 *Lolium* Linnaeus

黑麦草

【学　　名】*Lolium perenne* Linnaeus

【分　　布】俄罗斯及北非、欧洲。我国多个地区均有引种栽培。福建有引种作饲用植物。

【生　　境】生于草甸草场、路旁湿地。

【饲用价值】茎叶柔嫩，兔、牛、羊、鱼喜食，优等饲用植物。

多花黑麦草

【别　　名】意大利黑麦草

【学　　名】*Lolium multiflorum* Lamarck

【分　　布】原产欧洲地中海沿岸地区，现作为饲用植物广泛栽培于世界温带地区。我国多个地区均有引种栽培。福建各地常见，已逸为野生。

【生　　境】生于湿地、沼泽、路旁。

【饲用价值】茎叶柔嫩，兔、牛、羊、鱼喜食，蛋白质含量高，优等饲用植物。

雀麦属 *Bromus* Linnaeus

疏花雀麦

【别　　名】狐茅

【学　　名】*Bromus remotiflorus*（Steudel）Ohwi

【分　　布】日本、朝鲜。我国分布于安徽、贵州、河南、湖北、湖南、江苏、江西、青海、云南、四川、浙江、陕西等省。福建山区各地常见。

【生　　境】生于山坡、路旁、林缘、溪边。

【饲用价值】植株高大，叶量较多，是牛、羊良好的天然放牧型饲用植物。

雀麦

【别　　名】野雀麦、山大麦

【学　　名】*Bromus japonicus* Thunberg

【分　　布】欧亚大陆温带广泛分布。我国分布于华东、华中地区及青海、新疆等省、自治区。福建各地常见。

【生　　境】生于山坡、路旁、荒地、林缘。

【饲用价值】茎叶细密，适口性及营养价值较好。

【其他用途】纤维可造纸。

扁穗雀麦

【别　　名】野麦子、澳大利亚雀麦

【学　　名】*Bromus catharticus* Vahl

【分　　布】原产南美洲。我国贵州、河北、江苏、内蒙古、台湾等省、自治区有引种栽培。福建有引种作为饲用植物，现偶见逸生。

【生　　境】生于山坡荫蔽沟边。

【饲用价值】适口性次于黑麦草、燕麦，优等饲用植物。籽粒可作饲料。

羊茅属 *Festuca* Linnaeus

小颖羊茅

【学　　名】*Festuca parvigluma* Steudel

【分　　布】日本、朝鲜。我国分布于长江流域和华南至西南各省区。福建产于屏南、武夷山等地。

【生　　境】生于山坡、田野、路旁。

【饲用价值】草质柔嫩，适口性好，牛、马、羊喜食，优等饲用植物。

紫羊茅

【别　　名】红狐茅

【学　　名】*Festuca rubra* Linnaeus

【分　　布】广布于北半球温带地区。我国各地常见。福建产于龙岩、武夷山等地。

【生　　境】生于山坡、田野、路旁。

【饲用价值】叶量丰富，适口性良好，各种家畜均喜食，作为青饲料和干草均可。

【其他用途】适作草坪草，水土保持植物。

苇状羊茅

【学　　名】*Festuca arundinacea* Schreber

【分　　布】俄罗斯及欧洲、北美洲。我国长江流域以北地区有栽培。福建海拔 600m 以上山区有引种栽培，偶见逸生。

【生　　境】生于山坡、田野、路旁。

【饲用价值】草秆叶柔软，适口性佳，适宜抽穗前收割饲喂。

【其他用途】边坡绿化，适作草坪草。

鼠茅属 *Vulpia* C. C. Gmelin

鼠茅

【学　　名】*Vulpia myuros*（Linnaeus）C. C. Gmelin

【分　　布】亚洲、欧洲、美洲、非洲。我国分布于安徽、江苏、江西、台湾等省。福建产于连江、武夷山等地。

【生　　境】生于路边、山坡、沙滩、石缝、沟边。

【饲用价值】牲畜喜食嫩茎及叶，良等饲用植物。

鸭茅属 *Dactylis* Linnaeus

鸭茅

【别　　名】鸡脚草、果园草

【学　　名】*Dactylis glomerata* Linnaeus

【分　　布】原产欧洲、北非和亚洲温带。我国分布于长江流域以北各省区。福建建阳、尤溪、福清等地区有引种栽培。

【生　　境】生于山坡、草地、林下。

【饲用价值】草质柔软，牛、马、羊、兔等均喜食；幼嫩时尚可用以喂猪；叶量丰富，叶约占60%，茎约占40%；鸭茅可用作放牧或制作干草，也可收割青饲或制作青贮料。

早熟禾属 *Poa* Linnaeus

早熟禾

【学　　名】*Poa annua* Linnaeus

【分　　布】亚洲、欧洲、美洲。我国各地均有分布。福建各地常见。

【生　　境】生于草地、路边、田埂、菜园地。

【饲用价值】茎叶柔嫩，适口性好，为各种畜禽所喜食，优等饲用植物。

【其他用途】适作草坪草。

白顶早熟禾

【学　　名】*Poa acroleuca* Steudel

【分　　布】朝鲜、日本。我国分布于华东、华中、西南、华北各省区。福建各地均有分布。

【生　　境】生于林缘、路边或阴湿处。

【饲用价值】茎叶柔嫩，适口性好，为各种畜禽所喜食，优等饲用植物。

穆属 *Eleusine* Gaertner

牛筋草

【别　　名】蟋蟀草

【学　　名】*Eleusine indica*（Linnaeus）Gaertner

【分　　布】全世界热带、亚热带及温带地区。我国南北各省均有分布。福建各地常见。

【生　　境】生于荒芜地、道路旁。

【饲用价值】秆叶幼嫩可作饲料，中等饲用植物。

【其他用途】全草煎水服，可防治乙型脑炎；水土保持植物。

穆

【别　　名】穆子、龙爪稷

【学　　名】*Eleusine coracana*（Linnaeus）Gaertner

【分　　布】广泛栽培于东半球热带及亚热带地区。我国长江流域以南及安徽、河南、陕西等省有栽培。福建西部和北部山区偶见栽培。

【生　　境】生于山坡草地、山谷和溪边丛林中，也有栽培于稻田中。

【饲用价值】牛、马、羊喜食，良等饲用植物。

【其他用途】种子磨粉可做面食。

龙爪茅属 *Dactyloctenium* Willdenow

龙爪茅

【学　　名】*Dactyloctenium aegyptium*（Linnaeus）Willdenow

【分　　布】全世界热带、亚热带地区；美国及欧洲有引种栽培。我国分布于华南、华中、华东各省区。福建各地常见。

【生　　境】生于沙滩、荒地、山坡草地、路旁。

【饲用价值】叶柔软多汁，适口性好，可作为优质青干草和青贮饲料。

画眉草属 *Eragrostis* Wolf

鲫鱼草

【学　　名】*Eragrostis tenella*（Linnaeus）P. Beauvois ex Roemer &Schultes

【分　　布】东半球热带地区。我国分布于广东、广西、安徽、海南、台湾、湖北、山东、西藏等省、自治区。福建产于长乐、平潭、晋安、马尾等地。

【生　　境】生于田野、山坡园地、湿润地。

【饲用价值】牛、马、羊喜食，良等饲用植物。

【其他用途】全草入药可清热凉血。

乱草

【别　　名】碎米知风草

【学　　名】*Eragrostis japonica*（Thunberg）Trinius

【分　　布】印度、朝鲜、日本、不丹、印度尼西亚、马来西亚、尼泊尔、缅甸、巴布亚新几内亚、菲律宾、泰国、越南。我国分布于云南、广东、江西、浙江、安徽、台湾等省。福建各地常见。

【生　　境】生于田埂、路旁、旱作地、溪边湿地。

【饲用价值】植株柔嫩，牛、羊喜食，良等饲用植物。

牛虱草

【学　　名】*Eragrostis unioloides*（Retzius）Nees ex Steudel

【分　　布】亚洲热带地区、非洲西部。我国分布于广东、广西、云南、江西、台湾等省、自治区。福建产于诏安、龙岩、沙县、南平等地。

【生　　境】生于荒山、草地、田埂、路旁。

【饲用价值】牛、羊喜食，良等饲用植物。

大画眉草

【学　　名】*Eragrostis cilianensis*（Allioni）Vignolo-Lutati ex Janchen

【分　　布】分布于热带、亚热带和温带地区。我国各地均有分布。福建各地常见。

【生　　境】生于荒地、田野。

【饲用价值】幼嫩叶可作饲料，畜禽喜食，良等饲用植物。

小画眉草

【学　　名】*Eragrostis minor* Host

【分　　布】全世界热带、亚热带及温带地区。我国各地均有分布。福建较少见。

【生　　境】生于荒山、草地、路边。

【饲用价值】叶多，适口性良好，是放牧场上的优等饲用植物。

秋画眉草

【学　　名】*Eragrostis autumnalis* Keng

【分　　布】我国分布于江西、江苏、安徽、山东、河北等省。福建产于武夷山等地。

【生　　境】生于山地、草地、路边。

【饲用价值】牛、羊喜食，良等饲用植物。

画眉草

【别　　名】星星草、蚊子草

【学　　名】*Eragrostis pilosa*（Linnaeus）P. Beauvois

【分　　布】东南亚、非洲、澳大利亚、欧洲南部，美洲有引种栽培。我国各地均有分布。福建各地常见。

【生　　境】生于荒野、旱作地。

【饲用价值】牛、羊喜食，良等饲用植物。

鼠妇草

【学　　名】*Eragrostis atrovirens*（Desfontaines）Trinius ex Steudel

【分　　布】亚洲和非洲的热带及亚热带地区。我国分布于广东、广西、贵州、云南、四川等省、自治区。福建产于诏安、南靖、惠安、福州、连城、永安等地。

【生　　境】生于小溪流边砂质地。

【饲用价值】牛、羊喜食，良等饲用植物。

短穗画眉草

【学　　名】*Eragrostis cylindrica*（Roxburgh）Nees ex Hooker & Arnott

【分　　布】东南亚各地。我国分布于广东、广西、台湾、江苏、安徽等省、自治区。福建产于诏安、东山、长乐等地。

【生　　境】生于山坡、荒地。

【饲用价值】牛、羊喜食，良等饲用植物。

华南画眉草

【别　　名】广东画眉草

【学　　名】*Eragrostis nevinii* Hance

【分　　布】我国分布于华南各省区。福建产于长乐。

【生　　境】生于山坡、荒地。

【饲用价值】牛、马、羊喜食，良等饲用植物。

知风草

【学　　名】*Eragrostis ferruginea*（Thunberg）P. Beauvois

【分　　布】朝鲜、日本及东南亚。我国分布遍及全国。福建各地常见。

【生　　境】生于海拔1000m以下的山坡、路边、草地。

【饲用价值】草层致密，植株柔软，适口性好，营养价值高，家畜喜食，良等放牧型饲用植物。

【其他用途】水土保持植物。

长画眉草

【学　　名】*Eragrostis brownii*（Kunth）Nees

【分　　布】东南亚、大洋洲各地。我国分布于华南、华东、西南各省区。福建产于诏安、晋安、马尾、永泰、连城、沙县、永安等地。

【生　　境】生于山坡、路旁、草地。

【饲用价值】牛、马、羊喜食，良等饲用植物。

弯叶画眉草

【学　　名】*Eragrostis curvula*（Schrader）Nees

【分　　布】原产非洲。我国广西、江苏、湖北等省、自治区有引种栽培。福建偶见栽培。

【生　　境】多生于砂质坡地、农田、路边荒地及植被受到破坏的地段。

【饲用价值】牛、马、羊喜食，良等饲用植物。

珠芽画眉草

【学　　名】*Eragrostis cumingii* Steudel

【分　　布】日本、东南亚、澳大利亚。我国分布于浙江、江苏、湖北、安徽、台湾等省。福建较少见。

【生　　境】生于路边、田野。

【饲用价值】牛、羊喜食，良等饲用植物。

宿根画眉草

【学　　名】*Eragrostis perennans* Keng

【分　　布】东南亚。我国分布于广东、广西、贵州等省、自治区。福建产于连城、沙县、福州等地。

【生　　境】生于向阳的山坡、路旁、疏林下。

【饲用价值】牛、羊喜食，良等饲用植物。

疏穗画眉草

【学　　名】*Eragrostis perlaxa* Keng ex P. C. Keng & L. Liu

【分　　布】我国分布于广东、广西、台湾、安徽等省、自治区。福建产于连城、永安、福州等地。

【生　　境】生于向阳的山坡、路旁、草地。

【饲用价值】牛、羊喜食，良等饲用植物。

多毛知风草

【学　　名】*Eragrostis pilosissima* Link

【分　　布】东南亚。我国分布于广东、江西、台湾等省。福建产于连城、诏安、福州等地。

【生　　境】生于干燥的山坡地。

【饲用价值】牛、羊喜食，良等饲用植物。

隐子草属 *Cleistogenes* Keng

朝阳隐子草

【学　　名】*Cleistogenes hackelii*（Honda）Honda

【分　　布】朝鲜、日本。我国分布于江苏、湖南、湖北、四川、贵州、陕西、河南、山东、山西、河北、甘肃等省。福建产于福州。

【生　　境】生于路边和向阳山坡。

【饲用价值】各种家畜均采食，良等饲用植物。

北京隐子草

【学　　名】*Cleistogenes hancei* Keng

【分　　布】俄罗斯远东地区。我国分布于江苏、安徽、陕西、山东、辽宁、河北、内蒙古等省、自治区。福建产于莆田、福州等地。

【生　　境】生于向阳山坡、灌丛、草地。

【饲用价值】结实前牛、羊喜食，良等饲用植物。

草沙蚕属 *Tripogon* Roemer & Schultes

线形草沙蚕

【学　　名】*Tripogon filiformis* Nees ex Steudel

【分　　布】印度。我国分布于广东、江西、浙江、湖南、四川、贵州、云南、陕西、西藏等省、自治区。福建泰宁多见。

【生　　境】生于山脊、岩隙中。

【饲用价值】叶纤细，草质柔软，家畜喜食，宜放牧利用。

长芒草沙蚕

【学　　名】*Tripogon longearistatus* Hackel ex Honda

【分　　布】日本、朝鲜。我国分布于广东、江西、贵州等省。福建较少见。

【生　　境】生于山脊、岩隙、干燥地。

【饲用价值】分蘖密集，草质柔软，适口性好，中等饲用植物。

千金子属 *Leptochloa* P. Beauvois

双稃草

【学　　名】*Leptochloa fusca*（Linnaeus）Kunth

【分　　布】从埃及到热带非洲及南非，经东南亚至澳大利亚皆有分布。我国分布于华南、华东、华中、华北等地区。福建较少见。

【生　　境】生于潮湿地。

【饲用价值】全株可作为家禽的饲料。

千金子

【别　　名】油草

【学　　名】*Leptochloa chinensis*（Linnaeus）Nees

【分　　布】亚洲东南部。我国分布于华南、华东、华中、华北等地区。福建各地常见。

【生　　境】生于田间湿地、园圃、菜地。

【饲用价值】草质柔软，家畜喜食，优等饲用植物。

虮子草

【别　　名】细千金子

【学　　名】*Leptochloa panicea*（Retzius）Ohwi

【分　　布】全球热带及亚热带地区。我国分布于华南、华东、华中、华北等地区。福建各地常见。

【生　　境】生于田间、路边、园圃、荒地。

【饲用价值】植株幼嫩时可作饲料。

野牛草属 *Buchloë* Engelmann

野牛草

【学　　名】*Buchloë dactyloides*（Nuttall）Engelmann

【分　　布】原产墨西哥和美国。我国引种作饲料及草坪草。福建厦门曾引种。

【生　　境】适于在缺水、低养护的地区铺植。

【饲用价值】良等饲用植物。

【其他价值】适作草坪草，水土保持植物。

大米草属 *Spartina* Schreber

互花米草

【学　　名】*Spartina alterniflora* Loiseleur

【分　　布】原产北美洲大西洋海岸。我国引入作护岸植物，现已在我国沿海滩涂构成严重入侵。福建沿海常见。

【生　　境】生于海滩淤泥地。

【饲用价值】嫩叶及地下茎畜禽喜食。

【其他用途】护岸植物，绿肥。

大米草

【学　　名】*Spartina anglica* C. E. Hubbard

【分　　布】原产英国，为互花米草（*S. alterniflora*）和海岸米草（*S. maritima*）天然杂交种。我国引入作护岸植物，曾一度在我国沿海滩涂构成严重入侵，近年大量枯死，原因不明。福建沿海常见。

【生　　境】生于海滩淤泥地。

【饲用价值】嫩叶及地下茎畜禽喜食。

【其他用途】护岸植物，绿肥。

虎尾草属 *Chloris* Swartz

非洲虎尾草

【别　　名】盖氏虎尾草、无芒虎尾草

【学　　名】*Chloris gayana* Kunth

【分　　布】原产非洲。我国温暖地带广泛栽培。福建福清、建阳有栽培。

【饲用价值】茎叶柔软，牲畜喜食，优等热带饲用植物。

【其他用途】水土保持植物。

虎尾草

【学　　名】*Chloris virgata* Swartz

【分　　布】全球热带和温带地区。我国分布几遍全国。福建产于云霄、东山等地。

【生　　境】生于山坡、路旁。

【饲用价值】草质柔软，营养丰富，良等饲用植物。

孟仁草

【学　　名】*Chloris barbata* Swartz

【分　　布】热带东南亚地区。我国分布于广东沿海、台湾。福建东南沿海常见。

【生　　境】生于海岸。

【饲用价值】牛、马、羊喜食，良等饲用植物。

台湾虎尾草

【学　　名】*Chloris formosana*（Honda）Keng ex B. S. Sun & Z. H. Hu

【分　　布】我国分布于广东、台湾等省。福建沿海常见。

【生　　境】生于海岸砂质地。

【饲用价值】抽穗前草质柔嫩，牛、羊喜食。

【其他用途】固沙植物。

狗牙根属 *Cynodon* Richard

狗牙根

【别　　名】绊根草、百慕大草

【学　　名】*Cynodon dactylon*（Linnaeus）Persoon

【分　　布】广布于全世界温暖地区。我国分布于黄河以南各省区。福建各地常见。

【生　　境】多生于村庄附近空旷地、路旁、河堤上。

【饲用价值】草质柔嫩，叶量丰富，家畜喜食，根茎可喂猪，优等饲用植物。

【其他用途】适作草坪草；药用；水土保持植物。

双花狗牙根

【学　　名】*Cynodon dactylon* var. *biflorus* Merino

【分　　布】欧洲。我国分布于江苏、浙江、云南等省。福建较少见。

【生　　境】多生于村庄附近空旷地、路旁、河堤上。

【饲用价值】茎叶牛、羊喜食，良等饲用植物。

柳叶箬属 *Isachne* R. Brown

匍匐柳叶箬

【学　　名】*Isachne repens* Keng

【分　　布】琉球群岛。我国分布于广东、广西、海南、台湾等省、自治区。福建较少见。

【生　　境】生于林下阴湿地。

【饲用价值】茎叶家畜喜食，良等饲用植物。

日本柳叶箬

【学　　名】*Isachne nipponensis* Ohwi

【分　　布】日本、朝鲜。我国分布于广东、广西、湖南、江西、浙江、台湾、贵州等省、自治区。福建产于永安。

【生　　境】生于山坡、路旁、林下阴湿地。

【饲用价值】茎叶家畜喜食，良等饲用植物。

平颖柳叶箬

【学　　名】*Isachne truncata* A. Camus

【分　　布】越南。我国分布于广东、广西、贵州、四川、江西、浙江等省、自治区。福建分布于新罗、上杭、连城、永安、屏南等地。

【生　　境】生于海拔 1000m 以上的山坡草地或疏林中。

【饲用价值】茎叶家畜喜食，良等饲用植物。

白花柳叶箬

【学　　名】*Isachne albens* Trinius

【分　　布】自尼泊尔、印度东部经我国南部至中南半岛、菲律宾、印度尼西亚，向东可达巴布亚新几内亚。我国分布于广东、台湾、广西、云南、贵州、四川等省、自治区。福建产于上杭、建瓯、武夷山、屏南等地。

【生　　境】生于山坡、路旁、阴湿处。

【饲用价值】草质柔软，产量高、适口性好，马、牛、羊均喜食，优等饲用植物。

广西柳叶箬

【学　　名】*Isachne guangxiensis* W. Z. Fang

【分　　布】我国分布于广西、香港。福建产地不详。

【生　　境】生于山谷肥沃土壤。

【饲用价值】茎叶家畜喜食，良等饲用植物。

小柳叶箬

【学　　名】*Isachne clarkei* J. D. Hooker

【分　　布】越南、马来西亚、菲律宾、印度尼西亚。我国分布于台湾、西藏、云南等省、自治区。福建产于武夷山等地。

【生　　境】生于谷地、溪边或沟旁草丛。

【饲用价值】茎叶家畜喜食，良等饲用植物。

▌柳叶箬

【学　　名】*Isachne globosa*（Thunberg）Kuntze

【分　　布】印度、日本、马来西亚、菲律宾、太平洋诸岛及大洋洲。我国分布于安徽、广东、广西、贵州、河北、河南、湖北、湖南、江苏、江西、辽宁、陕西、山东、台湾、云南、浙江等省、自治区。福建各地常见。

【生　　境】生于水湿地、田边、沟渠旁。

【饲用价值】秆叶柔嫩，牛、羊、兔极喜食，优等饲用植物。

▌矮小柳叶箬

【学　　名】*Isachne pulchella* Roth in Roemer & Schultes

【分　　布】孟加拉国、印度、马来西亚、尼泊尔、泰国、越南。我国分布于广东、广西、云南、贵州、湖南、江西、台湾、浙江、安徽等省、自治区。福建产于连城、沙县、延平、邵武、武夷山等地。

【生　　境】生于山坡湿地、田边沟旁。

【饲用价值】茎叶家畜喜食，良等饲用植物。

三芒草属 *Aristida* Linnaeus

▌华三芒草

【学　　名】*Aristida chinensis* Munro

【分　　布】中南半岛。我国分布于广东、广西、台湾、海南等省、自治区。福建产于诏安、连城、莆田、福州等地。

【生　　境】多生于干燥山坡或松林中。

【饲用价值】果实脱落前放牧对牲畜有害，中等饲用植物。

▌黄草毛

【学　　名】*Aristida cumingiana* Trinius & Ruprecht

【分　　布】印度、菲律宾。我国分布于广东、湖南、浙江、江苏等省。福建产于南靖、龙岩、沙县、永安、福清等地。

【生　　境】多生于山坡草地。

【饲用价值】牛、马、羊喜食，良等饲用植物。

茅根属 *Perotis* Aiton

大花茅根

【学　　名】*Perotis rara* R. Brown

【分　　布】巴布亚新几内亚、菲律宾、泰国、越南、澳大利亚。我国分布于广东、广西、海南、台湾。福建产于诏安、长乐、莆田等沿海地区。

【生　　境】生于海滨沙地。

【饲用价值】未抽花序前可作饲用植物。

结缕草属 *Zoysia* Willdenow

大穗结缕草

【学　　名】*Zoysia macrostachya* Franchet & Savatier

【分　　布】日本、朝鲜。我国分布于山东、江苏、安徽、浙江各省，各地栽培作草坪草。福建各地栽培作草坪草。

【生　　境】生于平原、山坡的砂质土壤或海滨沙地上。

【饲用价值】天然草地放牧型饲用植物，具有一定的利用价值，优等饲用植物。

【其他用途】具横走根茎，易于繁殖，适作草坪草。

结缕草

【别　　名】日本结缕草

【学　　名】*Zoysia japonica* Steudel

【分　　布】日本、朝鲜。我国分布于东北及河北、山东、江苏、安徽、浙江各省。福建各地极常见。

【生　　境】生于平原、山坡或海滨草地上。

【饲用价值】作为天然草地放牧，具有一定的利用价值，优等饲用植物。

【其他用途】具横走根茎，易于繁殖，适作草坪草。

中华结缕草

【学　　名】*Zoysia sinica* Hance

【分　　布】日本。我国分布于辽宁、河北、山东、江苏、安徽、浙江、广东等省。福建沿海各地较常见。

【生　　境】生于海边沙滩、河岸、路旁的草丛中。

【饲用价值】嫩茎叶马、牛、驴、山羊、绵羊、兔喜食，鹅、鱼也食。

【其他用途】叶质硬，耐践踏，宜铺建球场草坪。

沟叶结缕草

【别　　名】马尼拉草

【学　　名】*Zoysia matrella*（Linnaeus）Merrill

【分　　布】亚洲和大洋洲的热带地区。我国分布于广东、海南、湖南、台湾等省。福建东南沿海各地较常见。

【生　　境】多生于海岸沙地及砂质土坡地。

【饲用价值】牛、马、羊喜食，优等热带饲用植物。

【其他用途】适作草坪草。

细叶结缕草

【别　　名】天鹅绒草

【学　　名】*Zoysia pacifica*（Goudswaard）M. Hotta & S. Kuroki

【分　　布】亚洲热带地区。我国分布于华南，其他地区亦有栽培。福建沿海城市常有栽培。

【生　　境】喜温暖气候和湿润的土壤环境。

【饲用价值】牛、马、羊喜食，优等热带饲用植物。

【其他用途】适作草坪草。

鼠尾粟属 *Sporobolus* R. Brown

双蕊鼠尾粟

【学　　名】*Sporobolus diandrus*（Retzius）P. Beauvois

【分　　布】自印度、缅甸、巴基斯坦延伸到印度尼西亚及大洋洲。我国分布于广东、广西、云南、贵州、四川等省、自治区。福建产于长乐、晋安、马尾、连江等地。

【生　　境】多生于田野、路旁、山坡、草丛中。

【饲用价值】牛、羊采食，中等饲用植物。

鼠尾粟

【学　　名】*Sporobolus fertilis*（Steudel）Clayton

【分　　布】印度、缅甸、斯里兰卡、泰国、越南、菲律宾、日本等。我国分布于西南、华东、华中地区及陕西、甘肃等省。福建各地常见。

【生　　境】多生于田野、路旁、山坡草地。

【饲用价值】抽穗前叶牛、羊采食，中等偏低的饲用植物。

盐地鼠尾粟

【学　　名】*Sporobolus virginicus*（Linnaeus）Kunth

【分　　布】西半球的热带地区。我国分布于广东、海南、台湾、浙江等省。福建沿海各地常见。

【生　　境】多生于海边盐碱地、沙滩地、海岩缝隙、山坡地。

【饲用价值】牛、羊采食，中等饲用植物。

【其他用途】固沙植物。

广州鼠尾粟

【学　　名】*Sporobolus hancei* Rendle

【分　　布】我国分布于广东、广西、台湾等省、自治区。福建产于莆田沿海及其岛屿。

【生　　境】多生于低丘山坡草地、贫瘠土地。

【饲用价值】牛、羊采食，中等饲用植物。

稗荩属 *Sphaerocaryum* Nees ex J. D. Hooker

稗荩

【学　　名】*Sphaerocaryum malaccense*（Trinius）Pilger

【分　　布】亚洲热带及亚热带地区。我国分布于安徽、浙江、江西、广东、广西、台湾、云南等省、自治区。福建各地常见。

【生　　境】多生于溪边、沼泽、湿润地。

【饲用价值】茎叶质地柔软，营养丰富，牛、羊喜食。

糖蜜草属 *Melinis* P. Beauvois

红毛草

【学　　名】*Melinis repens*（Willdenow）Zizka

【分　　布】原产非洲。本种已在我国广东、台湾、福建等省归化。闽南常见。

【生　　境】多生于草坡、路旁、荒地。

【饲用价值】茎叶柔软，牛羊喜食。

野古草属 *Arundinella* Raddi

毛秆野古草

【学　　名】*Arundinella hirta*（Thunberg）Tanaka

【分　　布】朝鲜、日本及俄罗斯远东地区。我国除青海、西藏、新疆外其他省区均有分布。福建各地极常见。

【生　　境】多生于山坡、疏林地、林缘、路旁。

【饲用价值】牛、马、羊喜食。

毛节野古草

【学　　名】*Arundinella barbinodis* Keng

【分　　布】我国特有，分布于广东、湖南、浙江、江西等省。福建产于连城、沙县、武夷山等地。

【生　　境】多生于山坡、疏林地、路旁。

【饲用价值】抽穗前牛、马、羊喜食，中等饲用植物。

刺芒野古草

【学　　名】*Arundinella setosa* Trinius

【分　　布】亚洲热带及亚热带地区。我国分布于华南、西南、华东、华中等地区。福建各地常见。

【生　　境】多生于山坡、灌丛、疏林地。

【饲用价值】草质粗糙，低等饲用植物。

【其他用途】水土保持、造纸。

石芒草

【学　　名】*Arundinella nepalensis* Trinius

【分　　布】热带东南亚至非洲、大洋洲。我国分布于广东、广西、云南、贵州、西藏、湖南、湖北等省、自治区。福建产于诏安、新罗、连城等地。

【生　　境】多生于低丘、河岸、灌丛。

【饲用价值】抽穗前牛采食，中等饲用植物。

蒺藜草属 *Cenchrus* Linnaeus

蒺藜草

【学　　名】*Cenchrus echinatus* Linnaeus

【分　　布】原产美洲，现为世界热带及亚热带地区常见归化杂草。我国广东、海南、台湾、云南均有归化。闽南常见。

【生　　境】多生于海边沙地、路旁、荒地。

【饲用价值】抽穗前茎叶质地柔软，营养丰富，牛、羊极喜食。

【其他用途】固沙植物。

狗尾草属 *Setaria* P. Beauvois

棕叶狗尾草

【学　　名】*Setaria palmifolia*（J. König）Stapf

【分　　布】原产非洲，广布于大洋洲、美洲和亚洲的热带及亚热带地区。我国分布于广东、广西、云南、四川、西藏、湖南、湖北、江西、台湾、浙江等省、自治区。福建各地常见。

【生　　境】多生于山坡、路旁、林下或溪边。

【饲用价值】蛋白质含量高，适口性良好，优等饲用植物。

【其他用途】颖果富含淀粉，可食用；根可药用，治脱肛、子宫脱垂等；具固土保水能力，是一种治理水土流失的优质草种。

皱叶狗尾草

【学　　名】*Setaria plicata*（Lamarck）T. Cooke

【分　　布】印度、尼泊尔、斯里兰卡、马来群岛及日本南部。我国分布于广东、广西、云南、贵州、四川、湖南、湖北、江西、台湾、浙江、安徽、江苏等省、自治区。福建各地常见。

【生　　境】多生于山坡、林下、沟谷地阴湿处。

【饲用价值】草质柔软，适口性好，牛、马、羊均喜食，良等饲用植物。

粱

【别　　名】小米、谷子、粟

【学　　名】*Setaria italica*（Linnaeus）P. Beauvois

【分　　布】欧亚大陆温带和热带广为种植。我国黄河中上游地区为主要栽培区。福建西部和北部山区偶见栽培。

【生　　境】适合在干旱而缺乏灌溉的地区生长。

【饲用价值】茎叶为牲畜的优质饲料；谷糠是猪、鸡的良好饲料。

【其他用途】谷粒营养价值高，是我国北方人民的主要粮食之一；谷粒可酿酒，谷糠可榨油。

狗尾草

【学　　名】*Setaria viridis*（Linnaeus）P. Beauvois

【分　　布】原产欧亚大陆的温带和暖温带地区，现广布于全世界的温带及亚热带地区。我国各地广为分布。福建各地极常见。

【生　　境】多生于田野、路旁，为旱作地常见的杂草。

【饲用价值】秆叶可作饲料。

【其他用途】秆叶可入药；全草加水煮沸 20min 后，滤出液可喷杀菜虫。

大狗尾草

【学　　名】*Setaria faberi* R. A. W. Herrmann

【分　　布】日本西南部。我国分布于南海诸岛及广西、贵州、四川、湖南、湖北、江西、台湾、浙江、安徽、江苏、黑龙江等省、自治区。福建各地较常见。

【生　　境】多生于路旁、田园、荒野。

【饲用价值】孕穗前，茎叶柔软，是马、牛、驴、羊的良好饲草，抽穗后，适口性降低；种子产量高，是各种畜禽的优质精饲料；大狗尾草可放牧，亦可刈割调制干草，优等饲用植物。

金色狗尾草

【学　　名】*Setaria pumila*（Poiret）Roemer & Schultes

【分　　布】原产欧亚大陆的温暖地区，现在广布全球。我国广布于南北各地。福建各地常见。

【生　　境】多生于山坡、荒芜园地。

【饲用价值】草质优良、柔嫩，放牧与刈割青饲或调制干草都适宜，为各种家畜所喜食。

莠狗尾草

【学　　名】*Setaria parviflora*（Poiret）Kerguélen

【分　　布】全球热带及亚热带地区。我国分布于广东、广西、江西、湖南、台湾等省、自治区。福建偶见。

【生　　境】生于山坡、旷野、路旁。

【饲用价值】牛、羊喜食，良等饲用植物。

非洲狗尾草

【学　　名】*Setaria anceps* Stapf ex Broun & R. E. Massey

【分　　布】原产热带非洲，现广布于世界热带及亚热带地区，南非、澳大利亚、菲律宾、印度等地均有栽培。我国南方地区有引种栽培。福建福州、建阳、龙海、南安有引种。

【生　　境】适宜在海拔 1500m 以下的山地丘陵及坡地种植。

【饲用价值】草质柔软多汁，适口性优于雀稗，牛、羊、马、兔、鱼均喜食。试验证明，抽穗开花前刈割利用，家畜采食对茎叶无选择性，全株采食；而在抽穗开花期刈割利用，家畜采食对茎叶有选择性，先采食叶，再采食茎，饲喂量适当时，全部采食完，无残留。

【其他用途】水土保持植物。

狼尾草属 *Pennisetum* Richard

狼尾草

【别　　名】霸王草、紫芒狼尾草、狗仔尾、老鼠狼

【学　　名】*Pennisetum alopecuroides*（Linnaeus）Sprengel

【分　　布】印度、印度尼西亚、朝鲜、日本、马来西亚、缅甸、菲律宾及大洋洲、太平洋群岛。我国分布于西南、华东、华中、华北至东北各省区。福建各地常见。

【生　　境】多生于田边、路旁、山坡草地。

【饲用价值】质地柔软，生长快，叶量丰富，各种家畜均喜食；可放牧，也可刈制干草或青贮。

【其他用途】根系发达，可作固堤护岸植物。

象草

【别　　名】紫狼尾草

【学　　名】*Pennisetum purpureum* Schumacher

【分　　布】原产非洲，在世界热带、亚热带地区有引种栽培。我国分布于广东、广西、海南、四川、贵州、云南等省、自治区。本种在福建省已归化，各地常见。

【生　　境】对土壤要求不严，草山草坡、塘边堤岸皆可种植，以土层深厚、疏松肥沃的土壤最为适宜。

【饲用价值】产量高，品质优良，适口性极好，热带及亚热带地区良等饲用植物。

【其他用途】根系发达，可用于固堤保土。

杂交狼尾草

【学　　名】*Pennisetum americanum*（Linnaeus）Leeke × *P. purpureum* Schumach.

【分　　布】我国南方各省区有引种栽培。福建省各地有引种栽培。

【生　　境】在各种土壤均可生长，以土层深厚、保水良好的黏质土壤最为适宜。

【饲用价值】产量高，品质优良，适口性极好，热带及亚热带地区良等饲用植物。

牧地狼尾草

【学　　名】*Pennisetum polystachion*（Linnaeus）Schultes

【分　　布】原产热带美洲及热带非洲，多个热带国家引种作饲用植物，现世界热带地区均已逸生。我国分布于广东、广西、台湾、香港等省、自治区。本种在福建莆田等地归化。

【生　　境】常见于山坡草地。

【饲用价值】全株可作牲畜饲料。

囊颖草属 *Sacciolepis* Nash

囊颖草

【学　　名】*Sacciolepis indica*（Linnaeus）Chase

【分　　布】印度到日本及大洋洲。我国分布于华南、西南、华东、华中等地区。福建各地常见。

【生　　境】生于溪边、水田、潮湿地。

【饲用价值】草质软嫩，适口性好。

弓果黍属 *Cyrtococcum* Stapf

弓果黍

【学　　名】*Cyrtococcum patens*（Linnaeus）A. Camus

【分　　布】印度。我国分布于广东、广西、贵州、海南、湖南、江西、四川、台湾、西藏、云南等省、自治区。福建各地常见。

【生　　境】生于林下湿阴处。

【饲用价值】草质软嫩，适口性好。

露籽草属 *Ottochloa* Dandy

露籽草

【别　　名】奥图草

【学　　名】*Ottochloa nodosa*（Kunth）Dandy

【分　　布】印度、斯里兰卡、缅甸、马来西亚和菲律宾。我国分布于广东、广西、台湾、云南等省、自治区。福建产地不详。

【生　　境】生于林下阴湿处。

【饲用价值】草质软嫩，适口性好。

小花露子草

【学　　名】*Ottochloa nodosa* var. *micrantha*（Balansa ex A. Camus）S. L. Chen & S. M. Phillips

【分　　布】印度、马来西亚。我国分布于华南及云南。福建产于诏安。

【生　　境】生于林下阴湿处。

【饲用价值】草质软嫩，适口性好。

黍属 *Panicum* Linnaeus

黍

【别　　名】稷、糜

【学　　名】*Panicum miliaceum* Linnaeus

【分　　布】亚洲、欧洲、美洲、非洲等温暖地区有栽培。我国各地山区偶有栽培。福建北部偶见栽培。

【生　　境】对土壤条件要求不严格，而且能耐碱，但选择黏质壤土和砂质壤土种植最好。

【饲用价值】秆叶可为牲畜饲料。

【其他用途】可食用、酿酒。

█ 糠稷

【学　　名】*Panicum bisulcatum* Thunberg

【分　　布】印度、菲律宾、朝鲜、日本及大洋洲。我国分布于东南、华南、西南及东北。福建各地常见。

【生　　境】生于山坡、路旁及荒野的潮湿地。

【饲用价值】草质软嫩，适口性好，牛、羊、马均喜食，优等饲用植物。

█ 细柄黍

【学　　名】*Panicum sumatrense* Roth ex Roemer & Schultes

【分　　布】印度至斯里兰卡、菲律宾。我国分布于东南、西南地区。福建产于诏安、永安等地。

【生　　境】多生于山坡、路旁、园地。

【饲用价值】茎叶各种家畜喜食，禽类采食其谷粒，良等饲用植物。

█ 短叶黍

【别　　名】短叶稷

【学　　名】*Panicum brevifolium* Linnaeus

【分　　布】亚洲热带地区、非洲。我国分布于广东、广西、云南、贵州、江西等省、自治区。福建产于诏安、新罗、连城、沙县等地。

【生　　境】多生于林下阴湿地。

【饲用价值】草质柔软，适口性好，牛、羊、马均喜食，优等饲用植物。

█ 大黍

【别　　名】坚尼草、羊草

【学　　名】*Panicum maximum* Jacquin

【分　　布】原产热带非洲、热带美洲地区。在我国广东、海南、福建等省已逸为野生。福建福州、建阳有引种栽培。

【生　　境】性喜高温、潮湿的气候和肥沃的土壤，但在 pH 4.5~6.0，贫瘠的红壤和红黄壤上也生长良好。

【饲用价值】在南亚热带四季常青，茎叶软硬适用，牛、羊、马、鱼均喜食，牛最喜食；冬季茎秆稍粗硬，适口性稍差；既可作青饲料，也可刈割调制干草。

【其他用途】根系发达，可作固堤护岸的植物。

铺地黍

【别　　名】硬骨草、枯骨草

【学　　名】*Panicum repens* Linnaeus

【分　　布】全球热带及亚热带地区。我国分布于东南各省区。福建各地常见。

【生　　境】多生于溪河边、水稻田边等潮湿处。

【饲用价值】茎叶无刚毛，茎含汁液多，略带甜味，适口性好，消化能较高，牛、羊、马、兔、鹅均喜食；既可供放牧，也可刈割鲜草或制作干草、青贮饲料。

【其他用途】根茎粗壮扩展性强，生长迅速，是水土保持的良好植物；全株可供药用。

洋野黍

【学　　名】*Panicum dichotomiflorum* Michaux

【分　　布】印度、马来西亚及大洋洲。我国分布于广东、广西、云南、台湾等省、自治区。福建福州有分布。

【生　　境】多生于水沟旁或池边淤泥中。

【饲用价值】牛、羊采食，良等饲用植物。

心叶稷

【学　　名】*Panicum notatum* Retzius

【分　　布】菲律宾、印度尼西亚等。我国分布于广东、广西、云南、西藏、台湾等省、自治区。福建产于诏安、龙岩、福州等地。

【生　　境】多生于林缘或灌丛中。

【饲用价值】牛、马、羊喜食，良等饲用植物。

藤竹草

【学　　名】*Panicum incomtum* Trinius

【分　　布】印度、马来西亚、菲律宾、印度尼西亚等。我国分布于广东、广西、云南、江西、台湾等省、自治区。福建产于龙岩等地。

【生　　境】多生于山坡林下。

【饲用价值】牛、羊喜食，良等饲用植物。

距花黍属 *Ichnanthus* P. Beauvois

大距花黍

【学　　名】*Ichnanthus pallens*（Swartz）Munro ex Bentham var. *major*（Nees）Stieber

【分　　布】亚洲、大洋洲、非洲及南美洲热带地区。我国分布于广东、广西、云南、湖南、江西、台湾等省、自治区。福建产于福州、新罗、连城、永安等地。

【生　　境】多生于山谷林下阴湿地。

【饲用价值】牛、马、羊均喜食，良等饲用植物。

钩毛草属 *Pseudechinolaena* Stapf

钩毛草

【学　　名】*Pseudechinolaena polystachya*（Kunth）Stapf

【分　　布】亚洲热带地区、非洲及南美洲。我国分布于广东、海南、云南、广西等省、自治区。福建产于闽南一带。

【生　　境】多生于山谷林下。

【饲用价值】牛、马、羊均喜食，良等饲用植物。

求米草属 *Oplismenus* P. Beauvois

求米草

【别　　名】皱叶茅、缩箬

【学　　名】*Oplismenus undulatifolius*（Arduino）Roemer & Schultes

【分　　布】北半球温带和亚热带地区及印度、非洲。我国分布于南北各省区。福建分布于连城、永安、邵武、武夷山等地。

【生　　境】多生于林下阴地。

【饲用价值】草质柔软，适口性好，营养丰富；整株在生育期内均可饲用，又可调制干草；牛、羊喜食。

【其他用途】水土保持植物。

竹叶草

【学　　名】*Oplismenus compositus*（Linnaeus）P. Beauvois

【分　　布】东半球热带地区。我国分布于广东、云南、贵州、四川、江西、台湾等省。福建产于诏安、连城、仙游、永安、沙县、福州、屏南等地。

【生　　境】多生于山谷或林下阴湿地。

【饲用价值】优等饲用植物。

疏穗竹叶草

【学　　名】*Oplismenus patens* Honda

【分　　布】日本。我国分布于广东、海南、云南、台湾等省。福建产于南靖等地。

【生　　境】多生于林中或密林下。

【饲用价值】牛、羊采食，良等饲用植物。

福建竹叶草

【学　　名】*Oplismenus fujianensis* S. L. Chen & Y. X. Jin

【分　　布】产于福建南靖等地。

【生　　境】生于灌丛中阴湿处。

【饲用价值】牛、马、羊喜食，良等饲用植物。

稗属 *Echinochloa* P. Beauvois

光头稗

【别　　名】芒稷、芒稗、水稗子

【学　　名】*Echinochloa colona*（Linnaeu）Link.

【分　　布】全球温暖地区。我国分布于广东、广西、云南、贵州、四川、湖北、江西、浙江、安徽、江苏、河南、河北等省、自治区。福建各地常见。

【生　　境】多生于田野、园圃、路边。

【饲用价值】草质柔软，牛、羊、马、火鸡、鸭、鹅均喜食。

【其他用途】籽粒含淀粉，可制糖或酿酒。

稗

【别　　名】稗子、稗草、野稗

【学　　名】*Echinochloa crusgalli*（Linnaeus）P. Beauvois

【分　　布】全世界的温带及亚热带地区。我国分布于南北各省区。福建各地常见。

【生　　境】多生于河沟、水稻田中。

【饲用价值】生长茂盛，草质柔软，叶量丰富，营养价值较高；鲜草和干草马、牛、羊均喜食，籽粒可作为家畜和家禽的精饲料，优等饲用植物。

无芒稗

【学　　名】*Echinochloa crusgalli* var. *mitis*（Pursh）Petermann

【分　　布】全世界的温带及亚热带地区。我国分布于南北各省区。福建产于仙游、长乐、晋安、马尾。

【生　　境】多生于路旁、溪边。

【饲用价值】生长茂盛，草质柔软，叶量丰富，营养价值较高；鲜草和干草马、牛、羊均喜食，籽粒可作为家畜和家禽的精饲料，优等饲用植物。

西来稗

【学　　名】*Echinochloa crusgalli* var. *zelayensis*（Kunth）Hitchcock

【分　　布】美洲。我国分布于南北各省区。福建分布于长乐、晋安、马尾、延平、永安、屏南、武夷山等地。

【生　　境】多生于水湿地、水稻田中。

【饲用价值】生长茂盛，草质柔软，叶量丰富，营养价值较高；鲜草和干草马、牛、羊均喜食，籽粒可作为家畜和家禽的精饲料，优等饲用植物。

孔雀稗

【学　　名】*Echinochloa cruspavonis*（Kunth）Schultes

【分　　布】全球热带地区。我国分布于广东、海南、贵州等省。福建产地不详。

【生　　境】生于池沼或水沟边。

【饲用价值】可作放牧利用。

臂形草属 *Brachiaria*（Trinius）Grisebach

毛臂形草

【学　　名】*Brachiaria villosa*（Lamarck）A. Camus

【分　　布】亚洲东南部。我国分布于黄河以南各省区。福建各地常见。

【生　　境】多生于田野、山坡草地。

【饲用价值】马、牛、羊均喜食，中等饲用植物。

臂形草

【学　　名】*Brachiaria eruciformis*（Smith）Grisebach

【分　　布】地中海沿岸地区至印度。我国分布于云南、贵州等省。福建偶见。

【生　　境】生于山坡草地或旱田中。

【饲用价值】牛、马、羊均喜食，良等饲用植物。

四生臂形草

【学　　名】*Brachiaria subquadripara*（Trinius）Hitchcock

【分　　布】亚洲热带地区、大洋洲。我国分布于广东、海南、广西、贵州、湖南、江西、台湾等省、自治区。福建产于福州、建阳等地。

【生　　境】多生于田野、山坡草地。

【饲用价值】野生状态下牛、马、羊喜食，也可供放牧，优等饲用植物。

巴拉草

【别　　名】爬拉草、无芒臂形草

【学　　名】*Brachiaria mutica*（Forsskål）Stapf

【分　　布】原产地不明，本种作为饲用植物曾广泛栽培于世界的热带地区，并已逸为野生。我国香港、台湾有引种栽培。福建有引种栽培。

【生　　境】生于低海拔较潮湿地带，在沟渠、稻田、池塘、河流边、弃耕地大量繁衍。

【饲用价值】蛋白质含量比一般禾本科饲用植物高，适口性良好，可作为畜牧青饲料、干草和青贮料，亦可适当进行放牧。

【其他用途】可用以水土保持；也可作为农耕地轮作绿肥植物，以改良土壤。

野黍属 *Eriochloa* Kunth

野黍

【别　　名】唤猪草、山铲子

【学　　名】*Eriochloa villosa*（Thunberg）Kunth

【分　　布】朝鲜、日本、俄罗斯、越南。我国分布于华南、西南、华东、华中、华北及东北。福建各地较常见。

【生　　境】多生于山坡草地或田野湿地。

【饲用价值】花果期之前，秆细、叶嫩、无异味，是各种畜禽的良好饲草，马、牛、羊最为喜食；可放牧，亦可刈割晒制青干草和制成草粉。

高野黍

【学　　名】*Eriochloa procera*（Retzius）C. E. Hubbard

【分　　布】东半球热带地区。我国分布于广东、海南、台湾等省。福建产于云霄等地。

【生　　境】多生于围垦海堤边。

【饲用价值】枝叶繁茂，适口性好，马、牛、羊喜食，良等饲用植物。

雀稗属 *Paspalum* Linnaeus

两耳草

【别　　名】毛颖雀稗

【学　　名】*Paspalum conjugatum* Bergius

【分　　布】全球热带及亚热带地区。我国分布于广西、海南、香港、云南、台湾等省、自治区。福建较少见。

【生　　境】多生于路旁、草丛、潮湿地。

【饲用价值】叶、茎柔嫩多汁，马、牛、羊均喜食。适宜放牧、刈割青饲或晒制干草。热带和南亚热带地区的优等饲用植物。

【其他用途】可作固土和草坪地被植物利用。

双穗雀稗

【别　　名】牛粪草

【学　　名】*Paspalum distichum* Linnaeus

【分　　布】全世界热带、温带地区。我国分布于安徽、海南、广西、贵州、云南、湖南、湖北、台湾、江苏、山东、四川、浙江等省、自治区。福建各地较常见。

【生　　境】多生于田旁、溪边、潮湿草地上。

【饲用价值】幼嫩时秆叶柔嫩，牛、羊、马喜食，成熟时适口性差，且种子会粘在牲畜的喉头，饲喂时应注意。

毛花雀稗

【别　　名】宜安草、大利草、达利雀稗

【学　　名】*Paspalum dilatatum* Poiret

【分　　布】原产南美洲，现作为饲用植物广布于全世界热带地区。我国分布于广西、贵州、湖北、江苏、上海、浙江、台湾、香港等省、自治区。福建分布于浦城、建阳等地。

【生　　境】生于路边或草地上。

【饲用价值】粗蛋白含量较高，适口性好，各种家畜喜食，也可养鱼；耐践踏和重牧，南方草山的优等饲用植物。

【其他用途】可用作水土保持和军事工程的覆被植物。

丝毛雀稗

【别　　名】宜安草

【学　　名】*Paspalum urvillei* Steudel

【分　　布】原产南美洲，本种作为饲用植物广泛栽培于世界热带地区。我国分布于香港、台湾等地。福建有引种，现已逸为野生。

【生　　境】生于村旁路边、荒地。

【饲用价值】各种家畜均喜食，良等饲用植物。

长叶雀稗

【学　　名】*Paspalum longifolium* Roxburgh

【分　　布】印度、马来西亚至大洋洲、日本。我国分布于广东、广西、云南、台湾等省、自治区。福建产于永安、武夷山等地。

【生　　境】多生于山坡路旁。

【饲用价值】茎叶柔嫩，叶量丰富，水牛、奶牛、绵羊、山羊喜食；可放牧、刈割青饲。

雀稗

【学　　名】*Paspalum thunbergii* Kunth ex Steudel

【分　　布】朝鲜、日本、不丹、印度。我国分布于华南、华东及华中各省区。福建各地常见。

【生　　境】多生于山坡、路旁、旷野、湿润草地。

【饲用价值】生长前期，茎叶柔软，为水牛和黄牛所采食；生长后期，适口性稍差；适宜早期放牧利用，也可刈制干草或青贮，中等饲用植物。

百喜草

【别　　名】金冕草、巴哈雀稗

【学　　名】*Paspalum notatum* Flüggé

【分　　布】原产美洲热带及亚热带地区，现作为饲用植物广泛栽培于全世界热带及温暖地区。我国甘肃、河北、云南等省有引种。福建南北各地均有引种栽培。

【生　　境】多用于斜坡水土保持、道路护坡、果园覆盖。

【饲用价值】产草量较高，幼期适口性好，牛、羊喜食。

【其他用途】优质的水土保持植物。

囡雀稗

【学　　名】*Paspalum scrobiculatum* var. *bispicatum* Hackel

【分　　布】欧洲、亚洲及非洲的热带及亚热带地区。我国分布于广东、广西、云南、四川、浙江、江苏等省、自治区。福建各地较少见。

【生　　境】多生于低山丘陵地的山坡草地上。

【饲用价值】牛、马、羊喜食，良等饲用植物。

圆果雀稗

【学　　名】*Paspalum scrobiculatum* var. *orbiculare*（G. Forster）Hackel

【分　　布】亚洲东南部至大洋洲。我国分布于华南、华东、华中地区及台湾等地。福建各地常见。

【生　　境】多生于荒山、草地、路旁、田间。

【饲用价值】质地柔软，为各种草食家畜所喜食，生长后期，适口性降低，但可制作青贮或晒制干草。

鸭姆草

【学　　名】*Paspalum scrobiculatum* Linnaeus

【分　　布】东南亚地区及旧世界热带地区。我国分布于海南、广东、广西、贵州、湖北、江苏、江西、四川、云南、台湾等省、自治区。福建产于长乐、晋安、马尾等地。

【生　　境】多生于山坡、路旁、田野湿地。

【饲用价值】牛、羊喜食，良等饲用植物。

宽叶雀稗

【学　　名】*Paspalum wettsteinii* Hack

【分　　布】原产巴西南部、巴拉圭和阿根廷北部，现在许多亚热带地区栽培。我国广西、贵州、广东等省区有引种栽培。闽西、闽北有引种栽培。

【生　　境】多生于山坡、路旁、田野湿地。

【饲用价值】质地柔软，适口性好，牛、羊、鹅等草食性畜禽均喜食，同时草食性鱼类也喜食。

【其他用途】水土保持植物，绿化。

海雀稗

【学　　名】*Paspalum vaginatum* Swartz

【分　　布】广布于世界热带及亚热带地区。我国分布于海南、香港、台湾、云南等地。福建产于漳浦古雷镇。

【生　　境】多生于海边沙地、沼泽地、溪边。

【饲用价值】牛、马、羊喜食，良等饲用植物。

地毯草属 *Axonopus* P. Beauvois

地毯草

【学　　名】*Axonopus compressus*（Swartz）P. Beauvois

【分　　布】原产热带美洲，其他地区广泛引种栽培。我国广东、广西、贵州、海南、云南、台湾等省区有引种。闽南常见栽培，现已归化。

【饲用价值】草质柔嫩，叶量大，适口性好，各类家畜及鸡、鸭、鹅、鱼喜食。

【其他用途】本种匍匐茎蔓延迅速，每节上均能生根和抽出新枝，是一种优质的草坪草。

马唐属 *Digitaria* Haller

长花马唐

【学　　名】*Digitaria longiflora*（Retzius）Persoon

【分　　布】东半球热带、亚热带地区。我国分布于广东、广西、海南、云南、四川、贵州、湖南、江西、台湾等省、自治区。福建较少见。

【生　　境】多生于田野草地。

【饲用价值】牛、马、羊均喜食，优等饲用植物。

紫马唐

【学　　名】*Digitaria violascens* Link

【分　　布】亚洲、大洋洲及美洲的热带地区。我国分布于东部、西南部及中南部地区。福建各地常见。

【生　　境】多生于山坡草地、路边、荒野草丛中。

【饲用价值】各种家畜均喜食，优等饲用植物。

纤维马唐

【学　　名】*Digitaria fibrosa*（Hackel）Stapf

【分　　布】泰国、缅甸、老挝。我国分布于广东、广西、云南、四川等省、自治区。福建产于南部沿海各地。

【生　　境】多生于干旱山坡上。

【饲用价值】牛、马、羊均喜食，良等饲用植物。

止血马唐

【学　　名】*Digitaria ischaemum*（Schreber）Muhlenberg

【分　　布】欧、亚温带地区。我国分布于全国各地。福建较少见。

【生　　境】多生于田野、河边湿润地。

【饲用价值】草质柔嫩，营养价值中等，猪、羊喜食；可青饲或青贮。

秃穗马唐

【学　　名】*Digitaria stricta* var. *glabrescens* Bor

【分　　布】仅分布于福建南靖等地。

【生　　境】多生于山边田旁。

【饲用价值】牛、马、羊均喜食，良等饲用植物。

二型马唐

【学　　名】*Digitaria heterantha*（J. D. Hooker）Merrill

【分　　布】印度尼西亚、马来西亚、帕劳、菲律宾、泰国、越南。我国分布于广东、海南、台湾等省。福建产于诏安、南安、惠安等地。

【生　　境】生于滨海砂质地、旱作地。

【饲用价值】牛、羊喜食，良等饲用植物。

短颖马唐

【学　　名】*Digitaria microbachne*（J. Presl）Henrard

【分　　布】亚洲热带地区。我国分布于广东、广西、云南、台湾等省、自治区。福建各地较普遍。

【生　　境】生于山坡、路旁、田野。

【饲用价值】牛、羊、马喜食，优等禾本科饲用植物。

亨利马唐

【学　　名】*Digitaria henryi* Rendle

【分　　布】越南、日本，本种在夏威夷已归化。我国分布于广东、广西、海南、上海、台湾等省、自治区。福建产于厦门等地。

【生　　境】多生于山坡、路旁、草地。

【饲用价值】牛、马、羊喜食，良等饲用植物。

红尾翎

【学　　名】*Digitaria radicosa*（J. Presl）Miquel

【分　　布】东半球热带及大洋洲。我国分布于安徽、广东、海南、云南、台湾、浙江等省。福建各地较常见。

【生　　境】多生于路旁及田野湿润的草地。

【饲用价值】秆叶可作牲畜饲料。

升马唐

【别　　名】纤毛马唐、拌根草、熟地草、乱鸡窝、毛马唐

【学　　名】*Digitaria ciliaris*（Retzius）Koeler

【分　　布】除非洲外，广布于全球热带及亚热带地区。我国分布于南北各省区。福建各地较常见。

【生　　境】多生于路边、田野、空旷地、旱作地。

【饲用价值】茎叶质地柔软，为黄牛、水牛、马所喜食；在中国亚热带地区，可放牧，也可刈割作耕牛的补充饲料；可晒制干草，作冬季牲畜的补充饲料；打成干草粉，添加于混合饲料中利用。

毛马唐

【学　　名】*Digitaria ciliaris* var. *chrysoblephara*（Figari & De Notaris）R. R. Stewart

【分　　布】全世界的热带及温暖地区。我国分布于安徽、甘肃、广东、海南、河北、黑龙江、河南、江苏、吉林、辽宁、陕西、山东、山西、四川等省。福建各地较少见。

【生　　境】多生于山坡、路旁、田野。

【饲用价值】牛、马、羊喜食，良等饲用植物。

南非马唐

【别　　名】指草、盘固草、俯仰马唐草

【学　　名】*Digitaria eriantha* Steud.

【分　　布】原产南非，现广布于世界湿润的热带及亚热带地区。闽北有引种栽培。

【生　　境】适合在茶园、果园梯壁上种植，建立人工放牧草地。

【饲用价值】秆叶柔软，抽穗前牛、羊喜食，也可割回喂兔、火鸡或鹅；抽穗后草质粗老，适口性下降。

【其他用途】水土保持植物，绿化。

蟋茅属 *Dimeria* R. Brown

蟋茅

【别　　名】雁股茅

【学　　名】*Dimeria ornithopoda* Trinius

【分　　布】印度、尼泊尔、日本、朝鲜、阿曼及东南亚、大洋洲。我国分布于广东、广西、云南、香港等省、自治区。福建各地常见。

【生　　境】多生于山坡、岩石边及潮湿地。

【饲用价值】秆叶嫩时牛、马、羊、兔均喜食，良等饲用植物。

镰形蟋茅

【学　　名】*Dimeria falcata* Hackel

【分　　布】印度、缅甸、泰国、越南。我国分布于广东、广西、台湾、香港等省、自治区。福建各地常见。

【生　　境】生于较潮湿的山坡草地。

【饲用价值】家畜喜食。

金发草属 *Pogonatherum* P. Beauvois

金丝草

【别　　名】笔子草

【学　　名】*Pogonatherum crinitum*（Thunberg）Kunth

【分　　布】中南半岛、印度，日本也有。我国分布于长江流域以南各省区。福建各地常见。

【生　　境】多生于河边、石坎缝隙，山坡、潮湿的旷野。

【饲用价值】嫩茎叶牛、马、羊喜食，干草各类家畜均喜食，良等饲用植物。

楔颖草属 *Apocopis* Nees

▌曲芒楔颖草

【学　　名】*Apocopis wrightii* Munro
【分　　布】泰国。我国分布于广东、广西、云南、江西、安徽等省、自治区。福建分布于诏安、东山、莆田、平潭等滨海地区。
【生　　境】多生于干燥的山坡。
【饲用价值】适口性较好，营养期叶量多而幼嫩，蛋白质含量中等，具有较好的饲用价值，牛喜食；抽穗结实后，叶量减少，蛋白质含量显著降低，饲用价值也随之变化；通常为放牧或割草利用。

白茅属 *Imperata* Cyrillo

▌白茅

【别　　名】丝茅草、酥茅草、茅草
【学　　名】*Imperata cylindrica*（Linnaeus）Raeuschel
【分　　布】全球热带及亚热带地区。我国分布于南北各地。福建各地极常见。
【生　　境】常在荒地形成单优势小群落。
【饲用价值】水牛、黄牛均喜食，为放牧家畜、刈青和调制干草的重要草种。
【其他用途】根茎又称"茅根"，可入药，为清凉、利尿剂；秋冬季节根茎含糖高达5%～10%，可煮糖；茎叶为造纸原料。

大油芒属 *Spodiopogon* Trinius

▌油芒

【学　　名】*Spodiopogon cotulifer*（Thunberg）Hackel
【分　　布】印度、日本、韩国。我国分布于华南、西南、华中各省区。福建产于福州、永安、邵武、光泽、武夷山等地。
【生　　境】多生于山坡、沟谷地、溪边。
【饲用价值】叶量多，营养价值高，适口性好；可青饲和刈制干草。

芒属 *Miscanthus* Andersson

▌五节芒

【别　　名】芒秆、大碟子草、大茅草

【学　　名】*Miscanthus floridulus*（Labillardière）Warburg ex K. Schumann & Lauterbach

【分　　布】东南亚。我国分布于华南、西南、华中、华东等地区。福建各地极常见。

【生　　境】多生于山坡下部、近沟谷边、路旁、荒地。

【饲用价值】开花前，茎叶柔嫩，叶量多，营养价值高，适口性好；可青饲和刈制干草。

【其他用途】山区良好的水土保持植物；秆为优质的造纸原料；花序可作扫帚；根茎供药用，可止渴利尿。

芒

【别　　名】芭茅、冬茅

【学　　名】*Miscanthus sinensis* Andersson

【分　　布】日本、朝鲜。我国分布于全国各地。福建各地极常见。

【生　　境】多生于山坡、路旁、荒地。

【饲用价值】抽穗前，茎叶柔嫩，适口性良好，营养价值高；可放牧，亦可晒制干草和调制青贮料；牛最喜食，羊也喜食。

【其他用途】芒是良好的水土保持植物；抽穗后，可作为造纸原料及其他工业用品。

莠竹属 *Microstegium* Nees

柔枝莠竹

【学　　名】*Microstegium vimineum*（Trinius）A. Camus

【分　　布】印度、朝鲜、日本、不丹、缅甸、尼泊尔、菲律宾、俄罗斯、越南等。我国分布于西南、华中、华东各省区。福建各地较常见。

【生　　境】多生于阴湿沟谷地、林下。

【饲用价值】草质柔嫩，粗蛋白含量较高，牛、马、羊喜食，特别为黄牛和水牛所喜食；我国南方夏秋季常刈割用来调制干草，供冬季补饲耕牛，优等饲用植物。

刚莠竹

【学　　名】*Microstegium ciliatum*（Trinius）A. Camus

【分　　布】印度、不丹、马来西亚、缅甸、尼泊尔、斯里兰卡、泰国、越南等。我国分布于西南、华南各省区。福建较少见。

【生　　境】多生于潮湿地或林下。

【饲用价值】秆叶柔嫩，牛、羊、马均喜食，良等饲用植物。

竹叶茅

【学　　名】*Microstegium nudum*（Trinius）A. Camus

【分　　布】不丹、印度、日本、尼泊尔、巴基斯坦、菲律宾、越南及非洲、大洋洲。我国分布于安徽、贵州、河北、河南、湖北、湖南、江苏、广东、台湾。福建分布于永安等地。

【生　　境】多生于沟边、沟谷湿地、林下。

【饲用价值】牛、羊喜食，优等饲用植物。

膝曲莠竹

【学　　名】*Microstegium fauriei* subsp. *geniculatum*（Hayata）T.Koyama

【分　　布】印度尼西亚、马来西亚。我国分布于西南、华中、华东各省区。福建产于连城、福州、永安、武夷山等地。

【生　　境】多生于山谷、沟边、阴湿地。

【饲用价值】牛、羊采食，幼期为中上等饲用植物。

金茅属 *Eulalia* Kunth

金茅

【学　　名】*Eulalia speciosa*（Debeaux）Kuntze

【分　　布】柬埔寨、印度、日本、朝鲜、马来西亚、缅甸、菲律宾、泰国、越南等。我国分布于西南、华中、华东及陕西南部等地。福建偶见。

【生　　境】多生于山坡草地、山地路旁。

【饲用价值】草质粗糙，适口性差；幼嫩时牛、羊喜食；可作放牧或育种材料。

四脉金茅

【学　　名】*Eulalia quadrinervis*（Hackel）Kuntze

【分　　布】不丹、印度、日本、朝鲜、缅甸、尼泊尔、菲律宾、泰国、越南。我国分布于华南、华中、西南、华东各省区。福建偶见。

【生　　境】多生于海拔 1800m 以下的山坡草地。

【饲用价值】幼嫩时，适口性好，牛、马、羊喜食，中等饲用植物。

小金茅

【别　　名】龚氏金茅

【学　　名】*Eulalia leschenaultiana*（Decaisne）Ohwi

【分　　布】印度尼西亚、马来西亚、菲律宾、泰国、越南。我国分布于广东、江西、台湾等省。福建产于诏安、厦门等地。

【生　　境】多生于低丘山地草坡上。

【饲用价值】可放牧利用，良等饲用植物。

假金发草属 *Pseudopogonatherum* A. Camus

中华笔草

【学　　名】*Pseudopogonatherum contortum* var. *sinense* Keng & S. L. Chen

【分　　布】我国分布于广东、广西、海南等省、自治区。福建产于南靖、连城、沙县等地。

【生　　境】多生于山坡路旁、田边湿地。

【饲用价值】牛喜食。

甘蔗属 *Saccharum* Linnaeus

台蔗茅

【学　　名】*Saccharum formosanum*（Stapf）Ohwi

【分　　布】我国分布于广东、贵州、海南、江西、台湾、云南、浙江等省。福建产于晋安、马尾、闽侯等地。

【生　　境】多生于山坡草地、疏林下。

【饲用价值】牛、羊、马食其茎叶。

斑茅

【别　　名】片莽、大密、大水茅、芭茅

【学　　名】*Saccharum arundinaceum* Retzius

【分　　布】不丹、印度、印度尼西亚、老挝、马来西亚、缅甸、斯里兰卡、泰国、越南。我国分布于华东、华中及陕西南部等地。福建各地常见。

【生　　境】多生于山坡、河岸等地。

【饲用价值】属粗制性高秆禾草，仅水牛采食部分嫩叶，抽茎后叶缘有细锯齿，家畜多不采食；嫩茎叶可晒制成干草，作牛的越冬饲料。

【其他用途】固堤护岸植物；茎叶可造纸。

甘蔗

【学　　名】*Saccharum officinarum* Linnaeus

【分　　布】东南亚、太平洋群岛，现广植于全世界热带及亚热带地区。我国南部及西南部广为种植。福建各地均有栽培，南部地区栽培最多。

【生　　境】适宜在土层深厚、肥沃舒松的土壤种植。

【饲用价值】蔗梢与蔗叶是优质的饲料，牛较喜食。

【其他用途】制糖原料，可生吃；制糖的副产物"糖蜜"可制酒精；蔗渣用于造纸、培养香菇。

甜根子草

【别　　名】割手密

【学　　名】*Saccharum spontaneum* Linnaeus

【分　　布】阿富汗、不丹、印度、日本、巴布亚新几内亚、巴基斯坦、斯里兰卡、土库曼斯坦、越南及非洲、东南亚、大洋洲、太平洋群岛。我国分布于华南、华中、华东及陕西南部等地。福建各地较常见。

【生　　境】多生于河边、溪岸旁、砂质地。

【饲用价值】茎叶质地粗糙，营养价值低，适口性较差；牛、马、羊仅中度采食，但幼嫩时水牛喜食；可调制成青贮饲料。

【其他用途】可用以阻挡风沙和固堤护岸。

河八王

【学　　名】*Saccharum narenga*（Nees ex Steudel）Wallich ex Hackel in A. Candolle & C. Candolle

【分　　布】孟加拉国、印度、缅甸、尼泊尔、巴基斯坦、泰国、越南。我国分布于广东、贵州、河南、江苏、四川、台湾、云南、浙江等省。福建偶见。

【生　　境】多生于河边、溪岸旁、砂质地。

【饲用价值】幼嫩时牛羊喜食；可调制成青贮饲料。

饲用杂交甘蔗

【学　　名】*Saccharum officinarum* Linnaeus × *S. robustum* Brandes

【分　　布】我国湖南有种植。福建漳州等地有种植。

【生　　境】适宜生长温度 20～30℃，对土壤的适应性广，以肥沃的壤土最为适宜。

【饲用价值】营养品质佳，拔节初期粗蛋白约含 10%（干重），鲜草对草食性动物牛、羊、兔适口性佳；在分蘖初期至拔节后期均可青刈利用，也适宜青贮和干草打粉利用。

鸭嘴草属 *Ischaemum* Linnaeus

细毛鸭嘴草

【别　　名】纤毛鸭嘴茅、人字草、印度鸭嘴草

【学　　名】*Ischaemum ciliare* Retzius

【分　　布】亚洲、非洲热带地区。我国分布于广西至浙江沿海各省、自治区。福建各地常见。

【生　　境】多生于山地、旷野草地上。

【饲用价值】抽穗前营养价值高，适口性好，牛、羊喜食。

有芒鸭嘴草

【别　　名】芒穗鸭嘴草、山黄草、红铁线草、大叶草
【学　　名】*Ischaemum aristatum* Linnaeus
【分　　布】日本、朝鲜、越南。我国分布于华中、华东等省区。福建较少见。
【生　　境】多生于山坡、路边。
【饲用价值】秆叶柔嫩，牛、羊喜食；可供放牧或刈割青饲，良等饲用植物。

鸭嘴草

【学　　名】*Ischaemum aristatum* var. *glaucum*（Honda）T. Koyama
【分　　布】日本、朝鲜、越南。我国分布于华东各省。福建较少见。
【生　　境】多生于山坡、路边。
【饲用价值】秆叶柔嫩，牛、羊喜食；可供放牧或刈割青饲，良等饲用植物。

粗毛鸭嘴草

【别　　名】鸭嘴草、沙旺草
【学　　名】*Ischaemum barbatum* Retzius
【分　　布】柬埔寨、印度、印度尼西亚、日本、老挝、马来西亚、缅甸、巴布亚新几内亚、菲律宾、斯里兰卡、泰国、越南及非洲西部、大洋洲。我国分布于广东、浙江、江苏、山东等省。福建产于三明、厦门等地。
【生　　境】多生于海边或砂质土山坡。
【饲用价值】一种适口性较好的饲用植物，据观察，牛群一次放牧采食率为85%。

水蔗草属 *Apluda* Linnaeus

水蔗草

【别　　名】水蔗、假雀麦、丝线草、糯米草
【学　　名】*Apluda mutica* Linnaeus
【分　　布】印度、日本、菲律宾、澳大利亚。我国分布于南部、西南部各省区。福建产于东南和西南各地。
【生　　境】常成片生于开阔草地、灌丛、河岸、高草丛中、村郊篱边。
【饲用价值】水蔗草秆叶柔软，抽穗前牛、羊喜食，也可割回喂兔、火鸡或鹅；抽穗后草质粗老，适口性下降。

牛鞭草属 *Hemarthria* R. Brown

扁穗牛鞭草

【别　　名】牛仔草、铁马鞭、牛鞭草

【学　　名】*Hemarthria compressa*（Linnaeus f.）R. Brown

【分　　布】地中海沿岸至亚洲温带地区。我国分布于华中、华东、华北、东北各省区。福建产于福州、永安等地。

【生　　境】多生于湿润河滩、田边、路旁、草地上。

【饲用价值】叶量丰富，适口性好，是牛、羊、兔的优质饲料；一般用作青贮料，有清香甜味，各种家畜均喜食。

假俭草属 *Eremochloa* Buse

假俭草

【学　　名】*Eremochloa ophiuroides*（Munro）Hackel

【分　　布】越南。我国分布于广东、广西、贵州、湖南、湖北、海南、浙江、江西、四川、台湾、安徽等省、自治区。福建产于福州、延平、建阳、武夷山等地。

【生　　境】多生于山地、路旁或潮湿草地。

【饲用价值】各种家畜放牧饲料，适口性好，营养物质消化率较高，耐牧性也较好。

【其他用途】匍匐茎蔓延力强，是一种优质的草皮和保土固堤植物；亦可作草坪草。

百足草

【别　　名】蜈蚣草

【学　　名】*Eremochloa ciliaris*（Linnaeus）Merrill

【分　　布】中南半岛及菲律宾。我国分布于广东、广西、云南、贵州、海南、台湾等省、自治区。福建产于武夷山等地。

【生　　境】多生于山坡、路旁、干燥草地。

【饲用价值】适口性良好，青鲜干草，马、牛、羊均喜食；反刍家畜对其消化率较高，适宜反刍家畜饲用。

球穗草属 *Hackelochloa* Kuntze

球穗草

【学　　名】*Hackelochloa granularis*（Linnaeus）Kuntze

【分　　布】广布于全世界热带地区。我国分布于安徽、广东、广西、云南、贵州、四川、海南、台湾等省、自治区。福建产于云霄、南靖、龙岩、惠安、莆田、福州等地。

【生　　境】多生于山坡、路旁、田边。

【饲用价值】秆叶柔嫩，牛、羊喜食；可供放牧或刈割青饲。

筒轴茅属 *Rottboellia* Linnaeus

筒轴茅

【学　　名】*Rottboellia cochinchinensis*（Loureiro）Clayton

【分　　布】广布于亚洲及非洲的热带地区，加勒比地区有引种。我国分布于广东、广西、贵州、海南、四川、台湾等省、自治区。福建各地常见。

【生　　境】多生于田野、路旁、空旷地、山野疏林。

【饲用价值】植株高大，可供放牧或刈割青饲。

荩草属 *Arthraxon* P. Beauvois

荩草

【别　　名】绿竹、马草

【学　　名】*Arthraxon hispidus*（Thunberg）Makino

【分　　布】广布于欧洲、亚洲、非洲地区。我国分布于全国各地。福建各地常见。

【生　　境】多生于山坡草地或路旁稍湿润地。

【饲用价值】牛、马、羊均喜食；可放牧，亦可刈割晒制干草，中国南方优等饲用植物。

【其他用途】可供药用，茎叶治久咳、疮毒。

中亚荩草

【学　　名】*Arthraxon hispidus* var. *centrasiaticus*（Grisebach）Honda

【分　　布】哈萨克斯坦、吉尔吉斯斯坦、塔吉克斯坦、乌兹别克斯坦及亚洲西南部。我国分布于华中、华东、东北、西北各省区。福建各地少见。

【生　　境】多生于山坡、草地、路边、潮湿地。

【饲用价值】牛、马、羊均喜食，良等饲用植物。

高粱属 *Sorghum* Moench

光高粱

【学　　名】*Sorghum nitidum*（Vahl）Persoon

【分　　布】东南亚、大洋洲至日本。我国分布于广东、海南、广西、云南、贵州、台湾、浙江等省、自治区。福建各地少见。

【生　　境】多生于山坡路旁、空旷草地。

【饲用价值】叶可作家畜饲料。

【其他用途】种子含淀粉，可磨粉或酿酒。

拟高粱

【学　　名】*Sorghum propinquum*（Kunth）Hitchcock

【分　　布】印度、印度尼西亚、马来西亚、菲律宾、斯里兰卡。我国分布于广东、海南、四川、台湾、云南等省。福建产于顺昌、建阳等地。

【生　　境】多生于河岸边等潮湿地。

【饲用价值】茎叶质地柔嫩多汁、叶肉厚、茎髓充实、具甜味；适宜青饲、青贮或晒制干草；马、牛、羊、猪、禽、兔、鱼均喜食。

【其他用途】可作水土保持植物，纤维是工业原料。

石茅

【别　　名】约翰逊草、阿拉伯高粱

【学　　名】*Sorghum halepense*（Linnaeus）Persoon

【分　　布】全球热带及亚热带地区。我国分布于安徽、广东、海南、四川、台湾、云南等省。福建产于厦门等地。

【生　　境】生于山坡、路旁、草地、河边、山谷地。

【饲用价值】抽穗前，茎叶柔软，牛、马均喜食，绵羊适口性较差；抽穗后，茎秆变硬，家畜仅食其叶和穗；晒制的干草优质，马、牛、驴、羊均可食用；种子可作精饲料，各种家禽均喜食。

高粱

【别　　名】蜀黍、番麦

【学　　名】*Sorghum bicolor*（Linnaeus）Moench

【分　　布】原产非洲，现广泛栽培于全世界热带地区。我国各地均有栽培。福建各地也有少量种植。

【生　　境】高粱具有广泛的适应性和较强的抗逆能力，无论平原肥地，还是干旱丘陵、瘠薄山区，均可种植。

【饲用价值】幼嫩秆叶可作牲畜饲料；籽粒是畜禽重要的精饲料。

【其他用途】种子供食用，制饴糖及酿酒；老的秆叶可造纸、盖屋顶、作篱笆，脱粒后的高粱穗可作扫帚。

苏丹草

【学　　名】*Sorghum sudanense*（Piper）Stapf

【分　　布】原产非洲，现作为饲用植物广泛栽培于世界各地。我国安徽、北京、贵州、黑龙江、河南、内蒙古、宁夏、陕西、新疆、浙江等省、市、自治区均有引种。福建福州、建阳等地有引种，生长优良。

【生　　境】对土壤要求不严，一般土壤均可种植，但不宜种植在沼泽土和流沙地上。

【饲用价值】产量高，适口性好，营养价值较高；马、牛、羊、鱼均喜食；可作青饲料，亦可制成干草，优等饲用植物。

▊高丹草

【学　　名】*Sorghum bicolor*（Linnaeus）Moench × *S. sudanense*（Piper）Stapf

【分　　布】世界各地温暖地区广泛栽培。我国多在东北、华北及西部地区种植。福建有引种栽培。

【生　　境】对土壤要求不严，各种土壤都可种植，耐酸耐盐碱力较强。

【饲用价值】营养价值高，适口性好，家畜和草食性鱼类均喜食；适宜青饲、调制优质干草，亦可制青贮饲料或放牧利用。

金须茅属 *Chrysopogon* Trinius

▊香根草

【学　　名】*Chrysopogon zizanioides*（Linnaeus）Roberty

【分　　布】原产印度，其他地区广泛栽培。我国广东、海南、江苏、四川、云南、台湾、浙江等省有引种栽培。福建福州、厦门、诏安、云霄、漳浦等地有引种栽培，正常生长并能开花结实。

【生　　境】栽培于平原、丘陵、山坡，喜生于水湿溪流旁、疏松黏壤土上。

【饲用价值】幼嫩时牲畜喜食，良等饲用植物。

【其他用途】须根含香精油，挥发性低，用作定香剂；茎秆可作造纸原料。

▊竹节草

【别　　名】粘人草、草子花、紫穗茅香

【学　　名】*Chrysopogon aciculatus*（Retzius）Trinius

【分　　布】亚洲热带地区、大洋洲等。我国分布于广东、海南、广西、云南、台湾等省、自治区。福建产于东南沿海一带。

【生　　境】多生于山坡草地、旷野。

【饲用价值】幼嫩时牛、羊、马喜食，抽穗后草质老化，且有大量尖硬的小穗，牲畜极少再采食。

【其他用途】我国南部沿海地区较好的水土保持植物，也是优质的草坪草；全草可药用，有清热利湿、消肿止痛的功效。

金须茅

【学　　名】*Chrysopogon orientalis*（Desvaux）A. Camus

【分　　布】中南半岛、印度。我国分布于广东、海南。福建南部沿海较少见。

【生　　境】多生于海滨沙地、近海滩边山坡草地。

【饲用价值】幼嫩时牲畜喜食，抽穗后草质老化，且有大量尖硬的小穗，牲畜极少再采食。

孔颖草属 *Bothriochloa* Kuntze

白羊草

【别　　名】白草

【学　　名】*Bothriochloa ischaemum*（Linnaeus）Keng

【分　　布】阿富汗、不丹、印度、哈萨克斯坦、土库曼斯坦、乌兹别克斯坦及非洲北部、亚洲西南部、欧洲等。我国分布于全国各地。福建产于诏安、连城、新罗、莆田、福清、晋安、马尾等地。

【生　　境】多生于山坡、草地、路旁。

【饲用价值】丘陵山地主要放牧草种，从萌发开始即为各种家畜喜食，尤以羊最为喜食；夏末秋初很短一段时间内适口性稍差，但到秋季则又为家畜所喜食；冬季枯萎后仍为羊群所采食。

【其他用途】根坚韧，可制作化妆用的各种刷了。

臭根子草

【学　　名】*Bothriochloa bladhii*（Retzius）S. T. Blake

【分　　布】亚洲热带地区、大洋洲、太平洋群岛及非洲热带地区。我国分布于广东、广西、云南、四川、台湾、陕西等省、自治区。福建产于莆田、长乐等地。

【生　　境】多生于山坡草地、路旁。

【饲用价值】叶较柔软，适口性良好，牛、羊、马喜食；返青早，是春夏之交家畜的良好饲料；可放牧、青饲，亦可刈割晒制干草。

细柄草属 *Capillipedium* Stapf

硬秆子草

【别　　名】竹枝细柄草

【学　　名】*Capillipedium assimile*（Steudel）A. Camus

【分　　布】印度、中南半岛、马来西亚、印度尼西亚、日本。我国分布于广东、海南、广西、贵州、河南、湖北、湖南、江西、山东、四川、台湾、西藏、云南、浙江等省、自治区。福建各地较常见。

【生　　境】多生于河边、旷野、林中、林缘或潮湿地。

【饲用价值】牛、马、羊喜食，良等饲用植物。

细柄草

【别　　名】吊丝草

【学　　名】*Capillipedium parviflorum*（R. Brown）Stapf

【分　　布】欧洲、亚洲的热带及亚热带地区。我国分布于长江流域以南各省区。福建各地较常见。

【生　　境】多生于山坡草地、河岸、疏林边或灌丛中。

【饲用价值】良好的野生饲用植物；黄牛、水牛等家畜很喜采食，山羊乐食；可刈青或刈制干草。

黄茅属 *Heteropogon* Persoon

黄茅

【别　　名】扭黄茅、地筋

【学　　名】*Heteropogon contortus*（Linnaeus）P. Beauvois ex Roemer & Schultes

【分　　布】全世界温暖地区。我国分布于长江流域以南各省区。福建各地常见，尤以南部沿海为多。

【生　　境】多生于山坡草地或石岩上。

【饲用价值】适口性中等，幼嫩时为各种家畜乐食；花后期，茎叶变得坚硬，适口性显著下降；耐践踏，适宜放牧，中等或中下等饲用植物。

菅属 *Themeda* Forsskål

黄背草

【别　　名】菅草、黄背茅、红山草

【学　　名】*Themeda triandra* Forsskål

【分　　布】不丹、印度、印度尼西亚、日本、朝鲜、马来西亚、缅甸、尼泊尔。我国分布于全国各地。福建产于邵武、武夷山、浦城等地。

【生　　境】多生于干燥或稍湿润的山坡路旁或草丛中。

【饲用价值】抽穗前是各种草食家畜的良好饲料，为春夏之交的填补饲草；抽穗开花后，饲草品质急剧下降，种子成熟时，种子基盘有坚硬的锥刺，能刺入畜体引起皮肤炎症。

【其他用途】秆可造纸；秆亦可用作利尿剂，治淋病、去湿散热；根可作刷子。

苞子草

【学　　名】*Themeda caudata*（Nees）A. Camus

【分　　布】不丹、印度、印度尼西亚、马来西亚、缅甸、尼泊尔、菲律宾、斯里兰卡、泰国、越南。我国分布于广东、海南、广西、云南、贵州、四川等省、自治区。福建产于连城、惠安、屏南等地。

【生　　境】多生于山坡、路旁、河边。

【饲用价值】株丛高大，叶量丰富，幼嫩时为牲畜采食，抽穗后迅速粗老变硬，不宜饲用，中等饲用植物。

【其他用途】秆可造纸。

菅

【学　　名】*Themeda villosa*（Poiret）A. Camus

【分　　布】印度、中南半岛、马来西亚、菲律宾。我国分布于华南、西南、华中各省区。福建各地常见。

【生　　境】多生于山坡草地中或路旁、河边。

【饲用价值】叶可作牲畜饲料，中低等饲用植物。

【其他用途】秆可造纸；可作水土保持植物。

裂稃草属 *Schizachyrium* Nees

裂稃草

【别　　名】短叶裂稃草

【学　　名】*Schizachyrium brevifolium*（Swartz）Nees ex Buse

【分　　布】东半球热带及亚热带地区。我国分布于华南、西南、华中、华东、华北、东北等地区。福建各地较常见。

【生　　境】多生于山坡草地或林边路旁。

【饲用价值】叶较柔软，适口性良好，但叶量少。

红裂稃草

【学　　名】*Schizachyrium sanguineum*（Retzius）Alston

【分　　布】缅甸、印度、印度尼西亚、马来西亚、菲律宾、斯里兰卡、泰国、越南及非洲、美洲、大洋洲。我国分布于东南各省。福建南部各地较常见。

【生　　境】多生于山坡草地或石山上。

【饲用价值】抽穗前茎叶柔软，牲畜喜食；抽穗后茎干迅速老化，粗纤维含量增加，并有大量的花序，适口性降低，中等饲用植物。

香茅属 *Cymbopogon* Sprengel

扭鞘香茅

【别　　名】野香茅、括花草

【学　　名】*Cymbopogon tortilis*（J. Presl）A. Camus

【分　　布】越南、菲律宾。我国分布于西南、华中、华东等地区。福建南部及东南部较常见。

【生　　境】多生于山坡草丛中或路旁。

【饲用价值】嫩时牛、羊、马喜食，良等饲用植物。

【其他用途】秆叶可提取芳香油，或造纸。

香茅

【别　　名】柠檬草

【学　　名】*Cymbopogon citratus*（Candolle）Stapf

【分　　布】原产地不明，现广泛栽培于热带地区。我国广东、海南、云南等省多有栽培。福建福州、厦门、龙文、芗城、漳浦、诏安等地也曾种植。

【生　　境】喜温暖湿润环境，不耐寒，对土壤的要求不高，以较为疏松、肥沃而排水良好的砂质壤土为佳。

【饲用价值】适口性强，刈制干草或放牧；马、牛、羊均喜食，良等饲用植物。

【其他用途】茎叶可提取香油，制香水及香皂；秆叶可造纸，也可药用，可祛风消肿、通经络、治头痛、散跌打伤淤血等。

亚香茅

【别　　名】金桔草

【学　　名】*Cymbopogon nardus*（Linnaeus）Rendle

【分　　布】原产印度南部、斯里兰卡，现世界其他地区广泛引种栽培。我国广东、海南、台湾、云南等省有栽培。福建诏安、漳浦等地有种植。

【生　　境】适宜在肥沃而排水良好的砂质壤土种植。

【饲用价值】牛、马、羊喜食，良等饲用植物。

【其他用途】秆、叶可提取香油，供制香皂及除蚊药水等的香料。

玉蜀黍属 *Zea* Linnaeus

玉蜀黍

【别　　名】玉米、包谷、包米

【学　　名】*Zea mays* Linnaeus

【分　　布】原产美洲，现广泛栽培于世界各地。我国各地均有栽培。福建各地常见栽培。

【生　　境】适宜生长在土层深厚、排水良好、有机质丰富的中性壤土中。

【饲用价值】籽粒、茎叶营养丰富，是各种家畜的优质饲料；玉米籽粒的粗蛋白含量高，纤维素少，适口性好，各种家畜都喜食，是肉牛、奶牛、马、羊、猪、禽类和鱼类不可缺少的饲料；玉米整个植株都可饲用，利用率达 85% 以上，是著名的"饲料之王"。

【其他用途】我国北方主要粮食作物之一；穗轴中的髓可提取淀粉、葡萄糖、油脂及酒精等；胚芽含油量高，可作食用油；花柱含 β- 谷甾醇、糖类、苹果酸、柠檬酸、叶酸、酒石酸等，入药能利尿通淋；根、叶入药，清热解毒，治小便淋沥等。

墨西哥玉米

【别　　名】大刍草

【学　　名】*Zea mexicana*（Schrad.）Kuntze

【分　　布】原产中美洲的墨西哥和加勒比地区及阿根廷，中美洲各国、美国、日本南部和印度均有栽培。我国在长江流域及以南地区均有种植。福建大部分地区有种植。

【生　　境】适于排灌方便、土质肥沃的壤土或砂壤土种植。

【饲用价值】作为饲用玉米，茎秆粗壮，枝叶繁茂。质地松脆，有甜味，无特殊气味，是鹅、牛、羊、兔、猪、鱼等的极佳青饲料，深受养殖户欢迎。

薏苡属 *Coix* Linnaeus

薏苡

【学　　名】*Coix lacryma-jobi* Linnaeus

【分　　布】不丹、印度、印度尼西亚、老挝、马来西亚、缅甸、尼泊尔、巴布亚新几内亚、菲律宾、斯里兰卡、泰国、越南。我国分布于全国各地。福建各地较常见。

【生　　境】多生于沟边、溪涧边、阴湿山谷中。

【饲用价值】嫩叶可作牲畜饲料。

【其他用途】秆、叶可造纸；颖果可食用。

薏米

【别　　名】薏苡仁、苡仁、川谷

【学　　名】*Coix lacryma-jobi* var. *ma-yuen*（Romanet du Caillaud）Stapf in J. D. Hooker

【分　　布】不丹、印度、印度尼西亚、老挝、马来西亚、缅甸、菲律宾、泰国、越南。我国栽培于全国各地。福建各地较常见栽培。

【生　　境】多生于沟边、溪涧边、阴湿山谷中。

【饲用价值】嫩叶可作牲畜饲料。

【其他用途】秆、叶可造纸；颖果可食用，又可药用，有健脾养胃、清肠胃、利小便的功效。

二、豆科
Legminosae

合欢属 *Albizia* Durazzini

山合欢

【别　　名】山槐、白合欢、马缨花

【学　　名】*Albizia kalkora*（Roxburgh）Prain

【分　　布】越南、缅甸、印度、日本。我国分布于华北、华东、华南、西南及陕西、甘肃等省。福建产于德化、延平、沙县、泰宁、武夷山、顺昌等地。

【生　　境】生于丘陵地、石灰岩、山坡灌丛、疏林中。

【饲用价值】良等饲用植物。

【其他用途】花美丽，亦可植为风景树。

阔荚合欢

【别　　名】大叶合欢

【学　　名】*Albizia lebbeck*（Linnaeus）Bentham

【分　　布】原产非洲热带地区，孟加拉国、不丹、缅甸、尼泊尔、巴基斯坦、斯里兰卡等地有引种或已归化。我国广东、广西、海南、台湾等地多有分布。福建多地均有栽培，并已逸为野生。

【生　　境】多生于山地阳光充足地或林缘。

【饲用价值】牛、羊采食嫩茎叶。

【其他用途】常栽培为庭院观赏植物及行道树；树皮含单宁、入药能消肿止痛；果有毒。

合欢

【别　　名】绒花树、夜合花

【学　　名】*Albizia julibrissin* Durazzini

【分　　布】亚洲中部、东部及西南部。我国分布于华东、华南、西南及辽宁、河北、河南、陕西等省。福建产于德化、福州、建瓯、建阳、武夷山等地。

【生　　境】喜温暖湿润和阳光充足的环境，生于路旁、林边、山坡上。

【饲用价值】叶量大，柔软，无毒、无怪味，营养丰富。幼嫩茎叶和荚果是牛、绵羊、山羊的好饲料；叶粉是猪、鸡、鸭、鹅的优质饲料。

【其他用途】常栽培为庭院植物或行道树；皮及花入药，嫩叶可食，老叶浸水可洗衣，木材可供制造家具等用。

楹树

【别　　名】南洋楹、仁仁树

【学　　名】*Albizia chinensis*（Osbeck）Merrill

【分　　布】南亚至东南亚。我国分布于湖南、广东、广西、贵州、云南、西藏、浙江等省、自治区。福建各地有栽培。

【生　　境】本种为强光树种，不耐阴，抗风力弱，见于旷野、谷地、河溪边等地。常栽培为行道树。

【饲用价值】可作羊饲用植物，多食易中毒。

【其他用途】速生树种，常栽培为行道树；树皮含单宁；可硝皮，木材可作家具。

金合欢属 *Acacia* Miller

台湾相思

【别　　名】台湾柳、相思树

【学　　名】*Acacia confusa* Merrill

【分　　布】原产菲律宾。我国台湾、广东、广西、海南、江西、四川、云南各省、自治区均有栽培。福建各地常见，已逸为野生。

【生　　境】生于荒山坡，通常栽培作行道树。

【饲用价值】羊、鹿喜食其叶。

【其他用途】材质坚韧，可作桨橹、农具等；树皮含单宁，可作渔网、布的染料；耐贫瘠、干旱，为荒山坡的造林优质树种。

大叶相思

【别　　名】耳叶相思、耳荚相思树、澳洲相思

【学　　名】*Acacia auriculiformis* A. Cunningham ex Bentham

【分　　布】原产澳大利亚和巴布亚新几内亚，现世界各热带地区广泛种植。我国广东、海南、广西、浙江等省、自治区有引种栽培。福建各地偶见栽培。

【生　　境】喜温暖热带气候，不耐寒，在各类土壤均能生长良好。

【饲用价值】牛少食，但山羊、鹿喜食；人们常在冬春饲草短缺时，修剪其树枝，供牲畜来食。

【其他用途】花期长，且花清香，是极好的蜜源植物；也可用来放养紫胶虫；大叶相思

木材纹理直，结构细密，强度大，耐腐性好，可制作农具和家具；木材燃烧值为每千克 4800～4900kcal[1]，且燃烧时烟少，无不良气味，是一种优质的薪炭材树种；大叶相思木材纤维平均长度为 0.845mm，宽度为 0.018mm，可生产出强度较高的优质纸。

金合欢

【别　　名】夜合花、消息花

【学　　名】*Acacia farnesiana*（Linnaeus）Willdenow

【分　　布】原产热带美洲，广布于世界热带地区。我国浙江、台湾、广东、广西、云南、四川等省、自治区有栽培。福建厦门、福州、南平等地有栽培。

【生　　境】多生于山坡、河边，阳光充足、土壤较肥沃、疏松的地方。

【饲用价值】羊喜食其叶及荚果。

【其他用途】花含芳香油；荚果、根及树皮含单宁，可作黑色染料；茎上流出的树脂含树胶，可制成艺术品或药用。

儿茶

【别　　名】儿茶膏、孩儿茶、黑儿茶、阿仙药

【学　　名】*Acacia catechu*（Linnaeus f.）Willdenow

【分　　布】原产孟加拉国、不丹、印度、缅甸、尼泊尔、巴基斯坦、斯里兰卡、泰国等；其他地区有引种栽培。我国分布于云南、广西、广东、浙江南部、台湾等省、自治区。福建厦门有栽培。

【饲用价值】牛、羊采食其叶及下部小枝。

【其他用途】心材碎片煎汁，经浓缩干燥即儿茶浸膏或儿茶末，有清热、生津、化痰、止血、敛疮、生肌、定痛等功效；从心材中提取的栲胶也是工业上鞣革、染料用的优质原料；木材坚硬、细致，可供枕木、建筑、农具、车厢等用。

含羞草属 *Mimosa* Linnaeus

含羞草

【别　　名】知羞草、怕丑草

【学　　名】*Mimosa pudica* Linnaeus

【分　　布】原产热带美洲，现广布于世界热带地区。我国各地均有栽培，华东、华南、西南等地区较为常见。福建南部多有逸生，其他地区有栽培。

【生　　境】荒地、草地、路旁或栽培。

【饲用价值】羊采食叶，有微毒，中等饲用植物。

---

[1]　1cal＝4.186J

【其他用途】全草供药用，有安神镇静的功效，鲜叶捣烂外敷治带状疱疹。

银合欢属 *Leucaena* Bentham

银合欢

【别　　名】白合欢、合欢树、假皂角

【学　　名】*Leucaena leucocephala*（Lamarck）de Wit

【分　　布】原产热带美洲，现广布于全世界热带及亚热带地区。我国台湾、广东、广西、贵州、海南、云南等省、自治区曾有栽培，现已逸为野生。福建各地常见逸为野生。

【生　　境】路旁、荒地。

【饲用价值】枝叶有弱毒性，牛、羊啃食过量可导致皮毛脱落。

【其他用途】果园、瓜园、花圃、苗圃的围墙，不但禽畜小偷难入，而且坚固耐久，成本低廉，综合效益显著。

海红豆属 *Adenanthera* Linnaeus

海红豆

【别　　名】红豆、孔雀豆、相思树、相思格

【学　　名】*Adenanthera microsperma* Teijsmann & Binnendijk

【分　　布】柬埔寨、印度尼西亚、老挝、马来西亚、缅甸、泰国、越南等。我国分布于台湾、广东、海南、广西、贵州、云南等省、自治区。福建福州、厦门有引种栽培。

【生　　境】生于山坡、林中、山溪边。

【饲用价值】嫩茎叶可作牛、羊饲料，中等饲用植物。

【其他用途】心材暗褐色，质坚而耐腐，可为支柱、船舶、建筑用材和箱板；种子鲜红色而光亮，甚为美丽，可作装饰品；全株有毒。

紫荆属 *Cercis* Linnaeus

紫荆

【别　　名】紫珠、裸枝树、箩筐树

【学　　名】*Cercis chinensis* Bunge

【分　　布】我国分布于湖北西部、辽宁南部、河北、陕西、河南、甘肃、广东、云南、四川等地。福建各地多有栽培。

【生　　境】常见的栽培植物，多植于庭园、屋旁、寺街边，少数生于密林或石灰岩地区。

【饲用价值】中等饲用植物。

【其他用途】根、木材、树皮均可入药。

羊蹄甲属 *Bauhinia* Linnaeus

羊蹄甲

【别　　名】洋紫荆

【学　　名】*Bauhinia purpurea* Linnaeus

【分　　布】柬埔寨、老挝、缅甸、泰国、越南等地有分布，其他热带及亚热带地区常见栽培。我国云南有野生分布，现华南广泛栽培。福建各地常见栽培。

【生　　境】生于山坡丛林。

【饲用价值】嫩茎叶为牛、羊的重要饲料。

【其他用途】世界亚热带地区广泛栽培于庭园供观赏及作行道树，树皮、花和根供药用，为烫伤及脓疮的洗涤剂，嫩叶汁液或粉末可治咳嗽，但根皮剧毒，忌服。

马鞍羊蹄甲

【学　　名】*Bauhinia brachycarpa* Wallich ex Bentham

【分　　布】老挝、缅甸、泰国等。我国分布于湖北、广西、云南、贵州、四川、陕西等省、自治区。福建厦门有栽培。

【生　　境】生于干旱山坡疏林及荒坡路旁。

【饲用价值】牛、羊采食嫩茎叶，良等饲用植物。

【其他用途】茎皮富含纤维，可造纸及人造纤维板。

洋紫荆

【学　　名】*Bauhinia variegata* Linnaeus

【分　　布】柬埔寨、老挝、缅甸、泰国、越南等地有分布。我国分布于广东、广西、云南等省、自治区。福建沿海各地常见栽培。

【生　　境】生于山坡或栽培于路旁、庭院。

【饲用价值】羊食其叶及嫩枝梢。

【其他用途】嫩叶可治咳嗽；树皮含单宁，可作烫伤和脓包的洗涤剂。

越南羊蹄甲

【别　　名】囊托羊蹄甲

【学　　名】*Bauhinia touranensis* Gagnepain

【分　　布】越南。我国分布于广西、云南等省、自治区。福建厦门有栽培。

【生　　境】生于海拔 500～1000m 的山地沟谷疏林或密林下、石山灌丛中。

【饲用价值】中等饲用植物。

龙须藤

【学　　名】*Bauhinia championii*（Bentham）Bentham

【分　　布】越南。我国分布于浙江、台湾、广东、广西、江西、湖南、湖北、贵州等省、自治区。福建产于南靖、平和、华安、厦门、上杭、永春、德化、永泰、连城等地。

【生　　境】生于低海拔至中海拔的丘陵灌丛或山地疏林、密林中。

【饲用价值】牛、羊采食嫩茎叶，中等饲用植物。

首冠藤

【学　　名】*Bauhinia corymbosa* Roxburgh ex Candolle

【分　　布】越南。我国分布于广东、广西、海南。福建产于南平。

【生　　境】生于山谷疏林中或山坡阳处。

【饲用价值】牛、羊采食，中等饲用植物。

番泻决明属 *Senna* Miller

铁刀木

【别　　名】泰国山扁豆、孟买黑檀、孟买蔷薇木、黑心树

【学　　名】*Senna siamea*（Lamarck）H. S. Irwin & Barneby

【分　　布】原产缅甸、越南，现广泛栽培于世界热带地区。我国华南广泛栽培。福建各地偶见栽培。

【生　　境】生于低海拔山坡或村边、路旁。

【饲用价值】嫩茎叶可作粗饲料，中等饲用植物。

【其他用途】终年常绿、叶茂花美、开花期长、病虫害少，可用作行道树及防护林树种；树皮、荚果含单宁，可提取栲胶；枝上可放养紫胶虫，生产紫胶。

光叶决明

【学　　名】*Senna septemtrionalis*（Viviani）H. S. Irwin & Barneby

【分　　布】原产美洲热带地区，现广布于全世界热带地区。我国广东、广西有栽培。福建福州、厦门有栽培。

【生　　境】生于荒地或路旁。

【饲用价值】家畜偶食，低等饲用植物。

【其他用途】根、叶、果入药，可清热解毒；可作绿肥、固沙植物，也供观赏。

黄槐

【别　　名】金凤树、豆槐、金药树、黄槐决明

【学　　名】*Senna surattensis*（N. L. Burman）H. S. Irwin & Barneby

【分　　布】原产印度，现广泛栽培于世界各地。我国东南部、南部地区有栽培。福建各地常见栽培。

【生　　境】路旁绿化带。

【饲用价值】牛、羊食其嫩茎叶，中等饲用植物。

【其他用途】常作绿篱和庭园观赏植物。

决明

【别　　名】假绿豆、决明子

【学　　名】*Senna tora*（Linnaeus）Roxburgh

【分　　布】原产美洲热带地区，现全世界热带、亚热带地区广泛分布。我国长江流域以南各省区普遍分布。福建各地常见，现已逸为野生。

【生　　境】生于山坡、荒地、路边。

【饲用价值】羊采食其嫩茎叶，适口性稍差。

【其他用途】其种子叫决明子，有清肝明目、利水通便的功效，同时还可提取蓝色染料。

山扁豆属 *Chamaecrista* Moench

大叶山扁豆

【别　　名】地油甘、牛旧藤、短叶决明

【学　　名】*Chamaecrista leschenaultiana*（Candolle）O. Degener

【分　　布】柬埔寨、印度、印度尼西亚、老挝、马来西亚、缅甸、巴布亚新几内亚、泰国、越南。我国分布于安徽、江西、浙江、台湾、广东、广西、贵州、云南、四川等省、自治区。福建漳浦、南靖、福清、晋安、马尾、永安、浦城等地有引种栽培。

【生　　境】生于山坡草地、灌丛中。

【饲用价值】全草为牛、羊喜食的饲料，中等饲用植物。

【其他用途】根入药，治痢疾、消化不良；幼嫩茎叶可代茶；种子有健胃、利尿、消水肿的功效。

含羞草决明

【别　　名】山扁豆、决明子、望江南

【学　　名】*Chamaecrista mimosoides*（Linnaeus）Greene

【分　　布】原产热带美洲，现广泛栽培于全世界热带及亚热带地区。我国分布于东南部、南部至西南部地区。福建各地偶见，已逸为野生。

【生　　境】生于山坡草地、灌丛中。

【饲用价值】牛、羊食其嫩茎叶，中等饲用植物。

【其他用途】常生于荒地上，耐旱又耐瘠，是良好的覆盖植物和改土植物，同时又是良好的绿肥；其幼嫩茎叶可代茶；根治痢疾。

圆叶决明

【别　　名】圆叶山扁豆

【学　　名】*Chamaecrista rotundifolia*（Pers.）Greene

【分　　布】原产北美洲、中美洲及热带南美洲地区，现已在世界多个地区归化。我国江西、广东、广西、海南等热带、亚热带（红壤）地区有引种栽培。福建丘陵、山地有引种栽培，偶见逸生。

【生　　境】对酸性或高铝土壤耐性很强，适于红壤荒山荒坡改造及果园套种。

【饲用价值】营养丰富，但其鲜草适口性较差。可刈割晒干后饲喂各种家畜，或在现蕾期或初花期收割，用作青贮和干草打粉利用。

【其他用途】用于改良土壤、保持水土，也可作为绿肥、美化绿化兼用草种。

羽叶决明

【别　　名】羽叶山扁豆

【学　　名】*Chamaecrista nictitans*（Linnaeus）Moench

【分　　布】美洲热带到温带地区。我国江西、广东、海南等热带、亚热带地区有引种栽培。福建丘陵、山地有引种栽培。

【生　　境】具有明显的耐瘠、耐旱、耐酸、耐铝特性，适于红壤荒地种植。

【饲用价值】营养丰富，盛花期干草含粗蛋白 14.96%，适口性好，是牛、羊、猪、鱼、鹅等畜禽的良好饲料，鲜草对兔适口性较差；可青饲、青贮或干制作为畜禽饲草利用。

【其他用途】改良土壤、保持水土。

云实属 *Caesalpinia* Linnaeus

喙荚云实

【别　　名】南蛇筋

【学　　名】*Caesalpinia minax* Hance

【分　　布】印度、老挝、缅甸、泰国、越南等地。我国分布于广东、广西、四川、云南、贵州、台湾等省、自治区。福建有引种栽培。

【生　　境】生于山坡灌丛中、山沟、田边、溪旁、路旁。

【饲用价值】牛、羊食其嫩茎叶，中等饲用植物。

【其他用途】根、种子和嫩苗供药用，有解毒、祛风湿的功效。

苏木

【别　　名】苏枋、苏方、苏方木、棕木、赤木、红柴

【学　　名】*Caesalpinia sappan* Linnaeus

【分　　布】柬埔寨、印度、老挝、马来西亚、缅甸、越南、斯里兰卡及非洲、美洲。我国云南、台湾、广东、海南、广西、四川、贵州、云南等地有栽培。福建云霄、诏安、厦门等地有栽培。

【生　　境】生于密林、疏林或肥沃的山地。

【饲用价值】牛、羊食其嫩茎叶。

【其他用途】心材入药，为清血剂，有祛痰、止痛、活血、散风的功效；枝干可提取贵重的红色染料，根可提取黄色染料；耐旱，为干旱地区的造林树种。

云实

【别　　名】员实、云英、天豆、马豆、羊石子、百鸟不停

【学　　名】*Caesalpinia decapetala*（Roth）Alston

【分　　布】广布于亚洲热带和温带地区。我国分布于长江流域以南各省区。福建产于南靖、仙游、将乐、永安、泰宁、南平、福州等地。

【生　　境】生于山坡岩石旁、灌木丛中，以及平原、丘陵、河旁等。

【饲用价值】牛、羊食其嫩茎叶。

【其他用途】果壳、茎皮含鞣质，可制栲胶；种子可榨油；根、茎、果实供药用，有发表散寒、活血通经、解毒杀虫的功效。

华南云实

【别　　名】假老虎簕、刺果苏木、刺果苏木叶

【学　　名】*Caesalpinia crista* Linnaeus

【分　　布】柬埔寨、印度、印度尼西亚、日本、马来半岛、斯里兰卡、缅甸、泰国、越南、波利尼西亚群岛、日本。我国分布于云南、贵州、四川、湖北、湖南、广西、广东、台湾等省、自治区。福建产于厦门、云霄、诏安、龙岩等地。

【生　　境】生于山坡草地、山沟、路旁。

【饲用价值】牛、羊食其嫩茎叶，中等饲用植物。

金凤花

【别　　名】洋金凤、蛱蝶花、黄蝴蝶、蝴蝶花

【学　　名】*Caesalpinia pulcherrima*（Linnaeus）Swartz

【分　　布】原产南美洲，现热带地区广为栽培。我国华南广为栽培。福建各地常见栽培。

【生　　境】宜种植于阳光充足处，对土壤的要求不苛刻，砂质土或黏重土均宜，喜酸性

土，较耐干旱，亦稍耐水湿。

【饲用价值】牛、羊食其嫩茎叶。

【其他用途】种子入药，有活血通经的功效；茎榨汁以黄酒冲服，可治疗跌打损伤。

凤凰木属 *Delonix* Rafinesque

凤凰木

【别　　名】红花楹树、火树

【学　　名】*Delonix regia*（Bojer）Rafinesque

【分　　布】原产马达加斯加，全世界热带地区广泛栽培。我国广东、广西、台湾、云南有引种栽培。福建南部地区广为栽培。

【生　　境】适于土壤肥沃、深厚、排水良好且向阳处栽植，可作为行道树和公园、植物园观赏树种。

【饲用价值】其荚果及嫩茎叶可作牲畜饲料。

【其他用途】庭园景观或为行道树。

槐属 *Sophora* Linnaeus

苦参

【别　　名】地槐、苦骨、山槐子、地骨

【学　　名】*Sophora flavescens* Aiton

【分　　布】印度、日本、朝鲜及俄罗斯西伯利亚地区。我国南北各省区均有分布。福建分布于华安、长乐、泰宁、延平、建阳等地。

【生　　境】山坡、沙地、草坡、灌木林中、田野附近。

【饲用价值】牛、羊食其嫩茎叶，中等饲用植物。

【其他用途】根含苦参碱和金雀花碱等，入药有清热利湿、抗菌消炎、健胃驱虫的功效，常用作治疗皮肤瘙痒、神经衰弱、消化不良及便秘等症；种子可作农药；茎皮纤维可织麻袋等。

槐树

【别　　名】国槐、家槐

【学　　名】*Sophora japonica* Linnaeus

【分　　布】原产日本、朝鲜，其他地区广泛栽培。我国南北广为栽培，尤以华北及黄土高原地区生长繁茂。福建南平、厦门有栽培。

【生　　境】喜生于气候比较湿润、土层深厚、肥沃的土壤上。

【饲用价值】嫩枝叶的营养价值较好，富含粗蛋白和易浸溶的碳水化合物，粗纤维含量较低，氨基酸含量比较丰富，是绵羊的好饲料，其他牲畜也吃；槐籽的油粕可充作精饲料，喂猪尤佳；槐树是一个很广阔的饲料资源，对畜牧业的饲料平衡起着重要的调剂作用。

【其他用途】木质坚硬，有弹性，以前是制造畜拉大车的主要木材，也可用来造船；槐树树荫浓密，是很好的行道树，并为优质的蜜源植物；花蕾可食，为清凉性收敛止血药；槐花可作黄色染料。

猪屎豆属 *Crotalaria* Linnaeus

▌翅托叶猪屎豆

【别　　名】翅托叶野百合、响铃草、狗响铃

【学　　名】*Crotalaria alata* Buchanan-Hamilton ex D. Don

【分　　布】亚洲、非洲的热带及亚热带地区。我国分布于广东、广西、海南、湖南、四川、台湾、云南等省、自治区。福建产于永安等地。

【生　　境】生于旷野草地。

【饲用价值】茎叶柔嫩，羊喜食。

【其他用途】可供药用，我国民间用其全草治风湿麻痹、外伤出血等症。

▌多疣野百合

【别　　名】大叶野百合、多疣猪屎豆

【学　　名】*Crotalaria verrucosa* Linnaeus

【分　　布】亚洲、非洲的热带及亚热带地区。我国分布于广东、海南、台湾等省。福建产于漳州等地。

【生　　境】生于旷野草地、疏林。

【饲用价值】羊采食。

▌假地蓝

【别　　名】大响铃豆、荷猪草

【学　　名】*Crotalaria ferruginea* Graham ex Bentham

【分　　布】孟加拉国、不丹、印度、印度尼西亚、老挝、马来西亚、缅甸、尼泊尔、巴布亚新几内亚、菲律宾、斯里兰卡、越南、泰国。我国分布于安徽、广东、广西、贵州、海南、湖北、湖南、江苏、江西、四川、台湾、西藏、云南、浙江等省、自治区。福建产于南靖、新罗、武平、连城、建阳等地。

【生　　境】生于海拔 400～1000m 的山坡疏林、荒山草地。

【饲用价值】牛、羊喜食，良等饲用植物。

【其他用途】民间用其全草入药，可补肾、消炎、平喘、止咳，临床用于治疗目眩耳鸣、遗

精、慢性肾炎、膀胱炎、慢性支气管炎等症，其鲜叶捣烂可外敷治疗疮、痈肿，其根茎可灭蛆，又为绿肥及水土保持植物。

菽麻

【别　　名】度麻、太阳麻、赫麻

【学　　名】*Crotalaria juncea* Linnaeus

【分　　布】可能原产南亚，现广泛栽培于非洲、美洲、亚洲、大洋洲的热带及亚热带地区及巴布亚新几内亚。我国南部及东部地区广泛栽培并已归化。福建南部地区也有栽培。

【生　　境】生荒地路旁、山坡疏林中。

【饲用价值】猪、牛、兔、马喜食；通常为青饲，也可晒制干草，种子含胰朊酶抑制毒素，故一般不用带荚的部分喂牛，但国外有的地方仍用来喂马或喂猪。

【其他用途】主要用为绿肥，青秆可剥麻，出麻率为 3.5%～5.5%。

大托叶猪屎豆

【别　　名】丝毛野百合、响铃豆、紫花野百合

【学　　名】*Crotalaria spectabilis* Roth

【分　　布】印度、尼泊尔、菲律宾、马来西亚及非洲、美洲热带地区广泛栽培。我国分布于南部、东部地区。福建产于厦门、云霄、南靖、长泰、武平、新罗、泉州、福州、大田、南平等地。

【生　　境】生于山坡草地、河滩、水库边、田园路旁、荒山草地。

【饲用价值】牛、羊食其嫩茎叶，中等饲用植物。

【其他用途】种子含半乳甘露聚糖胶，在石油、矿山、纺织及食品等工业中有一定的应用价值。

华百合

【别　　名】中国猪屎豆

【学　　名】*Crotalaria chinensis* Linnaeus

【分　　布】中南半岛及南亚地区。我国分布于南部地区。福建产于建阳等地。

【生　　境】生于海拔 50～1000m 的荒山草地。

【饲用价值】牛、羊食其嫩茎叶，中等饲用植物。

线叶猪屎豆

【别　　名】条叶猪屎豆、线叶野百合、密叶猪屎豆

【学　　名】*Crotalaria linifolia* Linnaeus

【分　　布】印度、日本、缅甸、斯里兰卡等。我国分布于台湾、广东、广西、海南、四川、贵州、云南、西藏等省、自治区。福建产于平和等地。

【生　　境】生于海拔 600m 以上的山坡、灌丛、疏林、路旁。

【饲用价值】牛、马、羊采食，中等饲用植物。

【其他用途】供药用，可清热解毒、消肿止痛，治耳鸣、遗精、妇女血痨，外用治疮痛、癣疥等症；近年来试用于抗肿瘤有效，主要对鳞状上皮癌、基底细胞癌疗效较好。

野百合

【别　　名】兰花野百合

【学　　名】*Crotalaria sessiliflora* Linnaeus

【分　　布】广布于欧亚大陆。我国分布于东北、华东、华南、西南各地。福建产于龙岩、德化、永安、延平、建阳等地。

【生　　境】山坡草地、路旁或灌木丛中、溪旁或石缝中。

【饲用价值】牛、羊喜食，良等饲用植物。

【其他用途】茎含丰富淀粉，可食，亦作药用，有清热解毒、利湿消积的功效。

长萼猪屎豆

【别　　名】大叶毛铃、狗铃豆

【学　　名】*Crotalaria calycina* Schrank

【分　　布】非洲、大洋洲、亚洲的热带及亚热带地区。我国分布于台湾、广东、海南、广西、云南、西藏等省、自治区。福建产于厦门、晋安、马尾、长乐等地。

【生　　境】生于山坡疏林、荒地路旁。

【饲用价值】牛、羊稍采食，劣等饲用植物。

光萼猪屎豆

【别　　名】苦罗豆、光萼野百合、南美猪屎豆

【学　　名】*Crotalaria trichotoma* Bojer

【分　　布】非洲、亚洲、大洋洲、美洲的热带及亚热带地区。我国分布于台湾、湖南、广东、海南、广西、四川、云南等省、自治区。闽南地区多有栽培并逸生。

【生　　境】生于田园路边、荒山草地。

【饲用价值】牛、羊、猪采食，良等饲用植物。

【其他用途】可供药用，有清热解毒、散结祛淤等功效，外用治疮痛、铁打损伤等症；本种亦含有丰富的氮、磷、钾等微量元素，是很好的绿肥植物，我国南方常作为橡胶园的覆盖植物。

猪屎豆

【别　　名】椭圆叶猪屎豆、三圆叶猪屎豆

【学　　名】*Crotalaria pallida* Aiton

【分　　布】美洲、非洲、亚洲的热带及亚热带地区。我国产于台湾、广东、广西、四川、云南、山东、浙江、湖南等省、自治区。福建产于厦门、南靖、龙岩、仙游、永安、沙县等地。

【生　　境】生于海拔 100～1000m 的荒山草地、砂质土壤之中。

【饲用价值】其嫩茎叶粗蛋白占干物质的 29.22%，粗脂肪占干物质的 3.69%；羊喜食，优等饲用植物。

【其他用途】植物的全草和根可供药用，有解毒散结、消积化滞的功效；也可作绿肥及水土保持植物利用。

罗顿豆属 *Lotononis* (DC.) Eckl. & Zeyh.

罗顿豆

【别　　名】迈尔斯罗顿豆

【学　　名】*Lotononis bainesii* Baker

【分　　布】原产南非。我国台湾、湖南等省有引种栽培。福建有引种。

【生　　境】耐高铝和高锰，最适于在轻质酸性土壤种植。

【饲用价值】蛋白质含量高，适口性好，牛、羊、猪、兔、鹅均喜食。

【其他用途】除是一种优质的护坡植物外，罗顿豆还可作为草坪草，用于城市绿化和观光果园中。

草木樨属 *Melilotus* (Linnaeus) Miller

白香草木樨

【别　　名】白花草木樨、白甜车轴草

【学　　名】*Melilotus albus* Medikus

【分　　布】亚洲、欧洲。我国多数省区有分布。福建产于厦门等地。

【生　　境】生于山坡路旁等。现各地多有栽培。

【饲用价值】可放牧、青刈，制成干草或青贮，牛、羊等家畜的优等饲用植物。

【其他用途】全草入药，能清热利湿、消毒解肿，治小儿惊风；果实能治风火牙痛。

草木樨

【学　　名】*Melilotus officinalis* (Linnaeus) Lamarck

【分　　布】亚洲、欧洲。我国各省区均有分布。福建产于福州、厦门等地。

【生　　境】生于山坡草地、山沟、溪畔、田埂、荒地、路边的湿润处。

【饲用价值】茎叶柔软、鲜嫩多汁，牲畜喜食，又较耐旱、抗寒，优等饲用植物。

印度草木樨

【别　　名】草木樨、野花生、蛇脱草

【学　　名】*Melilotus indicus*（Linnaeus）Allioni

【分　　布】主要分布于东南亚、南亚各国及欧洲、北美洲。我国分布于安徽、广东、广西、贵州、海南、江苏、四川、台湾、云南、浙江等省、自治区。福建产于厦门。

【生　　境】生于低海拔的丘陵、山地、平原的山沟、溪畔、田埂、荒地、路边的湿润处。

【饲用价值】茎叶柔软，鲜嫩多汁，其茎叶、种子是很好的青绿饲草、饲料，制成干草或草粉饲用价值也很高；据野外调查，其整个青草期各种畜禽均可采食，尤其猪、牛、羊特别喜食。

苜蓿属 *Medicago* Linnaeus

天蓝苜蓿

【别　　名】黑荚苜蓿、杂花苜宿

【学　　名】*Medicago lupulina* Linnaeus

【分　　布】亚洲、欧洲。我国分布于全国各地。福建各地常见。

【生　　境】生于荒地、路旁、山坡草地或水边湿地。

【饲用价值】营养成分具有蛋白质高、脂肪高、无氮浸出物高、粗纤维低的特点，营养价值不次于紫花苜蓿。适口性好，家畜最喜爱的优等饲用植物之一。

【其他用途】较好的绿肥植物，全草亦可药用，治蜈蚣、毒蛇咬伤。

紫花苜蓿

【别　　名】紫苜宿

【学　　名】*Medicago sativa* Linnaeus

【分　　布】原产亚洲北部及西南部，现世界各地均广泛分布。我国各地常见栽培，并已逸为野生。福建各地有栽培，在龙岩、三明、南平等市已逸为野生。

【生　　境】生于路旁、田园、山坡草地或河边。

【饲用价值】茎叶柔嫩鲜美，不论青饲、青贮、调制青干草、加工草粉，用于配合饲料或混合饲料，各类畜禽都喜食。

【其他用途】可作为绿肥、水土保持和蜜源植物。

车轴草属 *Trifolium* Linnaeus

白车轴草

【别　　名】白三叶、白花三叶草、白三草、车轴草、荷兰翘摇、白花苜蓿、菽草

【学　　名】*Trifolium repens* Linnaeus

【分　　布】原产亚洲中部、西南部及北非、欧洲，广泛分布于亚洲、非洲、大洋洲、美洲的亚热带及温带地区。我国除热带、寒带地区外，各地广泛栽培，并已逸为野生。福建常见栽培，并已逸为野生。

【生　　境】生于路旁、田园、草地或河边。

【饲用价值】茎叶柔嫩，营养丰富，适口性好，各种家禽均喜食。

【其他用途】可用作绿肥、地被植物、景观绿化。

▌红车轴草

【别　　名】红三叶草、三叶草、红菽草、红花苜蓿、红荷兰翘摇

【学　　名】*Trifolium pratense* Linnaeus

【分　　布】原产亚洲中部、西南部及北非、欧洲西南部。我国亚热带、温带地区广泛栽培，并已逸为野生。福建各地有栽培，并已在西部、北部逸为野生。

【生　　境】生于高山低温多雨地区。

【饲用价值】茎叶柔嫩，营养丰富，适口性好，各种家禽均喜食。

【其他用途】可用作绿肥、地被植物、景观绿化。

蝶豆属 *Clitoria* Linnaeus

▌蝶豆

【别　　名】蓝蝴蝶，蓝花豆，蝶豆

【学　　名】*Clitoria ternatea* Linnaeus

【分　　布】世界热带地区。我国云南、海南、浙江、广西、广东等地有引种栽培。福建厦门、福州有栽培。

【生　　境】生于热带低海拔地区，耐瘠、不耐渍水。

【饲用价值】茎叶营养丰富，适口性好，可放牧牛、羊，也可刈制干草。

【其他用途】全株可作绿肥；根、种子有毒；可作观赏植物、土壤修复植物。

大豆属 *Glycine* Willdenow

▌大豆

【别　　名】菽、毛豆、黄豆、青豆、黑豆

【学　　名】*Glycine max*（Linnaeus）Merrill

【分　　布】全世界温暖地区均有种植。我国各地均有分布。福建各地也广为种植。

【生　　境】土壤的适应性广泛，根系入土深，能利用土壤下层的养分和水分。但以在土层深厚、排水良好、肥沃、中性至微酸性的沙土或壤土上生长最好。

【饲用价值】种子营养价值较高，是优质的蛋白质饲料；籽实含蛋白质 30%～40%，脂肪含量较高，而且氨基酸种类齐全，含量较高，如赖氨酸和色氨酸含量分别比稻米、小麦、玉米高 7～9 倍和 3～7 倍，钙、磷、铁、镁、钾等无机盐类及维生素含量都很丰富，是畜禽优质的精饲料；加工后所得副产品如豆饼、豆渣等仍含有较多的蛋白质，也是优质的精饲料；收籽后的秸、豆壳可作牛、马、羊、兔的精饲料，也可粉碎后来喂猪；一些品种还可在开花期刈割青饲，或调制成青贮料进行利用。

【其他用途】在工业上的用途有 500 种以上；此外药用有滋补养心、祛风明目、清热利水、活血解毒等功效。

野大豆

【别　　名】落豆秧、乌豆

【学　　名】*Glycine soja* Siebold & Zuccarini

【分　　布】俄罗斯、日本、朝鲜、阿富汗。我国分布于东北、华北、华东、华中、西北等地。福建各地常见。

【生　　境】生于田边、山野、灌丛。

【饲用价值】茎叶柔软，适口性良好，为各种家畜所喜食；干草及冬春枯草亦为家畜喜食；可与直立型禾本科饲用植物混播，建立高产、优质的人工草地；可作为山地草场的放牧型饲用植物。

【其他用途】水土保持作用好；全草还可药用，有补气血、强壮、利尿等功效，主治盗汗、肝火、目疾、黄疸、小儿疳积。

两型豆属 *Amphicarpaea* Elliot ex Nuttall

三籽两型豆

【别　　名】崖州扁豆、野毛扁豆

【学　　名】*Amphicarpaea edgeworthii* Bentham

【分　　布】朝鲜、俄罗斯、日本、印度、越南。我国分布于东北及河北、山西、山东、陕西、河南、江苏、安徽、浙江、江西、湖南、四川、海南等省。福建产于建阳、武夷山等地。

【生　　境】生于山坡灌丛、林缘、疏林下。

【饲用价值】茎叶柔软，适口性好，营养丰富，是家畜的优质青饲料，也可晒制成干草供淡季饲用；种子粗蛋白含量比大豆低，但比绿豆、豇豆、木豆等高，是家畜和家禽的优质精饲料。

【其他用途】种子可食用，在海南南部至西南部地区栽培用于制豆酱、豆芽及糕点的馅。

山黑豆属 *Dumasia* Candolle

▌雀舌豆

【别   名】小鸡藤

【学   名】*Dumasia forrestii* Diels

【分   布】我国分布于云南、西藏、四川等省、自治区。福建产于德化。

【生   境】生于海拔 1600m 以上的山坡灌丛中。

【饲用价值】羊、牛喜食，良等饲用植物。

【其他用途】果药用，有止痛、松弛肌肉的功效，治坐骨神经痛、筋骨疼痛。

野扁豆属 *Dunbaria* Wight & Arnott

▌长柄野扁豆

【别   名】山绿豆、水芽豆

【学   名】*Dunbaria podocarpa* Kurz

【分   布】印度、缅甸、老挝、越南、柬埔寨。我国分布于广西、广东、海南等省、自治区。福建产于华安等地。

【生   境】生于海拔 250m 以上的河边、灌丛、林中。

【饲用价值】家畜喜食，良等饲用植物。

▌黄毛野扁豆

【别   名】野扁豆、毛野扁豆

【学   名】*Dunbaria fusca*（Wallich）Kurz

【分   布】日本、朝鲜及东南亚各国。我国分布于广东、广西、海南、云南等省、自治区。福建产于南靖等地。

【生   境】生于海拔 500m 以下的低山丘陵上层厚而湿润的草丛和灌木丛中。

【饲用价值】茎叶细弱柔软，叶量多，羊、兔喜食，牛开始时不爱吃，但经一段时间适应，也喜食；可放牧也可刈割利用，以刈割利用为好，每年以刈割 2～3 次为宜，青饲或调制干草或制成草粉均可。

【其他用途】花多，花大且色泽艳丽，花期又长，可作观赏植物；根系发达，盖覆地面性能好，而且具有大量根瘤，是很好的水土保持和绿肥植物；种子含油约 14%，供工业用；其种子入药，可治无名肿毒和妇女白带。

木豆属 *Cajanus* Adanson

▌木豆

【别   名】豆蓉、扭豆、山豆根、阿瓦豆、鸽豆

【学　　名】*Cajanus cajan*（Linnaeus）Huth

【分　　布】全球的热带及亚热带地区。我国分布于广东、广西、海南、云南、四川、江苏、台湾等省、自治区。福建厦门、洛江、泉港、永春、福州、龙岩等地有栽培。

【生　　境】喜高温湿润气候，由于根系强大，其耐旱、耐瘠力也较强；在一定程度上能抗酸和碱，不耐霜冻，遇轻霜叶便枯黄掉落，也不耐涝。

【饲用价值】叶、嫩枝是各种畜禽优质青饲料，种子则是优质的蛋白质饲料。

【其他用途】种子供食用、榨油、制豆腐；根可入药，有清热解毒、止血、止痛、杀虫的功效。

蔓草虫豆

【别　　名】山地豆草、假地豆草、止血草

【学　　名】*Cajanus scarabaeoides*（Linnaeus）Thouars

【分　　布】马达加斯加、印度至澳大利亚。我国分布于广东、广西、云南、四川、贵州、海南、云南、台湾等省、自治区。福建各地较常见。

【生　　境】生于山坡灌丛中或草地。

【饲用价值】叶量丰富，粗蛋白和粗脂肪含量较高，各类家禽均喜食，是亚热带地区较好的豆科饲用植物。

【其他用途】叶入药，有健脾、利尿的功效。

鹿藿属 *Rhynchosia* Loureiro

菱叶鹿藿

【别　　名】野黄豆

【学　　名】*Rhynchosia dielsii* Harms

【分　　布】朝鲜、日本。我国分布于四川、贵州、陕西、河南、湖北、湖南、广东、广西等省、自治区。福建产于武平、建阳、武夷山等地。

【生　　境】生于海拔 500～1000m 的山坡路边或沟旁。

【饲用价值】牛、羊喜食嫩茎叶，良等饲用植物。

【其他用途】全草入药，有祛风、解热的功效，可治小儿风热咳嗽和各种惊风。

鹿藿

【别　　名】老鼠眼、饿马营、痰切豆

【学　　名】*Rhynchosia volubilis* Loureiro

【分　　布】朝鲜、日本、越南。我国分布于华东、中南、华南、西南等地区。福建各地较常见。

【生　　境】山坡路旁、杂草丛中、灌丛、林缘。

【饲用价值】叶量丰富，一般家禽多采食其嫩枝叶。

【其他用途】根祛风和血、镇咳祛痰，治风湿骨痛、气管炎；叶外用治疥疮。

千斤拔属 *Flemingia* Roxburgh ex W. T. Aiton

大叶千斤拔

【学　　名】*Flemingia macrophylla*（Willdenow）Prain

【分　　布】印度、孟加拉国、缅甸、老挝、越南、柬埔寨、马来西亚、印度尼西亚。我国分布于云南、贵州、四川、江西、台湾、广东、海南、广西等省、自治区。福建产于南靖、福清、晋安、马尾、宁德等地。

【生　　境】生于旷野草地上、灌丛中、山谷路旁、疏林阳处。

【饲用价值】山羊、牛喜食其嫩枝叶，可放牧利用，也可刈割其嫩枝叶用于饲牛、羊等。

【其他用途】根供药用，能祛风活血、强腰壮骨，治风湿骨痛。

蔓性千斤拔

【别　　名】千斤拔

【学　　名】*Flemingia prostrata* Roxburgh

【分　　布】孟加拉国、印度、日本、缅甸。我国分布于云南、四川、贵州、湖北、湖南、广西、广东、海南、江西、台湾等省、自治区。福建产于厦门、云霄、龙岩、平潭、将乐等地。

【生　　境】生于海拔50~300m的平地旷野或山坡路旁草地上。

【饲用价值】牛、羊采食嫩茎叶，山羊、兔喜食，良等饲用植物。

【其他用途】根供药用，有祛风除湿、舒筋活络、强筋壮骨、消炎止痛等功效。

球穗千斤拔

【学　　名】*Flemingia strobilifera*（Linnaeus）R. Brown

【分　　布】印度、孟加拉国、缅甸、斯里兰卡、印度尼西亚、菲律宾、马来西亚等。我国分布于云南、贵州、广西、广东、海南、台湾等省、自治区。福建产于平和、永安等地。

【生　　境】常生于海拔200~1580m的山坡草丛或灌丛中。

【饲用价值】牛、羊采食嫩茎叶，中等饲用植物。

【其他用途】全株作药用，有止咳祛痰、消热除湿、补虚、壮筋骨的功效，治高热不退、感冒、风湿性关节炎、痛经等。

黧豆属 *Mucuna* Adanson

狗爪豆

【别　　名】虎爪豆、猫豆、黧豆

【学　　名】*Mucuna pruriens* var. *utilis*（Wallich ex Wight）Baker ex Burck

【分　　布】原产亚洲南部和东部，世界热带及亚热带地区广泛栽培。我国广东、海南、广西、四川、贵州、湖北、浙江等省、自治区有栽培。福建各地均有栽培。

【生　　境】适于在温暖湿润气候地区种植，耐瘠耐旱，对土壤的适应性广。

【饲用价值】嫩茎叶和种子可作猪、牛的饲料，也可与玉米、高粱等混播制作青贮料。

【其他用途】可作橡胶园、果园间作的绿肥或覆盖堤坝保持水土之用；嫩荚和种子可供食用，但含少量毒性，食前必须经过煮沸，并浸于清水中一昼夜方可食用。

▌白花黧豆

【别　　名】白花油麻藤

【学　　名】*Mucuna birdwoodiana* Tutcher

【分　　布】我国分布于广东、广西、贵州、江西、四川等省、自治区。福建产于龙文、芗城、南靖、平和、龙岩、福安、南平等地。

【生　　境】生于林下、山沟边。

【饲用价值】牛、羊稍食，中等饲用植物。

【其他用途】藤药用，能补血、通经络、强筋骨。

▌常春黧豆

【别　　名】常春油麻藤

【学　　名】*Mucuna sempervirens* Hemsley

【分　　布】不丹、印度、日本、缅甸。我国分布于浙江、湖北、四川、云南、江西等省。福建各地较常见。

【生　　境】生于林下、灌丛、林缘。

【饲用价值】牛、羊采食嫩茎叶和块根，种子作精饲料，中等饲用植物。

【其他用途】全草药用，有活血、化淤、通筋脉的功效，种子可供食用和榨油。

土圉儿属 *Apios* Fabricius

▌肉色土圉儿

【学　　名】*Apios carnea*（Wallich）Bentham ex Baker

【分　　布】越南、泰国、尼泊尔、印度北部等。我国分布于西藏、云南、四川、贵州、广西等省、自治区。福建产于武夷山等地。

【生　　境】生于沟边杂木林中或溪边路旁。

【饲用价值】家禽喜食，良等饲用植物。

【其他用途】种子含油。

土圞儿

【别　　名】九子羊、地栗子

【学　　名】*Apios fortunei* Maximowicz

【分　　布】日本。我国分布于甘肃、陕西、河南、四川、贵州、湖北、湖南、江西、浙江、广东、广西等省、自治区。福建产于泰宁、延平、永安、沙县、武夷山等地。

【生　　境】通常生于海拔 300～1000m 山坡灌丛中，缠绕于树上。

【饲用价值】牛、马、羊采食嫩茎叶，块根可饲喂家禽，中等饲用植物。

【其他用途】块根含淀粉，味甜可食，可提制淀粉或作酿酒原料。

葛属 *Pueraria* Candolle

葛

【别　　名】越南野葛

【学　　名】*Pueraria montana*（Loureiro）Merrill

【分　　布】东南亚至大洋洲。我国除新疆和西藏外，全国各省区均有分布。福建产于南靖、延平、武夷山等地。

【生　　境】常生于向阳灌丛中、山地疏林下、河边灌丛中，竞争能力极强，能攀援于其他植物之上而获得充足的生长空间。

【饲用价值】嫩茎叶富含蛋白质，营养丰富，可供放牧利用、刈割青饲，也可晒制干草。

【其他用途】块茎可提取淀粉食用或酿酒，茎皮纤维可织布。

野葛

【别　　名】葛麻姆

【学　　名】*Pueraria montana* var. *lobata*（Willdenow）Maesen & S. M. Almeida ex Sanjappa & Predeep

【分　　布】东南亚至大洋洲，非洲、美洲、欧洲均有引种栽培。我国除新疆和西藏外，全国各省区均有分布。福建各地常见。

【生　　境】喜温暖潮湿且向阳的地方，对土壤的适应性广泛，在微酸性的红壤、黄壤、花岗岩砾土、沙砾土、中性泥沙土及紫色土上均可生长，尤喜土层深厚、疏松、富含腐殖质的砂壤土。

【饲用价值】营养丰富，适口性好，牛、羊喜食，可刈割青饲、调制青贮饲料及放牧利用；但野葛建植初期不耐践踏，头两年必须谨慎轮牧。

【其他用途】块根富含淀粉，可制成多种保健食品和饮料；块根及花入药，有解热透疹、生津止渴、解毒、止泻的功效；种子可榨油；茎皮纤维质量好，可作制绳、编织及造纸原料。

刀豆属 *Canavalia* Adanson

小刀豆

【学　　名】*Canavalia cathartica* Thouars

【分　　布】热带亚洲广布，大洋洲及非洲的局部地区亦有。我国分布于广东、海南、台湾等省。福建武夷山市有栽培。

【生　　境】生于海滨或河滨，攀援于石壁或灌木上。

【饲用价值】可作猪饲料，中等饲用植物。

刀豆

【别　　名】野刀板藤

【学　　名】*Canavalia gladiata*（Jacquin）Candolle

【分　　布】原产美洲热带地区，热带各地多有栽培和野生。我国长江流域以南地区均有栽培。福建各地有栽培。

【生　　境】喜温暖，不耐寒霜。对土壤要求不严，但以排水良好而疏松的砂壤土栽培为好。

【饲用价值】藤蔓晒干后可作家禽饲草，种子去毒处理后亦用作饲料，中等饲用植物。

【其他用途】根、果、种子入药，有行气活血、补肾、散淤的功效。

海刀豆

【学　　名】*Canavalia rosea*（Swartz）Candolle

【分　　布】热带海岸地区广布。我国东南部至南部地区有分布。福建产于厦门、云霄等地。

【生　　境】蔓生于海边沙滩上。

【饲用价值】种子煮熟后可喂猪，中等饲用植物。

大翼豆属 *Macroptilium*（Bentham）Urban

紫花大翼豆

【学　　名】*Macroptilium atropurpureum*（Mocino & Sesse ex Candolle）Urban

【分　　布】原产热带美洲，现于世界热带地区广泛栽培并归化。我国广东、台湾有引种栽培。福建有引种栽培，偶见逸生。

【生　　境】适宜在年降雨量 650～1800mm 的地区种植，适应土壤的范围广，pH 范围为 4.5～8.0，能耐低钙、高铝而不耐高锰土壤。

【饲用价值】对牛、羊等家畜的适口性好，为青饲及刈制干草的优等豆科饲用植物；其种子为鹌鹑、鸽、火鸡等鸟类喜食。

【其他用途】抗旱性强，可用为铁路、公路两旁护路的覆盖植物。

大翼豆

【学　　名】*Macroptilium lathyroides*（Linnaeus）Urban

【分　　布】原产热带美洲，现于世界热带地区广泛栽培并归化。我国广东、台湾有引种栽培，偶见逸生。福建有栽培。

【生　　境】适宜在年降雨量 750～2000mm 的地区种植，耐瘠瘦的酸性土。

【饲用价值】对牛、羊等家畜的适口性好，为青饲及刈制干草的优质豆科草；其种子为鹌鹑、鸽、火鸡等鸟类喜食。

菜豆属 *Phaseolus* Linnaeus

棉豆

【别　　名】香豆、金甲豆、雪豆

【学　　名】*Phaseolus lunatus* Linnaeus

【分　　布】原产热带美洲，现广植于热带及温带地区。我国云南、广东、海南、广西、湖南、江西、山东、河北等省、自治区有栽培。福建各地常见栽培。

【生　　境】生于海拔 480～1200m 的地区，栽培或野生于山坡、休闲地。

【饲用价值】牛、羊喜食，良等饲用植物。

【其他用途】种子含油和淀粉，供食用；入药有补血、消肿的功效。

菜豆

【学　　名】*Phaseolus vulgaris* Linnaeus

【分　　布】原产热带美洲，现广植于世界各地。我国各地均有栽培。福建各地常见栽培。

【生　　境】喜温暖，不耐霜冻。适宜生长在土层深厚、排水良好、有机质丰富的中性壤土中。

【饲用价值】猪、牛、羊、鸡喜食，优等饲用植物。

【其他用途】种子含油和淀粉，供食用；入药有补血、消肿的功效。

豇豆属 *Vigna* Savi

野豇豆

【别　　名】山马豆根

【学　　名】*Vigna vexillata*（Linnaeus）A. Richard

【分　　布】全球热带、亚热带地区。我国分布于华东、华南至西南各省区。福建产于延平、建阳、武夷山等地。

【生　　境】生于旷野、灌丛或疏林中。

【饲用价值】牛、羊喜食，良等饲用植物。

【其他用途】本种的根或全株作草药，有清热解毒、消肿止痛、利咽喉的功效。

豇豆

【别　　名】印度豇豆

【学　　名】*Vigna unguiculata*（Linnaeus）Walpers

【分　　布】广泛栽培于世界热带、亚热带地区。我国广泛栽培。福建各地均有种植。

【生　　境】对土壤适应性广，只要排水良好，土质疏松的田块均可种植。

【饲用价值】猪、鸡、鸭等家禽喜食其果及叶子。

【其他用途】嫩果荚、种子及叶均为蔬菜，常见的有长豇豆和短豇豆 2 个亚种。

贼小豆

【别　　名】山绿豆、贼小豆、小豇豆

【学　　名】*Vigna minima*（Roxburgh）Ohwi & H. Ohashi

【分　　布】日本、菲律宾、印度。我国北部、东南部至南部地区均有分布。福建产于南靖、武夷山等地。

【生　　境】生于林中或草丛中。

【饲用价值】家畜喜食，优等饲用植物。

赤小豆

【学　　名】*Vigna umbellata*（Thunberg）Ohwi & H. Ohashi

【分　　布】原产亚洲热带地区，朝鲜、日本、菲律宾及其他东南亚国家亦有栽培。我国南部地区野生或栽培。福建建阳等地有栽培。

【生　　境】适应性强，对土壤要求不严格，以排水良好、保水保肥、富含有机质的砂壤土种植为宜。

【饲用价值】茎叶和种子均为优等饲料。

【其他用途】种子供食用；入药，有行血补血、健脾去湿、利水消肿的功效。

绿豆

【学　　名】*Vigna radiata*（Linnaeus）R. Wilczek

【分　　布】世界各热带、亚热带地区广泛栽培。我国南北各地均有栽培。福建各地均有栽培。

【生　　境】具耐瘠耐阴等特点，可在平原薄地、山岭坡地、林果隙地种植。

【饲用价值】荚壳、豆饼、秸秆含丰富蛋白质和其他营养元素，是各种家畜的优质饲料。

【其他用途】种子是重要食品，也是食品工业、酿酒业的重要原料和重要药材。

豆薯属 *Pachyrhizus* Richard ex Candolle

豆薯

【别　　名】地瓜、番薯

【学　　名】*Pachyrhizus erosus*（Linnaeus）Urban

【分　　布】原产美洲热带地区，现广植于全球的热带地区。福建各地多有栽培。

【生　　境】适宜种植在土层深厚、疏松、排水良好的壤土或砂壤土，不适于在黏重、通透条件较差的土壤上种植。

【饲用价值】牛、马、羊采食其茎叶，种子有毒。

【其他用途】块根肉质、味甜，可生吃、炒菜吃或制淀粉；种子含油，有毒，可作杀虫剂。

扁豆属 *Lablab* Adanson

扁豆

【学　　名】*Lablab purpureus*（Linnaeus）Sweet

【分　　布】可能原产印度。我国各地多有栽培。福建各地也广为栽培。

【生　　境】喜温暖湿润、阳光充足的环境，河边路旁、田边地头、房前屋后均可栽培，低洼地、盐碱地不宜栽培。

【饲用价值】各种家畜喜食，优等饲用植物。

【其他用途】嫩荚供食用；种子和全草可药用，花能消暑化湿，治下痢脓血；种子有和中化湿、清暑解毒、健脾开胃、止泻痢的功效。

四棱豆属 *Psophocarpus* Necker ex Candolle

四棱豆

【别　　名】翅豆、翼豆

【学　　名】*Psophocarpus tetragonolobus*（Linnaeus）Candolle

【分　　布】原产地可能是亚洲热带地区，现亚洲南部、大洋洲、非洲等地均有栽培。我国云南、广西、广东、海南、台湾有栽培。福建厦门、福州等地有引种。

【生　　境】喜在高温湿润条件下生长。

【饲用价值】制成草粉是一种优质饲料，牛、羊、猪、鸡、鸭、鹅都喜食。

【其他用途】叶、嫩荚可作蔬菜，块根亦可食。

野豌豆属 *Vicia* Linnaeus

▌蚕豆

【别　　名】南豆

【学　　名】*Vicia faba* Linnaeus

【分　　布】原产欧洲地中海沿岸，亚洲西南部至北非广泛栽培。我国各地均有栽培。福建也多有栽培。

【生　　境】喜冷凉湿润气候，耐寒。

【饲用价值】马、牛采食，猪喜食，羊、兔少食，优等饲用植物。

【其他用途】民间药用治疗高血压和水肿；国外有用蚕豆提取抗癌物质的报道。

▌救荒野豌豆

【别　　名】大巢菜

【学　　名】*Vicia sativa* Linnaeus

【分　　布】原产欧洲南部、亚洲西部。我国南北各地均有分布。福建各地常见。

【生　　境】生于荒山、田边草丛、林下、灌丛、路旁、湿润草地、河边。

【饲用价值】茎叶柔嫩，适口性强，牛、马、羊、猪、兔等家畜均喜食。

【其他用途】全草药用，有活血、平胃、利五脏、明耳目的功效。

▌广布野豌豆

【别　　名】草藤

【学　　名】*Vicia cracca* Linnaeus

【分　　布】日本、俄罗斯及美洲。我国广布于广东、广西、湖北、河南、四川、贵州、甘肃等省、自治区。据记载，福建有分布，但未见到标本。

【生　　境】生于山坡、草地、岩石上或田边。

【饲用价值】草质柔嫩，各种家畜均喜食，一般多用于喂猪。

【其他用途】可作绿肥，全草药用，有活血、平胃、利五脏、明耳目的功效。

▌小巢菜

【别　　名】硬毛果野豌豆

【学　　名】*Vicia hirsuta*（Linnaeus）Gray

【分　　布】北美洲、北欧及俄罗斯、日本、朝鲜。我国分布于华东、华中、西南及陕西、甘肃、青海、广东、广西等省、自治区。福建各地常见。

【生　　境】生于海拔 200～1900m 的山沟、河滩、田边或路旁草丛。

【饲用价值】各种家畜均喜采食，特别是牛、羊最愿选食，优等饲用植物。

【其他用途】全草入药，有活血、平胃、明目、消炎等功效。

香豌豆属 *Lathyrus* Linnaeus

香豌豆

【别　　名】花豌豆

【学　　名】*Lathyrus odoratus* Linnaeus

【分　　布】原产意大利。我国各地均有栽培。福建厦门、福州等地有栽培。

【生　　境】适于在疏松肥沃、湿润而排水良好的砂壤土种植。

【饲用价值】春夏鲜草牛喜食，马、羊乐食；秋季枯干后一般不食，调制成干草各种家禽都喜食。良等饲用植物。

豌豆属 *Pisum* Linnaeus

豌豆

【别　　名】荷兰豆

【学　　名】*Pisum sativum* Linnaeus

【分　　布】全世界热带至温带地区有栽培。我国各地广为栽培。福建各地常见种植。

【生　　境】适于气候冷凉而湿润的地区种植，对土壤要求不严，在排水良好的砂壤上或新垦地均可栽植，以疏松、含有机质较多的中性土壤为宜。

【饲用价值】嫩茎叶为各种家禽所喜食，营养价值较高的饲用植物。

【其他用途】种子含淀粉、油脂，可作药用，有强壮、利尿、止泻的功效；茎叶能清凉解暑，并作绿肥或燃料。

木蓝属 *Indigofera* Linnaeus

硬毛木蓝

【别　　名】毛槐兰

【学　　名】*Indigofera hirsuta* Linnaeus

【分　　布】热带非洲、亚洲、美洲及大洋洲。我国分布于浙江、台湾、湖南、广东、广西、云南等省、自治区。福建产于厦门、诏安、惠安、长汀等地。

【生　　境】生于低海拔的山坡旷野、路旁、河边草地、海滨沙地上。

【饲用价值】牛、羊采食嫩茎叶，中等饲用植物。

九叶木蓝

【别　　名】九叶槐兰

【学　　名】*Indigofera linnaei* Ali

【分　　布】澳大利亚、印度尼西亚、越南、泰国、缅甸、印度（锡金）、尼泊尔、斯里兰卡、巴基斯坦及热带非洲西部。我国分布于广东、海南、云南等省。福建产于厦门等地。

【生　　境】生于海边、干燥的沙土地、松林缘。

【饲用价值】牛、羊采食，良等饲用植物。

腺毛木蓝

【别　　名】腺毛槐兰

【学　　名】*Indigofera scabrida* Dunn

【分　　布】缅甸、老挝。我国分布于四川、云南、贵州等省。福建产于武平等地。

【生　　境】生于山坡灌丛、林缘、松林下。

【饲用价值】牛采食，中等饲用植物。

假蓝靛

【别　　名】野青树、小蓝青

【学　　名】*Indigofera suffruticosa* Miller

【分　　布】世界热带地区广为栽培。我国分布于广东、广西、云南、台湾等省、自治区。福建产于厦门、南靖、莆田、永安、古田等地。

【生　　境】生于山坡灌丛中、林缘路边。

【饲用价值】牛、羊采食，中等饲用植物。

【其他用途】全草入药，治喉炎等症，叶可提取蓝靛。

庭藤

【别　　名】胡豆、岩藤

【学　　名】*Indigofera decora* Lindley

【分　　布】日本。我国分布于安徽、浙江、广东等省。福建产于云霄、武平、泰宁、南平等地。

【生　　境】生于海拔 200～1800m 的溪边、沟谷旁及杂木林和灌丛中。

【饲用价值】牛、羊采食，中等饲用植物。

黑叶木蓝

【别　　名】黑叶槐兰

【学　　名】*Indigofera nigrescens* Kurz ex King & Prain

【分　　布】印度、缅甸、泰国、老挝、越南、菲律宾、印度尼西亚。我国分布于陕西、浙江（龙泉）、江西、台湾、湖北、湖南、广东、广西、四川、贵州、云南、西藏（墨脱）等省、自治区。福建产于连城等地。

【生　　境】生于丘陵山地、山坡灌丛、山谷疏林及向阳草坡、田野、河滩等。

【饲用价值】牛、羊采食，良等饲用植物。

马棘

【别　　名】狼牙草、野蓝枝子、河北木蓝

【学　　名】*Indigofera bungeana* Walpers

【分　　布】日本、朝鲜。我国分布于广东、广西、湖南、湖北、四川、云南、贵州、江西、浙江、安徽、江苏、山西、陕西等省、自治区。福建产于长汀等地，其他地方偶见栽培作观赏。

【生　　境】生于山坡林缘、灌丛中。

【饲用价值】生长期枝条上部较柔软，山羊喜食，黄牛采食其嫩枝叶。

【其他用途】园林观赏；根药用，有清凉、解毒、活血破淤的功效，并可治扁桃体炎等症，外敷治疗疮及蛇咬伤。

多花木蓝

【别　　名】野蓝枝、马黄消

【学　　名】*Indigofera amblyantha* Craib

【分　　布】我国分布于安徽、重庆、甘肃、贵州、河北、河南、湖北、湖南、江苏、江西、陕西、山西、四川、浙江等省。福建有引种。

【生　　境】生于溪边草地、铁道边、林缘灌丛。

【饲用价值】蛋白质含量高，嫩枝叶质地柔软，具有甜香味，适口性好；牛、羊、兔喜食，可刈割青饲或青贮，也可晒制干草或干草粉。

【其他用途】具有改良土壤、增加土壤肥力的作用，也是水土保持植物。

紫穗槐属 *Amorpha* Linnaeus

紫穗槐

【别　　名】棉槐、椒条、棉条、穗花槐

【学　　名】*Amorpha fruticosa* Linnaeus

【分　　布】原产北美洲，广泛栽培于亚洲北部及欧洲。我国东北、华北地区及河南、湖北、四川等省有栽培。福建各地偶见栽培。

【生　　境】喜光、耐寒、耐旱、耐湿、耐盐碱、抗风沙、抗逆性极强的灌木，在荒山坡、道路旁、河岸、盐碱地均可生长。

【饲用价值】叶量大，含大量粗蛋白、维生素等，是营养丰富的饲料植物；新鲜饲料虽有涩味，但对牛羊的适口性很好，鲜喂或干喂，牛、羊、兔均喜食；目前各地主要用作猪的饲料，常以鲜叶发酵煮熟后饲喂；粗加工后既可成为猪、羊、牛、兔、家禽的高效饲料；种子经煮脱苦味后，可作家禽、家畜的饲料。

【其他用途】枝条柔韧细长，干滑均匀，春季收割用作绿肥、秋季收获作编织条，是编织筐、篓的好材料；紫穗槐虽为灌木，但枝条直立匀称，可经整形培植为直立单株，树形美观；对城市中二氧化硫有一定的抗性，也是难得的城市绿化树种。

崖豆藤属 *Millettia* Wight & Arnott

厚果崖豆藤

【别　　名】冲天子

【学　　名】*Millettia pachycarpa* Bentham

【分　　布】缅甸、泰国、越南、老挝、孟加拉国、印度、尼泊尔、不丹。我国分布于浙江、江西、台湾、湖南、广东、广西、四川、贵州、云南、西藏等省、自治区。福建产于上杭、新罗、永安、南平等地。

【生　　境】生于海拔 2000m 以下的山坡常绿阔叶林内。

【饲用价值】山羊采食嫩叶，中等饲用植物。

【其他用途】种子和根含鱼藤酮，磨粉可作杀虫药，能防治多种粮棉害虫；茎皮纤维可供利用。

疏叶崖豆藤

【别　　名】印度鸡血藤、印度崖豆藤

【学　　名】*Millettia pulchra*（Bentham）Kurz

【分　　布】印度、缅甸、老挝、越南。我国分布于广东、湖南、江西、海南、广西、贵州、云南、台湾等省、自治区。福建产于厦门等地。

【生　　境】生于海拔 1700m 以下的山地、旷野或杂木林缘。

【饲用价值】羊食其叶，中等饲用植物。

网络崖豆藤

【别　　名】网络鸡血藤

【学　　名】*Millettia reticulata* Bentham

【分　　布】越南。我国分布于华东、华南及湖北、云南各省。福建各地常见。

【生　　境】生于灌木丛中或疏林下。

【饲用价值】羊采食嫩茎叶，中等饲用植物。

【其他用途】茎皮纤维可作人造棉、造纸和编织；藤可药用，有散气、散风活血的功效；根入药，有舒经活血的功效；还可作杀虫剂。

绿花崖豆藤

【别　　名】绿花鸡血藤

【学　　名】*Millettia championii* Bentham

【分　　布】我国分布于广东、广西等省、自治区。福建产于云霄、平和等地。

【生　　境】生于海拔 800m 以下的山谷岩石、溪边灌丛间。

【饲用价值】山羊采食，中等饲用植物。

【其他用途】茎皮纤维可造纸、制作人造棉及编织等，根茎有毒，民间入药治跌打损伤。

美丽崖豆藤

【别　　名】牛大力藤、美丽鸡血藤

【学　　名】*Millettia speciosa* Champion ex Bentham

【分　　布】越南。我国分布于湖南、广东、海南、广西、贵州、云南等省、自治区。福建产于浦城等地。

【生　　境】生于海拔 1500m 以下的灌丛、疏林、旷野。

【饲用价值】羊食其嫩枝叶，良等饲用植物。

【其他用途】根含淀粉甚丰富，可酿酒，又可入药，有通经活络、补虚润肺和健脾的功效。

亮叶崖豆藤

【别　　名】亮叶鸡血藤

【学　　名】*Millettia nitida* Bentham

【分　　布】我国分布于江西、福建、台湾、广东、海南、广西、贵州等省、自治区。福建产于延平、武夷山、光泽等地。

【生　　境】生于海拔 800m 的海岸灌丛或山地疏林中。

【饲用价值】牛、羊食其嫩茎叶，中等饲用植物。

香花崖豆藤

【别　　名】山鸡血藤

【学　　名】*Millettia dielsiana* Harms

【分　　布】越南、老挝。我国分布于广东、广西、湖南、湖北、云南、贵州、四川、江西、浙江、安徽、甘肃（南部）等省、自治区。福建产于沙县、永安、泰宁、建阳、武夷山等地。

【生　　境】生于海拔 500~1400m 的山坡灌木丛中、岩石缝或沟边上。

【饲用价值】牛、羊乐食，中等饲用植物。

【其他用途】种子含油脂，可食；根药用，有行气和血、祛风除湿、舒筋活络的功效。

刺槐属 *Robinia* Linnaeus

刺槐

【别　　名】洋槐

【学　　名】*Robinia pseudoacacia* Linnaeus

【分　　布】原产美国东部，其他地区有引种栽培。我国各地广泛栽植。福建福州也有引种。

【生　　境】喜光，不耐阴。

【饲用价值】鲜叶或干叶适口性极好，各种畜禽都喜食。

【其他用途】材质硬重，抗腐耐磨，宜作枕木、车辆、建筑、矿柱等多种用材；生长快，萌芽力强，是速生薪炭林树种；又是优质的蜜源植物。

田菁属 *Sesbania* Scopoli

▌田菁

【别　　名】碱菁、田菁麻、咸青

【学　　名】*Sesbania cannabina*（Retzius）Poiret

【分　　布】可能原产大洋洲及太平洋东南部群岛。我国南部各省区有栽培并已逸为野生。福建各地常见野生。

【生　　境】生于田间路旁或潮湿地。

【饲用价值】茎叶肥嫩，牛、羊喜食，热带地区的豆科优等饲用植物。

【其他用途】优质的绿肥作物，适合在稻田、旱地、盐碱地种植作夏季绿肥，纤维可代麻用。

▌木田菁

【别　　名】大花田菁

【学　　名】*Sesbania grandiflora*（Linnaeus）Persoon

【分　　布】可能原产印度尼西亚及马来西亚，现全世界热带地区广泛栽培。我国台湾、广东、广西、云南等省、自治区有栽培。福建厦门有栽培。

【生　　境】栽培于路边、庭院、村旁。

【饲用价值】牛、羊食其嫩茎叶。

【其他用途】树皮入药为收敛剂；内皮可提取优质纤维。

▌刺田菁

【学　　名】*Sesbania bispinosa*（Jacquin）W. Wight

【分　　布】伊朗、巴基斯坦、印度、斯里兰卡、中南半岛等。我国分布于广东、广西、云南、四川（西南部）。福建在漳平等地有发现。

【生　　境】生于山坡路边湿润处。

【饲用价值】牛、羊采食，中等饲用植物。

【其他用途】可作绿肥。

黄耆属 *Astragalus* Linnaeus

紫云英

【别　　名】翘摇

【学　　名】*Astragalus sinicus* Linnaeus

【分　　布】日本。我国长江流域各省区均有分布。福建大部分地区有栽培，现多已逸为野生。

【生　　境】生于山坡、田野、荒地、溪边、潮湿处。

【饲用价值】作饲料，多用于喂猪，为优等猪饲料；牛、羊、马等喜食，鸡、鹅少量采食；茎叶柔嫩多汁，叶量丰富，富含营养物质，优等饲用植物。

【其他用途】重要的绿肥作物，嫩梢亦供蔬食。

檀属 *Dalbergia* Linnaeus f.

印度檀

【别　　名】印度黄檀

【学　　名】*Dalbergia sissoo* Roxburgh ex Candolle

【分　　布】原产印度，现广泛栽培于世界各热带地区。我国广东、海南、台湾、浙江有栽培。福建厦门有栽培。

【生　　境】生于海拔 900~1500m、平均温度 12~22℃、年降雨量 500~2000mm 的地区。

【饲用价值】叶及嫩枝为优质粗饲料，牛极喜食。

【其他用途】心材褐色，坚硬不易开裂，宜作雕刻、细工、地板及家具用材。

南岭黄檀

【别　　名】茶丫藤

【学　　名】*Dalbergia assamica* Bentham

【分　　布】越南、印度、老挝、缅甸、泰国。我国分布于浙江、广东、海南、广西、四川、贵州等省、自治区。福建产于厦门、仙游、永泰、永安、南平等地。

【生　　境】生于海拔 300~900m 的山地杂木林中或灌丛中。

【饲用价值】牛、马、羊采食叶，中等饲用植物。

【其他用途】我国南部城市常植为荫蔽树或风景树，又为紫胶虫寄主植物。

黄檀

【别　　名】白檀、望水檀

【学　　名】*Dalbergia hupeana* Hance

【分　　布】我国分布于山东、江苏、安徽、浙江、江西、湖北、湖南、广东、广西、四川、贵州、云南等省、自治区。福建各地常见。

【生　　　境】生于山地林中或灌丛中，山沟溪旁及有小树林的坡地常见，海拔 600～1400m。

【饲用价值】中等饲用植物。

【其他用途】木材黄色或白色，材质坚密，能耐强力冲撞，常用作车轴、榨油机轴心、枪托、各种工具柄等；根药用，可治疗疮。

降香檀

【别　　　名】降香

【学　　　名】*Dalbergia odorifera* T. C. Chen

【分　　　布】原产海南。福建各地多有栽培。

【生　　　境】生于中海拔有山坡的疏林中、林缘或路旁旷地上。

【饲用价值】嫩茎叶可作牛的粗饲料。

【其他用途】木材质优，边材淡黄色，质略疏松；心材红褐色，坚重，纹理致密，为上等家具良材；有香味，可作香料；根部心材名降香，供药用，为良好的镇痛剂，又治刀伤出血。

藤黄檀

【别　　　名】梣果藤、檀树

【学　　　名】*Dalbergia hancei* Bentham

【分　　　布】我国分布于安徽、浙江、江西、广东、海南、广西、四川、贵州等省、自治区。福建各地较常见。

【生　　　境】生于山坡灌丛中或山谷溪旁。

【饲用价值】中等饲用植物。

【其他用途】茎皮含单宁；纤维供编织；根、茎入药，能舒筋活络、治风湿痛，有理气止痛、破积的功效。

鱼藤属 *Derris* Loureiro

鱼藤

【学　　　名】*Derris trifoliata* Loureiro

【分　　　布】印度、马来西亚及澳大利亚北部。我国分布于台湾、广东、广西等省、自治区。福建产于云霄等地。

【生　　　境】多生于沿海河岸灌木丛、海边灌木丛或近海岸的红树林中。

【饲用价值】牛、羊少量采食，低等饲用植物。

【其他用途】根、茎药用，治跌打肿痛（皮肤未破）；含毒鱼藤酮，为杀虫药，严禁内服。

边荚鱼藤

【别　　名】纤毛萼鱼藤

【学　　名】*Derris marginata*（Roxburgh）Bentham

【分　　布】印度、中南半岛。我国分布于广东、广西、云南等省、自治区。据记载，福建有分布，但未见到或采到标本。

【生　　境】生于山沟灌丛中。

【饲用价值】山羊采食。

【其他用途】根可作杀虫剂，可除杀果树和蔬菜的害虫。

中南鱼藤

【别　　名】霍氏鱼藤

【学　　名】*Derris fordii* Oliver

【分　　布】我国分布于浙江、江西、湖北、湖南、广东、广西、贵州、云南等省、自治区。福建产于长汀、泰宁、三元、梅列、永安、沙县、南平等地。

【生　　境】生于山地路旁或山谷的灌木林或疏林中。

【饲用价值】山羊稍食，但有毒，劣等饲用植物。

【其他用途】茎皮纤维供编织，茎叶可洗疮毒。

合萌属 *Aeschynomene* Linnaeus

合萌

【别　　名】田皂角

【学　　名】*Aeschynomene indica* Linnaeus

【分　　布】非洲、大洋洲、亚洲的热带地区及朝鲜、日本。我国分布于华南、华东、华中、西南、东北。福建各地常见。

【生　　境】生于海边、水稻田田埂、路旁草地。

【饲用价值】草质柔软，茎叶肥嫩，适口性好，营养价值高，可放牧利用，也可刈割后青贮或调制干草，各类家禽均喜食，是一种较好的豆科饲用植物。

【其他用途】全草入药，能利尿解毒；茎髓质地轻软，耐水湿，可制遮阳帽、浮子、救生圈和瓶塞等；种子有毒，不可食用。

美洲合萌

【别　　名】敏感合萌

【学　　名】*Aeschynomene americana* Linnaeus

【分　　布】原产热带美洲。我国福建、广东、台湾已归化。福建各地偶见。

【生　　境】生于路边、山坡草地。

【饲用价值】牛、羊、兔、鱼、猪等均喜食。

【其他用途】可作绿肥及覆盖物用。

坡油甘属 *Smithia* Aiton

坡油甘

【别　　名】敏感施氏豆

【学　　名】*Smithia sensitive* Aiton

【分　　布】亚洲和非洲等热带地区。我国分布于广东、广西、台湾、云南、四川等省、自治区。福建产于南靖、永春、新罗、武平、连城等地。

【生　　境】多生于田边或低湿处。

【饲用价值】牛、羊喜食，良等饲用植物。

【其他用途】全株用于治肝炎、疮毒、咳嗽、蛇咬伤。

丁癸草属 *Zornia* J. F. Gmelin

丁葵草

【学　　名】*Zornia gibbosa* Spanoghe

【分　　布】全世界热带地区有分布。我国分布于广东、广西、云南、四川、浙江、江西等省、自治区。闽南一带常见。

【生　　境】生于稍干旱的旷野地上、山坡草地、路旁。

【饲用价值】牛、羊采食，中等饲用植物。

【其他用途】全草药用，清热解毒、去淤消肿，治疮疽、蛇咬伤。

笔花豆属 *Stylosanthes* Swartz

圭亚那笔花豆

【别　　名】西卡笔花豆、粗糙柱花草、灌木柱花草、灌木笔花豆

【学　　名】*Stylosanthes guianensis*（Aublet）Swartz

【分　　布】原产南美洲。我国 1981 年从澳大利亚引进。福建大部分地区适宜种植。

【生　　境】适应性强，耐热、耐干旱，可在 pH 为 4 的强酸性土壤生长，最适宜在排水良好、土层深厚、土质较好的砂壤或壤土种植。

【饲用价值】适口性良好，营养期粗蛋白含量 14.70%。

【其他用途】水土保持植物。

落花生属 *Arachis* Linnaeus

落花生

【别　　名】花生、土豆、长生果

【学　　名】*Arachis hypogaea* Linnaeus

【分　　布】世界各地广泛栽培，主要分布于亚洲、非洲和美洲。我国各地均有种植，主要分布于辽宁、山东、河北、河南、江苏、广东、广西、贵州、四川等省、自治区。福建各地常见栽培。

【生　　境】适宜在气候温暖、雨量适中的砂质土地区种植。

【饲用价值】植株、果壳、果实榨油后的饼粕均可作为家禽的优质饲料。

【其他用途】重要油料作物之一，种子含油量约 45%，除食用外，亦是制皂和生发油等化妆品的原料；油麸为肥料和饲料；茎叶为良好绿肥，茎可供造纸。

平托花生

【别　　名】野花生、满地黄金、美洲花生藤

【学　　名】*Arachis pintoi* Krapov. & W. C. Greg.

【分　　布】原产美国及巴西，现作为饲用植物及绿化草种广泛栽培于世界热带、亚热带地区。我国海南、广东有引种种植。福建各地常见栽培。

【生　　境】具有较强的耐阴能力，适宜果园套种及园林公园绿化。

【饲用价值】营养丰富，花期含粗蛋白 15.88%（干重），适口性好，饲喂效果佳，消化率高。

【其他用途】作为绿肥、美化绿化兼用型草种。

杜兰落花生

【别　　名】蔓花生

【学　　名】*Arachis duranensis* Krapov. & W. C. Greg.

【分　　布】原产南美洲，自然分布于阿根廷、巴拉圭、玻利维亚等地。我国海南、广东、广西有引种栽培。福建有引种栽培。

【生　　境】具有较强的耐阴能力，适宜红壤山地果园套种及园林公园绿化。

【饲用价值】可饲喂家畜。

【其他用途】用于生态治理、园林绿化。

密子豆属 *Pycnospora* R. Brown ex Wight & Arnott

密子豆

【学　　名】*Pycnospora lutescens*（Poiret）Schindler

【分　　布】印度、缅甸、越南、菲律宾、印度尼西亚、巴布亚新几内亚、澳大利亚东部。

我国分布于江西南部、广东、海南、广西、贵州西南部、云南、台湾等省、自治区。福建产于厦门、福清、晋安、马尾、连城等地。

【生　　境】多生于海拔 50～1300m 的山野草坡及平原。

【饲用价值】牛、羊喜食，良等饲用植物。

【其他用途】可作为水土保持和绿肥植物。

链荚豆属 *Alysicarpus* Necker ex Desvaux

链荚豆

【别　　名】蓼蓝豆、单叶草

【学　　名】*Alysicarpus vaginalis*（Linnaeus）Candolle

【分　　布】东半球热带地区。我国分布于广东、海南、广西、云南、台湾等省、自治区。福建各地常见。

【生　　境】空旷草地、路边、村边旷地。

【饲用价值】草质柔嫩，适口性好，牛、羊喜食，且耐践踏，适于放牧利用。

【其他用途】全草入药，治跌打损伤。

假木豆属 *Dendrolobium*（Wight & Arnott）Bentham

假木豆

【学　　名】*Dendrolobium triangulare*（Retzius）Schindler

【分　　布】柬埔寨、印度、老挝、马来西亚、缅甸、尼泊尔、斯里兰卡、泰国、越南及非洲。我国分布于广东、广西、贵州、海南、台湾、云南。福建有引种。

【生　　境】多生于河边草地、山坡灌丛。

【饲用价值】羊采食其嫩茎叶。

【其他用途】根入药，有强筋骨的功效。

葫芦茶属 *Tadehagi* H. Ohashi

葫芦茶

【别　　名】百劳舌

【学　　名】*Tadehagi triquetrum*（Linnaeus）H. Ohashi

【分　　布】印度、缅甸、泰国、菲律宾和澳大利亚北部。我国分布于广东、广西、云南等省、自治区。福建产于南靖、云霄、大田、新罗、连城、宁德、上杭等地。

【生　　境】生于山坡、路旁、草地、灌丛中。

【饲用价值】牛、羊采食其嫩枝叶，中等饲用植物。

【其他用途】全草供药用，能清热解毒、健脾消食，还有利尿、杀虫的功效。

蔓茎葫芦茶

【别　　名】龙舌黄、一条根

【学　　名】*Tadehagi pseudotriquetrum*（Candolle）H. Ohashi

【分　　布】印度、缅甸、泰国、菲律宾和澳大利亚北部。我国分布于广东、广西、云南等省、自治区。福建产于福州、平和、上杭等地。

【生　　境】生于山坡、路旁、草地、灌丛中。

【饲用价值】牛、羊采食其嫩枝叶，中等饲用植物。

【其他用途】全草供药用，能清热解毒、健脾消食，还有利尿、杀虫的功效。

山蚂蝗属 *Desmodium* Desvaux

小槐花

【别　　名】饿蚂蝗、山蚂蝗

【学　　名】*Desmodium caudatum*（Thunberg）Candolle

【分　　布】印度、缅甸、朝鲜、日本、马来西亚等。我国分布于长江流域以南地区。福建各地常见。

【生　　境】生于海拔150～1000m的山坡、路旁草地、沟边、林缘或林下。

【饲用价值】牛、羊喜食，适口性好，优等饲用植物。

【其他用途】根、叶入药，有祛风、活血、利尿、杀虫等功效。

大叶拿身草

【别　　名】疏花山蚂蝗

【学　　名】*Desmodium laxiflorum* Candolle

【分　　布】印度、缅甸、泰国、越南、马来西亚、菲律宾等。我国分布于江西、湖北、湖南、广东、广西、四川、贵州、云南、台湾等省、自治区。福建产于南靖等地。

【生　　境】生于次生林林缘、灌丛或草坡上。

【饲用价值】牛、羊喜食，良等饲用植物。

假地豆

【别　　名】异果山绿豆、稗豆

【学　　名】*Desmodium heterocarpon*（Linnaeus）Candolle

【分　　布】印度、斯里兰卡、缅甸、泰国、越南、柬埔寨、老挝、马来西亚、日本及太平洋群岛和大洋洲。我国分布于长江流域以南地区。福建各地常见。

【生　　境】生于海拔350～1800m的山坡草地、水旁、灌丛或林中。

【饲用价值】枝叶繁茂，可青刈或制成干草，也可放牧；无异味，适口性甚好，具有较高的饲用价值。

【其他用途】全株供药用，能清热，治跌打损伤。

多花三点金

【别　　名】多花山蚂蝗、饿蚂蝗

【学　　名】*Desmodium multiflorum* Candolle

【分　　布】印度、不丹、尼泊尔、缅甸、泰国、老挝。我国分布于浙江南部、江西、湖北、湖南、广东北部、广西、四川、贵州、云南、西藏、台湾等省、自治区。福建产于上杭、德化、建阳、武夷山、浦城等地。

【生　　境】生于山坡草地或林缘。

【饲用价值】牛、羊采食嫩茎叶，中等饲用植物。

【其他用途】花、枝供药用，有清热解表的功效。

大叶山蚂蝗

【别　　名】大叶山绿豆

【学　　名】*Desmodium gangeticum*（Linnaeus）Candolle

【分　　布】斯里兰卡、印度、缅甸、泰国、越南、马来西亚及热带非洲和大洋洲。我国分布于沿海岛屿及东南部地区、南部地区、台湾中部、广西、云南南部等地。福建产于福州、云霄等地。

【生　　境】生于海拔300～900m的荒地草丛中或次生林中。

【饲用价值】牛、羊乐食嫩茎叶，良等饲用植物。

【其他用途】全株药用，能散淤消肿，治跌打损伤。

三点金

【别　　名】三点金草

【学　　名】*Desmodium triflorum*（Linnaeus）Candolle

【分　　布】印度、斯里兰卡、尼泊尔、缅甸、泰国、越南、马来西亚及太平洋群岛、大洋洲和美洲热带地区。我国分布于浙江（龙泉）、江西、广东、海南、广西、云南、台湾等省、自治区。福建产于厦门、长乐、新罗、连城、永安、南平等地。

【生　　境】生于旷野草地、路旁或河边沙土上。

【饲用价值】牛、羊喜食，优等饲用植物。

【其他用途】全草入药，有解表、消食的功效。

小叶山绿豆

【别　　名】小叶三点金

【学　　名】*Desmodium microphyllum*（Thunberg）Candolle

【分　　布】印度、斯里兰卡、尼泊尔、缅甸、泰国、越南、马来西亚、日本、澳大利亚等。我国分布于长江流域以南各省区。福建产于长乐、德化、漳平、长汀、泰宁、延平、武夷山、浦城等地。

【生　　境】生于荒地草丛中或灌木林中。

【饲用价值】牛、羊喜食，马乐食，良等饲用植物。

【其他用途】根供药用，有清热解毒、止咳、祛痰的功效。

广东金钱草

【别　　名】金钱草

【学　　名】*Desmodium styracifolium*（Osbeck）Merrill

【分　　布】印度、斯里兰卡、缅甸、泰国、越南、马来西亚等。我国分布于广东、海南、广西、云南等省、自治区。福建产于莆田、连城等地。

【生　　境】生于海拔1000m以下的山坡、草地或灌木丛中。

【饲用价值】牛、羊采食嫩茎叶，良等饲用植物。

【其他用途】全株供药用，平肝火、清湿热、利尿通淋，可治肾炎水肿、尿路感染、尿路结石、胆囊结石、黄疸肝炎、小儿疳积、荨麻疹等。

南美山蚂蝗

【学　　名】*Desmodium tortuosum*（Swartz）Candolle

【分　　布】美国南部至南美洲。我国广东有引种栽培。福建厦门等地可见逸生居群。

【生　　境】多生于低海拔处的荒地、平原等。

【饲用价值】嫩枝可饲喂牛、羊。

绒毛山蚂蝗

【学　　名】*Desmodium velutinum*（Willdenow）Candolle

【分　　布】柬埔寨、印度、印度尼西亚、老挝、马来西亚、缅甸、尼泊尔、巴布亚新几内亚、菲律宾、斯里兰卡、泰国、越南及热带非洲；热带美洲及澳大利亚有引种栽培。我国分布于广东、广西、贵州、海南、台湾、云南。福建有引种。

【生　　境】多生于向阳草坡、溪边、灌丛、混交林。

【饲用价值】牛、羊采食其嫩枝叶，中等饲用植物。

异叶山蚂蝗

【别　　名】异叶山绿豆

【学　　名】*Desmodium heterophyllum*（Willdenow）Candolle

【分　　布】柬埔寨、印度、印度尼西亚、老挝、马来西亚、缅甸、尼泊尔、菲律宾、斯里兰卡、泰国、越南、澳大利亚及太平洋地区。我国分布于安徽、广东、广西、海南、江西、台湾、云南等省、自治区。福建产于厦门、南靖、永安等地。

【生　　境】多生于河畔、路边、田野、草地。

【饲用价值】在营养期粗蛋白含量与饲料相对值较高，纤维含量适宜，营养价值较好。

舞草属 *Codoriocalyx* Hasskarl

圆叶舞草

【学　　名】*Codoriocalyx gyroides*（Roxburgh ex Link）Hasskarl

【分　　布】印度、尼泊尔、缅甸、斯里兰卡、泰国、越南、柬埔寨、老挝、马来西亚、巴布亚新几内亚等地。我国分布于广东、海南、广西、云南南部等省、自治区。福建产于漳平等地。

【生　　境】生于海拔 100～1500m 的平原、河边草地、山坡疏林中。

【饲用价值】茎叶繁茂，幼嫩叶量大，营养成分含量高，青饲适口性差，可作青贮、调制干草和干草粉。

【其他用途】根、叶及花入药，祛邪风、舒筋活血。

舞草

【学　　名】*Codoriocalyx motorius*（Houttuyn）H. Ohashi

【分　　布】印度、尼泊尔、缅甸、斯里兰卡、泰国、越南、柬埔寨、老挝、马来西亚、巴布亚新几内亚等。我国分布于广东、海南、广西、云南、台湾等省、自治区。福建产于厦门、永安等地。

【生　　境】生于海拔 100～1500m 的平原、河边草地、山坡疏林中。

【饲用价值】茎叶繁茂，幼嫩叶量大，营养成分含量高，青饲适口性差，可作青贮、调制干草和干草粉。

【其他用途】全株供药用，有舒筋活络、祛淤的功效。

蝙蝠草属 *Christia* Moench

蝙蝠草

【别　　名】月见罗藟草

【学　　名】*Christia vespertilionis*（Linnaeus f.）Bakhuizen f. ex Meeuwen

【分　　布】世界热带地区。我国分布于广东、海南、广西等省、自治区。福建产于闽侯、晋安、马尾、长乐等地。

【生　　境】多生于旷野草地、灌丛中、路旁、海边地区。

【饲用价值】牛、羊采食，中等饲用植物。

【其他用途】全草供药用，治肺结核、虫蛇咬伤，叶外敷为跌打接骨药。

铺地蝙蝠草

【别　　名】半边钱、蝴蝶叶

【学　　名】*Christia obcordata*（Poiret）Bakhuizen f. ex Meeuwen

【分　　布】印度、缅甸、菲律宾、印度尼西亚至澳大利亚北部。我国分布于广东、海南、广西及台湾南部。福建产于厦门、平潭等地。

【生　　境】生于海拔 500m 以下的旷野草地、荒坡、丛林中。

【饲用价值】牛、羊喜食，中等饲用植物。

狸尾豆属 *Uraria* Desvaux

猫尾草

【别　　名】猫尾射

【学　　名】*Uraria crinita*（Linnaeus）Desvaux ex Candolle

【分　　布】印度、斯里兰卡、中南半岛，南至澳大利亚北部。我国分布于江西、广东、海南、广西、云南及台湾等省、自治区。福建产于南靖、华安、洛江、泉港、永春、德化、尤溪、上杭、南平等地。

【生　　境】多生于海拔 850m 以下的干燥旷野坡地、路旁或灌丛中。

【饲用价值】牛、羊采食嫩茎叶，中等饲用植物。

【其他用途】全草供药用，有散淤止血、清热止咳的功效。

胡枝子属 *Lespedeza* Michaux

春花胡枝子

【学　　名】*Lespedeza dunnii* Schindler

【分　　布】我国分布于安徽、浙江等省。福建产于晋安、马尾、永泰等地。

【生　　境】生于海拔 800m 的针叶林下或山坡路旁。

【饲用价值】牛、羊乐食，中等饲用植物。

胡枝子

【别　　名】随军茶、二色胡枝子

【学　　名】*Lespedeza bicolor* Turczaninow

【分　　布】朝鲜、日本、俄罗斯。我国分布于黑龙江、吉林、辽宁、河北、内蒙古、山西、陕西、甘肃、山东、江苏、安徽、浙江、台湾、河南、湖南、广东、广西等省、自治区。福建产于泉州、连城、永安、上杭、延平、武夷山等地。

【生　　境】生于海拔 150～1000m 的山坡、林缘、路旁、灌丛、杂木林间。

【饲用价值】枝叶繁茂，适口性好，各种家禽都喜食，调制成草粉也是兔、鸡、猪的优质饲料。

【其他用途】种子油可供食用或作机器润滑油；叶可代茶；枝可编筐；性耐旱，是防风、固沙及水土保持植物，为营造防护林及混交林的伴生树种。

美丽胡枝子

【别　　名】马扫帚

【学　　名】*Lespedeza thunbergii* subsp. *formosa*（Vogel）H. Ohashi

【分　　布】朝鲜、日本、印度。我国分布于河北、陕西、甘肃、山东、江苏、安徽、浙江、江西、河南、湖北、湖南、广东、广西、四川、云南等省、自治区。福建产于南靖、新罗、大田、连城、永安、沙县、泰宁、南平等地。

【生　　境】山坡、路旁、林缘灌丛中。

【饲用价值】叶量大，枝嫩、叶柔软；由于叶背面密生有毛，影响适口性；枝叶鲜嫩时，山羊、绵羊、牛均采食。

【其他用途】良好的水土保持植物；根入药，有凉血、消肿、除湿解毒的功效。

多花胡枝子

【学　　名】*Lespedeza floribunda* Bunge

【分　　布】印度、巴基斯坦。我国分布于辽宁、河北、山西、陕西、宁夏、甘肃、青海、山东、江苏、安徽、江西、河南、湖北、广东、四川等省、自治区。福建省产于厦门、永安、云霄等地。

【生　　境】生于海拔 1300m 以下的石质山坡。

【饲用价值】枝条细软，适口性良好，适宜于各种家禽，尤为羊最喜食，牛、兔等都喜采食；调制成干草粉，是猪、鸡的良好饲料。

【其他用途】水土保持植物，又可作绿肥。

山豆花

【别　　名】绒毛胡枝子

【学　　名】*Lespedeza tomentosa*（Thunberg）Siebold ex Maximowicz

【分　　布】印度、日本、朝鲜、蒙古、尼泊尔、巴基斯坦、俄罗斯。我国除新疆及西藏外全国各地普遍生长。福建产于厦门、云霄、永安等地。

【生　　境】生于海拔 1000m 以下的干山坡草地、灌丛间。

【饲用价值】分枝期枝条细软，牛、羊采食，可作牛、羊的优等饲料。

【其他用途】水土保持植物，又可作绿肥；根药用，健脾补虚，有增进食欲及滋补的功效。

细梗胡枝子

【学　　名】*Lespedeza virgata*（Thunberg）Candolle

【分　　布】朝鲜、日本。我国分布于辽宁南部经华北、陕西、甘肃至长江流域各省，但云南、西藏无分布。福建产于晋安、马尾、长乐、连城等地。

【生　　境】生于海拔 800m 以下的石山山坡。

【饲用价值】家禽喜食，良等饲用植物。

截叶铁扫帚

【别　　名】老牛筋、半天雷、绢毛胡枝子

【学　　名】*Lespedeza cuneata*（Dumont de Courset）G. Don

【分　　布】朝鲜、日本、印度、巴基斯坦、阿富汗、澳大利亚。我国分布于陕西、甘肃、山东、台湾、河南、湖北、湖南、广东、四川、云南、西藏等省、自治区。福建产于厦门、泉州、延平、武夷山等地。

【生　　境】生于山坡草丛、路旁。

【饲用价值】植物体内含有一定量的单宁，家禽开始不习惯采食，一经习惯即喜采食，营养价值很高，为各种家禽所喜爱。

【其他用途】根和全草药用，有益肝明目、活血清热、利尿解毒的功效，可治牛痢疾、猪丹毒等。

中华胡枝子

【别　　名】华胡枝子

【学　　名】*Lespedeza chinensis* G. Don

【分　　布】我国分布于江苏、安徽、浙江、江西、台湾、湖北、湖南、广东、四川等省。福建产于上杭、永安、永泰、武夷山等地。

【生　　境】生于海拔 2500m 以下的灌木丛中、林缘、路旁、山坡、林下草丛等处。

【饲用价值】家禽采食嫩茎叶，中等饲用植物。

【其他用途】根药用，治关节痛。

铁马鞭

【学　　名】*Lespedeza pilosa*（Thunberg）Siebold & Zuccarini

【分　　布】朝鲜、日本。我国分布于陕西、甘肃、江苏、安徽、浙江、江西、湖北、湖南、广东、四川、贵州、西藏等省、自治区。福建产于武夷山、浦城等地。

【生　　境】生于海拔 1000m 以下的荒山坡、草地。

【饲用价值】家禽乐食，中等饲用植物。

【其他用途】全株药用，有祛风活络、健胃益气安神的功效。

鸡眼草属 *Kummerowia* Schindler

鸡眼草

【别　　名】掐不齐、人字草

【学　　名】*Kummerowia striata*（Thunberg）Schindler

【分　　布】朝鲜、日本及俄罗斯西伯利亚地区东部。我国分布于东北、华北、华东、中南、西南等地区。福建产于厦门、长汀、德化、福州、永安、沙县、宁化、福安、延平、武夷山、浦城等地。

【生　　境】生于海拔 500m 以下的路旁、田边、溪旁、砂质地或缓山坡草地。

【饲用价值】适口性良好，青鲜草各种家禽均喜食，不会发生膨胀病；盛花期刈割调制的干草，也为各种家禽所喜食。

【其他用途】全草供药用，有利尿通淋、解热止痢的功效；全草煎水，可治风疹。

长萼鸡眼草

【别　　名】掐不齐、野苜蓿草、圆叶鸡眼草

【学　　名】*Kummerowia stipulacea*（Maximowicz）Makino

【分　　布】日本、朝鲜及俄罗斯远东地区。我国分布于东北、华北、华东（包括台湾）、中南、西北等地区。福建产于厦门、莆田等地。

【生　　境】生于海拔 100～1200m 的路旁、草地、山坡、固定或半固定沙丘等处。

【饲用价值】茎枝柔软，叶密量多；可直接刈割饲喂畜禽，也可青贮，或发酵，或晒制成青干草，家禽尤为喜食；营养丰富，优等饲用植物。

【其他用途】全草药用，能清热解毒、健脾利湿；又是很好的旱作绿肥和蜜源植物。

三、菊科

Asteraceae（Compositae）

斑鸠菊属 *Vernonia* Schreber

夜香牛

【别　　名】寄色草、假咸虾花、消山虎、拐棍参

【学　　名】*Vernonia cinerea*（Linnaeus）Lessing

【分　　布】印度至中南半岛、日本、印度尼西亚、非洲。我国分布于广东、广西、海南、湖南、湖北、云南、四川、台湾、江西、浙江。福建各地常见。

【生　　境】生于山坡旷野、荒地、田边、路旁。

【饲用价值】猪、牛、羊食其嫩茎叶，低等饲用植物。

【其他用途】全草入药，有疏风散热、拔毒消肿、安神镇静、消积化滞的功效。

咸虾花

【别　　名】狗仔菜、大叶咸虾花、展叶斑鸠菊

【学　　名】*Vernonia patula*（Aiton）Merrill

【分　　布】印度、中南半岛、印度尼西亚、菲律宾。我国分布于台湾、广东、广西、海南、云南、贵州等省、自治区。福建产于厦门、平和、龙岩、仙游、永安、沙县等地。

【生　　境】生于荒坡旷野、草地、路旁。

【饲用价值】牛、羊喜食，又可作猪饲料，中等饲用植物。

【其他用途】全草药用，有发表散寒、清热止泻的功效。

地胆草属 *Elephantopus* Linnaeus

地胆草

【学　　名】*Elephantopus scaber* Linnaeus

【分　　布】亚洲、美洲及非洲各热带地区广为分布。我国分布于广东、广西、湖南、云南、贵州、江西、浙江等省、自治区。福建产于诏安、厦门、南靖、长泰、华安、新罗、长汀、德化、连城、永安、三元、梅列、沙县、武夷山等地。

【生　　境】生于空旷山坡、路边或山谷林缘。

【饲用价值】叶较柔软，牛采食。

【其他用途】全草入药，有清热解毒、利水消肿的功效。

白花地胆草

【学　　名】*Elephantopus tomentosus* Linnaeus

【分　　布】广布于世界热带地区。我国分布于广东、台湾。福建各地常见。

【生　　境】生于空旷山坡、路边或山谷林缘。

【饲用价值】叶较柔软，牛采食。

【其他用途】全草入药，有清热解毒、利水消肿的功效。

下田菊属 *Adenostemma* J. R. Forster & G. Forster

下田菊

【学　　名】*Adenostemma lavenia*（Linnaeus）Kuntze

【分　　布】印度、中南半岛、菲律宾、日本、朝鲜、澳大利亚等。我国分布于安徽、甘肃、广东、广西、贵州、海南、河南、湖北、江苏、江西、南海诸岛、陕西、四川、台湾、西藏、云南、浙江等地。福建各地常见。

【生　　境】多生于山坡林下、林缘、路旁阴湿地。

【饲用价值】适口性中等，牛、羊采食，宜放牧利用。

宽叶下田菊

【学　　名】*Adenostemma lavenia* var. *latifolium*（D. Don）Handel-Mazzetti

【分　　布】印度、日本、朝鲜。我国分布于广东、广西、贵州、海南、湖北、湖南、江苏、南海诸岛、四川、台湾、西藏、云南、浙江等地。福建各地常见。

【生　　境】多生于山坡林下、林缘、路旁阴湿地。

【饲用价值】适口性中等，牛、羊采食，宜放牧利用。

泽兰属 *Eupatorium* Linnaeus

林泽兰

【别　　名】白鼓钉、土升麻、尖佩兰

【学　　名】*Eupatorium lindleyanum* Candolle

【分　　布】日本、朝鲜、缅甸、菲律宾、俄罗斯等。我国除新疆未见记录外，遍布全国各地。福建产于平和、上杭、德化、福清、长乐、三元、梅列、沙县、泰宁、屏南、建阳、武夷山、浦城、光泽等地。

【生　　境】生于林下阴湿地、路旁、草坡上。

【饲用价值】春季牛、羊采食，秋季各种家畜均采食。

【其他用途】全草入药，有发表祛湿、和中化湿的功效。

白头婆

【学　　名】*Eupatorium japonicum* Thunberg

【分　　布】日本、朝鲜。我国分布于广东、湖南、湖北、河南、云南、贵州、四川、江西、浙江、安徽、江苏、山东、山西、辽宁、吉林、陕西、黑龙江。福建各地常见。

【生　　境】生于山坡草地、山谷林缘、路旁、灌丛中。

【饲用价值】嫩时家畜均采食，稍老则适口性下降，中等饲用植物。

【其他用途】全草药用，性凉，清热解毒。

鱼眼草属 *Dichrocephala* L'Héritier ex Candolle

鱼眼草

【学　　名】*Dichrocephala integrifolia*（Linnaeus f.）Kuntze

【分　　布】广布于亚洲、非洲的热带、亚热带地区。我国分布于广东、广西、湖南、湖北、云南、贵州等省、自治区。福建产于南靖、龙文、芗城、龙岩、三元、梅列、泰宁、延平、武夷山、顺昌等地。

【生　　境】生于山坡林下、田边、路旁、荒地。

【饲用价值】嫩叶牛、羊喜食，可作猪饲料。

【其他用途】全草入药，有清热解毒、止痛、止泻的功效。

紫菀属 *Aster* Linnaeus

马兰

【别　　名】马头草、田边菊、鱼鳅串

【学　　名】*Aster indicus* Linnaeus

【分　　布】朝鲜、印度、日本、老挝、马来西亚、缅甸、俄罗斯、泰国、越南。我国分布于广东、广西、湖南、湖北、河南、云南、贵州、台湾、江西、浙江、安徽、江苏、山东、辽宁、陕西等省、自治区。福建各地常见。

【生　　境】生于林缘、草丛、山坡、路边。

【饲用价值】枝叶质地柔软，具清香味；幼嫩的茎芽和叶为牛、羊、猪、兔等喜食。

【其他用途】全草入药，有清热解毒、消食积、利小便、退热止咳、散淤止血的功效。

毡毛马兰

【学　　名】*Aster shimadae*（Kitamura）Nemoto

【分　　布】日本。我国分布于湖南、湖北、台湾、江西、浙江、安徽、江苏等省。福建产于上杭、武平、三元、梅列、沙县等地。

【生　　境】生于林缘、草坡、溪岸。

【饲用价值】幼嫩时家畜喜食，中等饲用植物。

全叶马兰

【别　　名】扫帚花、全叶紫菀、扫帚鸡儿肠

【学　　名】*Aster pekinensis*（Hance）F. H. Chen

【分　　布】日本、朝鲜、俄罗斯。我国分布于湖南、湖北、河南、四川、浙江、安徽、江苏、山东、河北、山西、内蒙古、辽宁、吉林、陕西、黑龙江等省、自治区。福建产于建宁、武夷山等地。

【生　　境】生于山坡、林缘、路旁。

【饲用价值】各种家畜均有较好的适口性。

狗娃花

【学　　名】*Aster hispidus* Thunberg

【分　　布】蒙古、俄罗斯、日本、朝鲜。我国分布于华东、华北、东北、西北及湖北、四川等省。福建产于东山、连江等地。

【生　　境】生于山坡荒地、路边、草地。

【饲用价值】幼嫩时家畜喜食，中等饲用植物。

华南狗娃花

【学　　名】*Aster asagrayi* Makino

【分　　布】日本。我国分布于广东、海南。福建产于东山、漳浦、厦门、洛江、泉港、惠安、平潭、长乐、晋安、马尾等地。

【生　　境】生于海边沙滩。

【饲用价值】幼嫩时家畜喜食，中等饲用植物。

女菀属 *Turczaninovia* Candolle

女菀

【学　　名】*Turczaninovia fastigiata*（Fischer）Candolle

【分　　布】俄罗斯、日本、朝鲜、蒙古。我国分布于东北地区及湖南、湖北、河南、江西、浙江、江苏、安徽、山东、河北、山西、陕西等省。福建产于武夷山等地。

【生　　境】生于山坡路旁、荒地。

【饲用价值】青鲜的嫩枝叶及干草为各种家畜喜食，中等饲用植物。

白酒草属 *Eschenbachia* Moench

粘毛白酒草

【别　　名】粘毛假蓬、假蓬

【学　　名】*Eschenbachia leucantha*（D. Don）Brouillet

【分　　布】印度、尼泊尔、缅甸、泰国、老挝、柬埔寨、越南、马来西亚、菲律宾、澳大利亚等。我国分布于广东、广西、云南等省、自治区。福建产于南靖、上杭等地。

【生　　境】生于山坡、荒地、路旁、田边。

【饲用价值】各种家畜均乐食，中等饲用植物。

飞蓬属 *Erigeron* Linnaeus

一年蓬

【别　　名】千层塔、治疟草

【学　　名】*Erigeron annuus*（Linnaeus）Persoon

【分　　布】原产北美洲，现广布于全世界各地。我国各地均已归化。福建各地常见。

【生　　境】生于路边旷野或山坡荒地。

【饲用价值】叶量大，现蕾期以前茎叶柔软，多汁，牛、羊喜食，猪也喜食，中等饲用植物。

【其他用途】全草药用，治疟疾、淋巴结炎、胃肠炎、消化不良、毒蛇咬伤等症。

小蓬草

【别　　名】加拿大蓬

【学　　名】*Erigeron canadensis* Linnaeus

【分　　布】原产北美洲。我国南北各省区均有分布。福建各地常见。

【生　　境】生于旷野、荒地、田边、路旁。

【饲用价值】茎叶被硬毛，影响适口性，但在叶丛期或地上部分分枝以前，叶量大，茎叶柔软，硬毛疏而软，是良好的畜禽饲料；开花后，茎叶老化，各种畜禽均不喜食，仅牛、羊偶尔采食花序。

【其他用途】全草入药，有消炎止血、祛风湿的功效。

苏门白酒草

【学　　名】*Erigeron sumatrensis* Retzius

【分　　布】原产南美洲，现广布于全世界热带及亚热带地区。我国分布于安徽、甘肃、广东、广西、贵州、海南、湖南、江苏、江西、四川、台湾、西藏、云南、浙江等省、自治区。福建各地常见。

【生　　境】生于旷野、荒地、田边、路旁。
【饲用价值】茎叶幼嫩时，是良好的畜禽饲料；开花后，茎叶老化，各种畜禽均不喜食。

香丝草

【学　　名】*Erigeron bonariensis* Linnaeus
【分　　布】原产南美洲，现作为入侵杂草广布于世界热带、亚热带地区。我国分布于华中、华东、华南至西南各省区。福建产于厦门、晋江、莆田、长乐、晋安、马尾、沙县、连江、延平、武夷山、邵武等地。
【生　　境】生于荒地、山坡路边。
【饲用价值】猪喜食，牛、马、羊也采食，良等饲用植物。
【其他用途】全草入药，治感冒、疟疾、急性关节炎及外伤出血等症。

鼠麴草属 *Gnaphalium* Linnaeus

宽叶鼠麴草

【学　　名】*Gnaphalium adnatum*（Candolle）Wallich ex Thwaites
【分　　布】菲律宾、印度尼西亚、中南半岛及印度北部。我国分布于广东、广西、云南、贵州、四川、湖南、江西、台湾、浙江、江苏等省、自治区。福建北部较常见。
【生　　境】多生于海拔 300～800m 的山坡路旁、灌草丛中。
【饲用价值】牛、羊、马、猪、兔均喜食，良等饲用植物。

鼠麴草

【学　　名】*Gnaphalium affine* D. Don
【分　　布】菲律宾、印度尼西亚、中南半岛、印度、朝鲜、日本等。我国广布于全国各地。福建各地极常见。
【生　　境】多生于海拔 2000m 以下的房前屋后、田边、荒草中、空旷地、路边草丛中。
【饲用价值】茎叶柔嫩多汁，猪喜食；切碎后，鸡、鸭、鹅、兔均喜食；马、牛、羊亦采食；霜打后适口性稍有提高，良等饲用植物。
【其他用途】茎叶入药，有镇咳、祛痰的功效，内服可降血压。

秋鼠麴草

【学　　名】*Gnaphalium hypoleucum* Candolle
【分　　布】菲律宾、印度尼西亚、中南半岛、印度、朝鲜、日本。我国分布于南北各省区。福建各地常见。
【生　　境】多生于海拔 800m 以下的山坡路旁、田野空旷地、田边杂草丛中。
【饲用价值】牛、羊、马、猪、兔均喜食，良等饲用植物。

匙叶鼠麴草

【学　　名】*Gnaphalium pensylvanicum* Willdenow

【分　　布】非洲、亚洲、大洋洲、美洲、欧洲。我国分布于广东、广西、贵州、海南、湖南、江西、四川、台湾、西藏、云南、浙江等省、自治区。福建各地常见。

【生　　境】多生于海拔 1500m 以下的荒地、田野、路旁。

【饲用价值】民间用其饲喂兔子，喜食。

多茎鼠麴草

【学　　名】*Gnaphalium polycaulon* Persoon

【分　　布】印度、泰国、澳大利亚及热带非洲。我国分布于广东南部、云南、贵州、浙江等省。福建产于沿海各地。

【生　　境】多生于山坡路旁、田边或空旷草地。

【饲用价值】牛、羊、马、猪、兔均喜食，良等饲用植物。

旋覆花属 *Inula* Linnaeus

线叶旋覆花

【学　　名】*Inula linariifolia* Turczaninow

【分　　布】蒙古、朝鲜、日本及俄罗斯远东地区。我国分布于华东、华中、东北、华北各省区。福建产于中部及西北部山区。

【生　　境】多生于海拔 600m 以下的山坡路旁、空旷荒地、河岸边。

【饲用价值】嫩时牛、羊、马等家畜均喜食，随着植物不断生长，植株变粗硬，适口性降低，牛、马仅采食幼嫩部分，羊基本不采食；秋季刈割后，和其他饲用植物混合饲用，各种家畜均喜食，中等饲用植物。

天名精属 *Carpesium* Linnaeus

烟管头草

【学　　名】*Carpesium cernuum* Linnaeus

【分　　布】阿富汗、印度、印度尼西亚、日本、朝鲜、巴基斯坦、巴布亚新几内亚、俄罗斯、菲律宾、越南等东南亚国家，大洋洲、欧洲等。我国分布于华南、华东、华中、西南、西北等地区。福建各地常见。

【生　　境】多生于村旁、路边、田边、荒地。

【饲用价值】羊乐食，中等饲用植物。

金挖耳

【学　　名】*Carpesium divaricatum* Siebold & Zuccarini

【分　　布】朝鲜、日本。我国分布于安徽、广东、贵州、河南、湖北、湖南、江西、吉林、辽宁、四川、台湾、浙江等省。福建各地常见。

【生　　境】多生于海拔 1600m 以下的村旁、路边、荒地、林缘。

【饲用价值】羊乐食，中等饲用植物。

天名精

【学　　名】*Carpesium abrotanoides* Linnaeus

【分　　布】越南、印度（锡金）、缅甸、朝鲜、日本、伊朗及高加索地区。我国分布于华南、华东、华中、西南及河北、陕西等省。福建各地常见。

【生　　境】多生于海拔 1500m 以下的村旁、路边、荒地。

【饲用价值】羊乐食，中等饲用植物；开花结实后牛、羊不食，冬季牛、羊采食。

【其他用途】果实为重要的中药杀虫剂，全草也供药用。

苍耳属 *Xanthium* Linnaeus

苍耳

【学　　名】*Xanthium strumarium* Linnaeus

【分　　布】俄罗斯、伊朗、印度、朝鲜和日本。我国分布于华南、西南、华东、华北、西北、东北各省区。福建各地常见。

【生　　境】多生于宅旁、村边空旷地、田旁路边。

【饲用价值】嫩时各种家畜均喜食，对羊有害。

【其他用途】种子可榨油，果实可供药用。

豨莶属 *Sigesbeckia* Linnaeus

豨莶

【别　　名】虾草、黏糊菜、希仙、肥猪苗

【学　　名】*Sigesbeckia orientalis* Linnaeus

【分　　布】朝鲜、日本，以及东南亚、高加索地区、欧洲及北美洲热带、亚热带、温带地区。我国分布于广东、广西、云南、贵州、四川、湖南、江西、台湾、浙江、安徽、江苏、甘肃、陕西等省、自治区。福建各地极其常见。

【生　　境】多生于海拔 1200m 以下的山野旷地、荒草地、林缘、路旁、田边的草丛中。

【饲用价值】开花前茎叶柔软，煮熟后喂猪。

【其他用途】全草药用，有解毒镇痛的功效。

鳢肠属 *Eclipta* Linnaeus

▌鳢肠

【别　　名】墨旱莲、旱莲草

【学　　名】*Eclipta prostrata*（Linnaeus）Linnaeus

【分　　布】原产美洲中部、北部及南部，非洲、亚洲、大洋洲、欧洲及太平洋群岛均有引种。我国产于全国各省区。福建各地常见。

【生　　境】多生于河边、田野、荒地、路旁。

【饲用价值】茎叶柔嫩，各类家畜均喜食，民间常用作猪饲料，煮熟后喂食。

蟛蜞菊属 *Sphagneticola* O. Hoffmann

▌蟛蜞菊

【学　　名】*Sphagneticola calendulacea*（Linnaeus）Pruski

【分　　布】印度、中南半岛、印度尼西亚、菲律宾、日本。我国分布于华南、华东、东北。福建各地较常见。

【生　　境】多生于路旁、田边、沟边或湿润草丛中。

【饲用价值】茎叶多汁，营养成分高，煮熟后喂猪；其嫩茎叶是饲养鸵鸟的优质青饲料，切碎后生喂，极喜食。

肿柄菊属 *Tithonia* Desfontaines ex Jussieu

▌肿柄菊

【别　　名】太阳花、树菊、金光菊

【学　　名】*Tithonia diversifolia*（Hemsley）A. Gray

【分　　布】原产墨西哥。我国广东、广西、云南等省、自治区有引种并已归化。福建各地也有种植并已归化。

【生　　境】生于路边、荒地。

【饲用价值】秆多汁，叶柔软，营养丰富，但适口性不佳；在饲料短缺的平原地区，耕牛喜食。

向日葵属 *Helianthus* Linnaeus

▌向日葵

【学　　名】*Helianthus annuus* Linnaeus

【分　　布】原产北美洲。现世界各地广为栽培。我国南北各省区广为种植。福建有种植。

【饲用价值】葵盘连同茎叶一起青贮，是良好的青贮料。

【其他用途】果实含油量高，为半干性油，供食用，又可炒菜，味香可口；花穗、种子皮壳及茎秆可作饲料及加工原料。

菊芋

【别　　名】洋姜、鬼子姜、洋地梨儿

【学　　名】*Helianthus tuberosus* Linnaeus

【分　　布】原产北美洲，全世界温暖地区广为栽培。我国各地引种栽培。福建各地也偶见种植。

【生　　境】耐瘠薄，多在宅边、路旁隙地小面积种植。

【饲用价值】地上茎叶和地下块茎都是优质饲料，用来喂猪最有饲用价值；新鲜的或青贮的绿色茎叶，牛、马、骡、羊、驴均喜食。

【其他用途】块茎可作菜，供食用。

金钮扣属 *Acmella* Persoon

金钮扣

【别　　名】天文草

【学　　名】*Acmella paniculata*（Wallich ex Candolle）R. K. Jansen

【分　　布】印度、尼泊尔、缅甸、泰国、越南、老挝、柬埔寨、印度尼西亚、马来西亚、日本。我国分布于广东、广西、云南、台湾等省、自治区。福建产于南靖、厦门、云霄等地。

【生　　境】多生于海拔 500m 以下的村旁路边荒地及田边、沟边。

【饲用价值】牛、羊喜食，良等饲用植物。

【其他用途】全草供药用，有解毒、消炎、消肿、祛风除湿、止痛、止咳定喘等功效。

金腰箭属 *Synedrella* Gaertner

金腰箭

【别　　名】苞壳菊、金花草、黑关节

【学　　名】*Synedrella nodiflora*（Linnaeus）Gaertner

【分　　布】世界热带及亚热带地区。我国分布于东南、西南。福建产于厦门、龙文、芗城、漳浦等地。

【生　　境】多生于山坡路旁、旷野、荒地。

【饲用价值】牛喜食。

鬼针草属 *Bidens* Linnaeus

狼杷草

【学　　名】*Bidens tripartita* Linnaeus

【分　　布】亚洲、非洲、欧洲、大洋洲。我国分布于西南、华中、华东、华北、东北及陕西、甘肃、新疆等省、自治区。福建各地较常见。

【生　　境】多生于荒野路边、水边湿地。

【饲用价值】嫩茎叶鹅、鸭、鸡采食；青干草或霜打后的枯草，可饲喂牛、羊、马、骆驼；鲜草切碎煮熟后，猪喜食。

【其他用途】全草入药，有清热解毒、养阴敛汗的功效，外用治湿疹、皮癣等。

鬼针草

【别　　名】三叶鬼针草、刺针草、一包针

【学　　名】*Bidens pilosa* Linnaeus

【分　　布】世界热带及亚热带地区。我国分布于华南、西南、华中、华东。福建各地极常见。

【生　　境】生于村旁、路边、荒地中。

【饲用价值】苗期柔嫩多汁，可煮熟后喂猪。

【其他用途】全草药用，有清热解毒、散淤活血的功效。

婆婆针

【别　　名】针刺草、鬼针草

【学　　名】*Bidens bipinnata* Linnaeus

【分　　布】美洲、亚洲、欧洲及非洲东部。我国分布于华南、西南、东北、华中、华北、东北及陕西、甘肃等省。福建各地偶见。

【生　　境】多生于路边荒地、山坡及田边。

【饲用价值】牛、马、羊、猪、兔喜食其嫩枝。

【其他用途】全草药用，有清热解毒、散淤活血的功效。

金盏银盘

【学　　名】*Bidens biternata*（Loureiro）Merrill & Sherff

【分　　布】朝鲜、日本及东南亚、非洲、大洋洲。我国分布于华南、西南、华东、华中地区及河北、山西、辽宁等省。福建各地较常见，但沿海较少见。

【生　　境】多生于路旁、沟边、空旷荒地。

【饲用价值】嫩茎叶各种家畜喜食。

【其他用途】全草药用，有清热解毒、散淤活血的功效。

牛膝菊属 *Galinsoga* Ruiz & Pavon

牛膝菊

【别　　名】辣子草、小米菊、向阳花、珍珠草

【学　　名】*Galinsoga parviflora* Cavanilles

【分　　布】原产南美洲。目前在我国各地已逸为野生。福建各地已归化。

【生　　境】常见于荒野空旷地、河边、田边、路边。

【饲用价值】草质柔嫩，适口性较好，各种家畜均喜食，良等饲用植物。

【其他用途】全草药用，有止血、消炎的功效。

羽芒菊属 *Tridax* Linnaeus

羽芒菊

【学　　名】*Tridax procumbens* Linnaeus

【分　　布】原产热带美洲，现为全世界热带杂草。我国分布于东南沿海各地、台湾及南部一些岛屿。福建产于福州南部、莆田、泉州、厦门、漳州、龙岩等地。

【生　　境】多生于旷野荒地、山坡路边。

【饲用价值】冬春干旱季节，牛、羊采食较多；嫩茎叶兔极喜食，煮熟后可喂猪。

蓍属 *Achillea* Linnaeus

蓍

【别　　名】锯草

【学　　名】*Achillea millefolium* Linnaeus

【分　　布】广布于欧洲、非洲北部及伊朗、蒙古、俄罗斯远东地区。我国新疆、内蒙古及东北有野生，全国各地常见栽培。福建厦门、福州、永安、沙县、南平等地偶见栽培。

【生　　境】生于湿草地、荒地或庭园栽培。

【饲用价值】中等饲用植物。

【其他用途】庭院观赏用。

茼蒿属 *Glebionis* Cassini

南茼蒿

【别　　名】艾菜

【学　　名】*Glebionis segetum*（Linnaeus）Fourreau

【分　　布】原产地中海沿岸地区。我国北京、安徽、广东、贵州、海南、湖北、湖南、江

苏、江西、云南、浙江等省市常见栽培。福建各地均有栽培。

【生　　境】菜园栽培。

【饲用价值】嫩茎叶为鸡、鸭、鹅等家禽喜食，煮熟后猪喜食，良等饲用植物。

【其他用途】作蔬菜用。

松香草属 *Silphium* Linnaeus

串叶松香草

【学　　名】*Silphium perfoliatum* Linnaeus

【分　　布】原产加拿大和美国北部。我国各地多有引种栽培。福建有引种栽培。

【饲用价值】幼嫩时质脆多汁，有松香味；幼嫩时可饲喂鸡、猪、牛、羊，打浆可喂鱼；制作青贮饲料营养价值高，适口性好。

【其他用途】很好的蜜源植物。

菊属 *Chrysanthemum* Linnaeus

野菊

【别　　名】山菊花、疟疾草、黄菊仔

【学　　名】*Chrysanthemum indicum* Linnaeus

【分　　布】印度、朝鲜、日本、俄罗斯。我国广布于全国各地。福建各地常见。

【生　　境】多生于海拔 2000m 以下的山坡草地、草灌丛中、田边、路旁、沟谷岸隙间。

【饲用价值】开花前草质柔嫩，为猪的优质饲料，牛、羊也喜食。

【其他用途】全草药用，味苦、辛、凉，清热解毒，治流行性感冒。

蒿属 *Artemisia* Linnaeus

青蒿

【别　　名】草蒿、邪蒿、白染艮

【学　　名】*Artemisia caruifolia* Buchanan-Hamilton ex Roxburgh

【分　　布】越南、缅甸、印度、朝鲜、日本。我国多分布于东北、华北、华东、华中、西南。福建各地较常见。

【生　　境】生于海拔 800m 以下的路旁、林缘、沟谷、溪河边，也见于滨海地区。

【饲用价值】牛、羊春季采食嫩叶，秋季干枯后乐食其籽实和叶。

【其他用途】含艾草碱及苦味素，入药有清热、凉血等功效；但不含青蒿素，无抗疟作用。

黄花蒿

【学　　名】*Artemisia annua* Linnaeus

【分　　布】欧洲、亚洲、北美洲。我国分布于南北各地。福建各地偶见。

【生　　境】多生于海拔 1500m 以下的山坡路旁、荒草地。

【饲用价值】青鲜时家畜不食；枯黄的植株为骆驼所乐食，绵羊、山羊也采食。

【其他用途】全草含青蒿素，有清热、解暑、利尿、健胃、凉血、截疟的功效。

艾

【别　　名】艾蒿、白蒿、五月艾

【学　　名】*Artemisia argyi* H. Léveillé & Vaniot

【分　　布】蒙古、朝鲜及俄罗斯远东地区。我国广布于全国各地。福建各地极常见。

【生　　境】多生于海拔 200m 以下的山坡路旁、荒地、空旷地、溪河边。

【饲用价值】初春嫩时，牛、马、羊乐食，至秋末、冬季各种家畜均采食其花序及枯枝。

【其他用途】对多种霉菌、球菌、杆菌有抑制作用。

茵陈蒿

【别　　名】茵陈、绵茵陈、白茵陈、日本茵陈

【学　　名】*Artemisia capillaris* Thunberg

【分　　布】越南、菲律宾、柬埔寨、马来西亚、印度尼西亚、朝鲜、日本及俄罗斯远东地区。我国分布于广东、广西、四川、湖南、湖北、江西、台湾、浙江、安徽、江苏、山东、河南、河北、陕西、辽宁等省、自治区。福建各地极常见，沿海各地尤其多。

【生　　境】多生于山坡路旁草丛中、溪河边、空旷地、海滩边沙地。

【饲用价值】初春叶丛柔软，牛、马、羊采食，秋霜后，冬季各种家畜均乐食；羊、骆驼喜食调制的干草。

【其他用途】幼苗及幼叶可入药。

猪毛蒿

【别　　名】石茵陈、山茵陈、土茵陈

【学　　名】*Artemisia scoparia* Waldstein & Kitaibel

【分　　布】朝鲜、日本、伊朗、土耳其、阿富汗、巴基斯坦、印度、俄罗斯及欧洲中部、东部。我国分布于全国各地。福建各地常见。

【生　　境】多生于海拔 1200m 以下的山坡、旷野、路旁、林缘草灌丛中。

【饲用价值】中等或良等饲用植物。

【其他用途】幼苗及幼叶可入药。

牡蒿

【别　　名】油艾、花艾草

【学　　名】*Artemisia japonica* Thunberg

【分　　布】越南、老挝、泰国、缅甸、菲律宾、印度、不丹、朝鲜、日本及俄罗斯远东地区。我国分布于全国各地。福建各地偶见。

【生　　境】多生于海拔1000m以下的山地草丛、林缘、疏林下。

【饲用价值】春、夏季牛、马不食，羊稍食；秋季各种家畜尤喜食其籽粒。

【其他用途】可入药，有清热、解毒、去湿等功效。

野艾蒿

【学　　名】*Artemisia lavandulifolia* Candolle

【分　　布】日本、蒙古及俄罗斯远东地区。我国分布于华南、华东、华中、华北、东北及内蒙古。福建各地较常见。

【生　　境】多生于海拔1200m以下的山坡路旁、林缘草丛中、沟谷边、空旷地。

【饲用价值】牛、马、羊采食，低等饲用植物。

【其他用途】全草供药用，可作"艾"的代用品。

白苞蒿

【学　　名】*Artemisia lactiflora* Wallich ex Candolle

【分　　布】越南、老挝、柬埔寨、新加坡、印度、印度尼西亚。我国分布于华南、西南、华中、华东及陕西、甘肃。福建各地常见。

【生　　境】多生于海拔1500m以下的山地林缘、林下、路旁、沟谷边、旷野草丛中。

【饲用价值】鲜草牛、马、羊少食，煮熟后可喂猪，干草适口性好，低等饲用植物。

【其他用途】含挥发油，全草入药，民间用作"奇蒿"的代用品，有清热、解毒、止咳、消炎、活血、散淤、通经的功效；近年来也用于治肝病、肾病和血丝虫病。

奇蒿

【别　　名】刘寄奴、苦婆菜

【学　　名】*Artemisia anomala* S. Moore

【分　　布】越南。我国分布于广东、广西、贵州、四川、湖南、湖北、江西、台湾、浙江、安徽、江苏、河南。福建各地极常见。

【生　　境】多生于海拔1000m以下的山坡林缘、路旁、空旷地、沟谷边、田边、溪河边。

【饲用价值】可作猪饲料，中等饲用植物。

【其他用途】全草含挥发油，有活血、通经、清热、解毒、消炎、止痛、消食的功效；民间用于治肠胃病及妇科疾病，近年来也用于治血丝虫病。

山芫荽属 *Cotula* Linnaeus

芫荽菊

【学　　名】*Cotula anthemoides* Linnaeus
【分　　布】柬埔寨、印度、缅甸、泰国、越南及非洲。我国分布于广东、湖北、四川、台湾、云南等省。福建各地常见。
【生　　境】多生于田野、路旁湿地、溪河边。
【饲用价值】兔极喜食。

裸柱菊属 *Soliva* Ruiz & Pavon

裸柱菊

【学　　名】*Soliva anthemifolia*（Jussieu）R. Brown
【分　　布】原产南美洲。我国广东、海南、江西、台湾、浙江等省已归化。福建各地常见。
【生　　境】多生于田野、荒地、路旁湿地。
【饲用价值】兔极喜食。

菊三七属 *Gynura* Cassini

白子菜

【别　　名】鸡菜、大肥牛、叉花土三七
【学　　名】*Gynura divaricata*（Linnaeus）Candolle
【分　　布】印度、中南半岛。我国分布于南部和西南部地区。福建各地常见栽培。
【生　　境】生于草坡、荒地、田边。
【饲用价值】其嫩茎叶为优质猪饲料。
【其他用途】根入药，有泻火、凉血、生津的功效。

三七草

【别　　名】菊三七、母猪芋
【学　　名】*Gynura japonica*（Thunberg）Juel
【分　　布】日本、越南。我国分布于广东、湖北、云南、四川、浙江、江苏、安徽、陕西等省。福建产于建阳等地。
【生　　境】生于路边、草地、山沟、林下。
【饲用价值】牛、羊采食，嫩茎叶煮熟后可喂猪，中等饲用植物。
【其他用途】根及全草入药，有散淤止血、解毒消肿的功效。

红凤菜

【别　　名】两色三七草、红背菜、紫背天葵

【学　　名】*Gynura bicolor*（Roxburgh ex Willdenow）Candolle

【分　　布】缅甸、泰国。我国分布于广东、广西、贵州、海南、四川、台湾、云南、浙江等省、自治区。福建各地广泛栽培。

【生　　境】山坡、路旁湿润处，广泛栽培于庭园中。

【饲用价值】嫩茎叶煮熟后可喂猪，中等饲用植物。

【其他用途】全株入药，有消肿止痛的功效，又可治血崩；可作蔬菜。

野茼蒿属 *Crassocephalum* Moench

野茼蒿

【别　　名】革命菜

【学　　名】*Crassocephalum crepidioides*（Bentham）S. Moore

【分　　布】印度、中南半岛及非洲。我国分布于广东、广西、贵州、海南、湖南、湖北、江苏、江西、陕西、四川、台湾、西藏、云南、浙江等省、自治区。福建各地常见。

【生　　境】生于路旁、荒地、田间。

【饲用价值】茎叶柔嫩，兔喜食，煮熟后可喂猪。

【其他用途】可作蔬菜，也可作绿肥。

一点红属 *Emilia* Cassini

一点红

【学　　名】*Emilia sonchifolia*（Linnaeus）Candolle

【分　　布】热带亚洲、热带非洲。我国分布于中南、东南各省区。福建各地常见。

【生　　境】生于山坡草地、路旁、荒地、田间。

【饲用价值】开花前茎叶柔嫩，兔极喜食，煮熟后可喂猪。

【其他用途】全草入药，有凉血解毒、活血化淤的功效。

小一点红

【学　　名】*Emilia prenanthoidea* Candolle

【分　　布】印度、印度尼西亚、马来西亚、巴布亚新几内亚、菲律宾、泰国、越南。我国分布于广东、广西、贵州、四川、云南、浙江等省、自治区。福建各地常见。

【生　　境】生于山坡草地、路旁、荒地、田间。

【饲用价值】开花前茎叶柔嫩，兔极喜食，煮熟后可喂猪。

蒲儿根属 *Sinosenecio* B. Nordenstam

蒲儿根

【学　　名】*Sinosenecio oldhamianus*（Maximowicz）B. Nordenstam

【分　　布】缅甸、泰国、越南。我国分布于中南、西南、华东及山西、陕西、甘肃各省。福建产于连江、柘荣、泰宁、延平、建阳、浦城、武夷山等地。

【生　　境】生于山坡、路旁、荒草地、溪边、林缘。

【饲用价值】春季牛、羊采食，低等饲用植物。

狗舌草属 *Tephroseris*（Reichenbach）Reichenbach

狗舌草

【学　　名】*Tephroseris kirilowii*（Turczaninow ex Candolle）Holub

【分　　布】俄罗斯、朝鲜、日本、蒙古。我国分布于广东、广西、湖南、湖北、河南、四川、贵州、台湾、江西、江苏、浙江、山东、安徽、河北、山西、辽宁、吉林、内蒙古、陕西、甘肃、宁夏等省、自治区。福建产于厦门、泉州、福州、沙县、古田、南平等地。

【生　　境】生于山坡路旁、草地、水沟边。

【饲用价值】嫩时牛、羊采食，低等饲用植物。

千里光属 *Senecio* Linnaeus

林荫千里光

【学　　名】*Senecio nemorensis* Linnaeus

【分　　布】日本、朝鲜、俄罗斯、蒙古及欧洲。我国分布于湖北、贵州、四川、台湾、浙江、安徽、山东、河北、山西、吉林、陕西、甘肃、新疆等省、自治区。福建产于武夷山等地。

【生　　境】生于山顶草甸、矮林中、山坡草丛、林下。

【饲用价值】营养期嫩枝叶家畜均采食，开花后茎秆变得粗老，家畜只采食叶；山羊、绵羊喜食，马、牛通常不食，中等饲用植物。

千里光

【别　　名】九里明、蔓黄菀、九龙光、黄花母

【学　　名】*Senecio scandens* Buchanan-Hamilton ex D. Don

【分　　布】印度、尼泊尔、不丹、日本、菲律宾、中南半岛。我国分布于中南、西南、华东及陕西、甘肃等省。福建各地常见。

【生　　境】生于林缘、林中、灌丛、山坡、草地、路边、河滩。

【饲用价值】早春牛、羊采食，夏秋季一般不食，冬季各种家畜喜食其枝叶；嫩枝叶煮熟后

可喂猪，低等饲用植物。

【其他用途】全草入药，有清热解毒、凉血消肿、清肝明目的功效。

蓝刺头属 *Echinops* Linnaeus

华东蓝刺头

【学　　名】*Echinops grijsii* Hance

【分　　布】我国特有，分布于广西、河南、台湾、江苏、山东、辽宁等省、自治区。福建产于东山、龙海、惠安、长乐、松溪等地。

【生　　境】生于山坡草地。

【饲用价值】秋季骆驼、马、羊乐食其花序，低等饲用植物。

风毛菊属 *Saussurea* Candolle

风毛菊

【别　　名】日本风毛菊

【学　　名】*Saussurea japonica*（Thunberg）Candolle

【分　　布】朝鲜、日本、蒙古。我国分布于华南、西北、华东、东北等地区。福建产于东山、厦门、南靖、上杭、新罗、泉州、福清、连城、沙县、屏南等地。

【生　　境】生于山坡草地、沟边路旁。

【饲用价值】返青后及秋季，马、牛、羊均喜食；冬季叶量保存较好，羊、马乐食，中等饲用植物。

庐山风毛菊

【学　　名】*Saussurea bullockii* Dunn

【分　　布】我国分布于广东、湖北、江西、陕西等省。福建产于德化、建瓯、建阳、武夷山等地。

【生　　境】生于山坡草丛中。

【饲用价值】家畜稍采食，低等饲用植物。

三角叶风毛菊

【别　　名】三角叶须弥菊

【学　　名】*Saussurea deltoidea*（Candolle）Schultz Bipontinus

【分　　布】尼泊尔、印度、越南、老挝、柬埔寨。我国分布于广东、湖北、湖南、云南、贵州、四川、台湾、陕西、甘肃、西藏等省、自治区。福建产于上杭、建宁、屏南、建阳、武夷山、光泽等地。

【生　　境】生于山坡路旁、林缘。
【饲用价值】低等饲用植物。

蓟属 *Cirsium* Miller

绿蓟

【学　　名】*Cirsium chinense* Gardner & Champion
【分　　布】我国分布于广东、四川、浙江、江苏、山东、河北、辽宁、内蒙古等省、自治区。福建产于厦门、惠安、福州、永安等地。
【生　　境】生于山坡草丛中。
【饲用价值】低等饲用植物。

牛口刺

【别　　名】牛口蓟
【学　　名】*Cirsium shansiense* Petrak
【分　　布】印度、中南半岛。我国分布于广东、广西、湖南、湖北、河南、云南、贵州、四川、安徽、河北、山西、陕西、甘肃、青海等省、自治区。福建产于诏安。
【生　　境】生于山坡、林下、草地、溪边或路旁。
【饲用价值】低等饲用植物。

蓟

【别　　名】山萝卜、大蓟、地萝卜
【学　　名】*Cirsium japonicum* Candolle
【分　　布】日本、朝鲜、俄罗斯、越南。我国分布于广东、广西、湖南、湖北、云南、贵州、四川、台湾、江西、浙江、江苏、山东、河北、陕西等省、自治区。福建各地常见。
【生　　境】生于山坡路旁、林缘、灌丛、草地。
【饲用价值】牛、羊、猪采食其嫩枝叶，低等饲用植物。
【其他用途】地上部分入药，治热性出血，外用治恶疮、疥疮。

刺儿菜

【别　　名】小蓟、野红花、大刺儿菜
【学　　名】*Cirsium arvense* var. *integrifolium* Wimmer & Grabowski
【分　　布】日本、朝鲜、俄罗斯、蒙古及东南亚、欧洲。我国除广东、广西、云南、西藏外，分布几遍全国各地。福建产于厦门。
【生　　境】生于水沟边、山坡、荒地、田间。
【饲用价值】嫩时猪、马、牛、羊、骡等乐食，主要采食其嫩枝与花序，调制干草或煮熟后家畜均喜食，中等饲用植物。

【其他用途】全草入药。

线叶蓟

【学　　名】*Cirsium lineare*（Thunberg）Schultz Bipontinus

【分　　布】日本、泰国、越南。我国分布于四川、江西、浙江、安徽等省。福建产于沙县、泰宁、屏南、武夷山、光泽等地。

【生　　境】生于山坡或路旁。

【饲用价值】嫩茎叶牛、羊少食，煮熟后可喂猪，低等饲用植物。

泥胡菜属 *Hemisteptia* Bunge ex Fischer & C. A. Meyer

胡菜

【别　　名】秃苍个儿、猪兜菜、艾草

【学　　名】*Hemisteptia lyrata*（Bunge）Fischer & C. A. Meyer

【分　　布】朝鲜、日本、印度、越南、老挝。我国除西藏、新疆外，遍布全国。福建产于南靖、龙文、芗城、福州、永安、沙县、建宁、延平、武夷山等地。

【生　　境】生于山坡路旁或荒地、林缘、田边、河旁等。

【饲用价值】开花前期，茎秆脆嫩，是猪、禽、兔的优质饲料，进入结籽期，叶老化，多数家畜不再采食；春季短期饲用植物。

牛蒡属 *Arctium* Linnaeus

牛蒡

【别　　名】大力子、恶实、万把钩

【学　　名】*Arctium lappa* Linnaeus

【分　　布】印度、日本、朝鲜及欧洲、亚洲西南部。我国分布于南北各地。福建产于武夷山等地，其他地区偶见栽培。

【生　　境】生于村庄路旁、山坡、林缘、荒地、灌丛中。

【饲用价值】幼苗期嫩枝叶是猪的好饲料，家兔也喜食，中等饲用植物。

【其他用途】果实供药用，根、茎、叶也可入药。

飞廉属 *Carduus* Linnaeus

飞廉

【别　　名】丝毛飞廉

【学　　名】*Carduus crispus* Linnaeus

【分　　布】俄罗斯、蒙古、朝鲜及欧洲、亚洲西南部。我国分布几遍全国各地。福建产地不详。

【生　　境】生于山坡草地、田间、荒地、河旁、林下。

【饲用价值】幼苗期山羊、绵羊、牛、马、驴均乐食；现蕾至开花期，牛、马、羊仅食其花序；种子成熟后，各种家畜均不食，低等饲用植物。

【其他用途】全草药用。

漏芦属 *Rhaponticum* Vaillant

华麻花头

【别　　名】华漏芦

【学　　名】*Rhaponticum chinense*（S. Moore）L. Martins & Hidalgo

【分　　布】我国分布于广东、湖南、河南、江西、浙江、安徽、陕西等省。福建产于南靖、上杭、新罗、连城、宁化、建宁、南平等地。

【生　　境】生于山坡、草地、灌丛中、路旁。

【饲用价值】牛、羊采食其花，中等饲用植物。

【其他用途】根供药用，有透疹、解毒的功效。

山牛蒡属 *Synurus* Iljin

山牛蒡

【学　　名】*Synurus deltoides*（Aiton）Nakai

【分　　布】朝鲜、日本、俄罗斯、蒙古。我国分布于湖北、河南、四川、江西、浙江、安徽、河北、内蒙古、辽宁、吉林、黑龙江。福建产地不详。

【生　　境】生于山坡林缘、林下或草甸。

【饲用价值】秋季牛、羊稍食，冬季枯草家畜喜食，幼嫩时可作猪饲料，低等饲用植物。

红花属 *Carthamus* Linnaeus

红花

【学　　名】*Carthamus tinctorius* Linnaeus

【分　　布】原产地不明，世界各地广泛栽培。我国广泛栽培，并已在多地逸生。福建厦门、南靖有栽培。

【生　　境】适宜在排水良好、中等肥沃的砂壤土种植。

【饲用价值】种子榨油后的油饼，是很好的蛋白质饲料。

【其他用途】花供药用，有活血通经、祛淤止痛的功效；种子含油量较多且质量较好，是一种有利用前景的油料作物。

大丁草属 *Leibnitzia* Cassini

大丁草

【学　　名】*Leibnitzia anandria*（Linnaeus）Turczaninow
【分　　布】日本、朝鲜、俄罗斯。我国除新疆、西藏外，其他各地均有分布。福建产于惠安、仙游。
【生　　境】生于山坡路旁、林边、草地。
【饲用价值】全株家畜乐食，煮熟后可喂猪，中等饲用植物。
【其他用途】全草入药，性味苦寒，有清热利湿、解毒、消肿、止咳止血的功效。

稻槎菜属 *Lapsanastrum* Pak & K. Bremer

稻槎菜

【学　　名】*Lapsanastrum apogonoides*（Maximowicz）Pak & K. Bremer
【分　　布】日本、韩国，美洲西北部有引种。我国分布于华东、华中各省区。福建各地常见。
【生　　境】生于海拔 1500m 以下的田野路旁、荒草地、田边、湿草丛中。
【饲用价值】福建民间用本种饲喂兔子；广西、湖南等省用其煮熟后喂猪。

蒲公英属 *Taraxacum* F. H. Wiggers

蒲公英

【别　　名】婆婆英、公英、姑姑英、蒙古蒲公英
【学　　名】*Taraxacum mongolicum* Handel-Mazzetti
【分　　布】朝鲜、蒙古、俄罗斯。我国分布于安徽、广东、贵州、河北、黑龙江、河南、湖北、湖南、江苏、吉林、辽宁、内蒙古、陕西、山东、山西、四川、西藏、浙江等省、自治区。福建各地常见，福州、厦门有少量栽培。
【生　　境】多生于田野、路旁、荒草中。
【饲用价值】适口性好，特别是猪、禽喜食。
【其他用途】全草药用，有清热、解毒的功效。

苦苣菜属 *Sonchus* Linnaeus

苦苣菜

【别　　名】苦菜、滇苦菜、田苦荬菜、尖叶苦菜

【学　　名】*Sonchus oleraceus* Linnaeus

【分　　布】可能原产欧洲或地中海沿岸地区。我国广布于南北各省区。福建各地极常见。

【生　　境】多生于田野、路旁、荒草中。

【饲用价值】茎叶柔嫩多汁，稍有苦味，是一种良好的青饲料，猪、鹅、兔、鸭、鸡、山羊、绵羊喜食；马、牛少量采食，优等饲用植物。

【其他用途】全草入药，有祛湿、清热、解毒的功效。

苣荬菜

【别　　名】苦荬菜

【学　　名】*Sonchus wightianus* Candolle

【分　　布】欧洲、亚洲。我国分布于华南、西南、华东、华北、东北等地区。福建各地极常见。

【生　　境】多生于田野、路旁、荒草中。

【饲用价值】茎叶柔嫩多汁，稍有苦味，是一种良好的青饲料，猪、鹅、兔、鸭、鸡、山羊、绵羊喜食；马、牛少量采食，优等饲用植物。

【其他用途】全草入药，有清热解毒的功效。

莴苣属 *Lactuca* Linnaeus

翅果菊

【别　　名】苦荬菜、苦麻菜、山莴苣、野莴苣

【学　　名】*Lactuca indica* Linnaeus

【分　　布】印度尼西亚、中南半岛、印度、菲律宾、俄罗斯、日本。我国分布于广东、云南、贵州、四川、西藏、湖南、湖北、江西、浙江、安徽、江苏、河北、陕西、吉林等省、自治区及喜马拉雅。福建各地常见。

【生　　境】多生于山坡林缘、路旁、荒野、田旁村边湿草丛中。

【饲用价值】高产优质的青饲料，适口性良好，猪、鸡、鸭、鹅、兔最喜食，马、牛、羊等也喜食。

台湾翅果菊

【学　　名】*Lactuca formosana* Maximowicz

【分　　布】我国分布于安徽、广东、广西、贵州、河南、湖北、湖南、江苏、江西、宁夏、陕西、四川、台湾、云南、浙江等省、自治区。福建西北部较常见。

【生　　境】多生于山坡林缘、路旁、荒野、田旁村边湿草丛中。

【饲用价值】高产优质的青饲料，适口性良好，猪、鸡、鸭、鹅、兔最喜食，马、牛、羊等也喜食。

高大翅果菊

【别　　名】毛脉翅果菊

【学　　名】*Lactuca raddeana* Maximowicz

【分　　布】朝鲜、日本及俄罗斯远东地区。我国分布于华南、西南、华中、华东、华北、东北等地区。福建各地较常见。

【生　　境】多生于山坡林下阴湿处。

【饲用价值】福建民间用其饲喂兔子。

莴苣

【学　　名】*Lactuca sativa* Linnaeus

【分　　布】可能原产地中海东部至亚洲西南部地区。我国各地均有栽培。福建各地常见栽培。

【生　　境】菜园栽培。

【饲用价值】叶、秆为鸡、鸭、鹅、兔等家禽喜食，马、牛、羊等也喜食，煮熟后猪也喜食。

【其他用途】叶、秆均为蔬菜。

假福王草属 *Paraprenanthes* C. C. Chang ex C. Shih

假福王草

【学　　名】*Paraprenanthes sororia*（Miquel）C. Shih

【分　　布】日本、越南。我国分布于广东、广西、贵州、云南、湖南、江西、浙江等省、自治区。福建各地常见。

【生　　境】生于山坡、山谷灌丛、林下。

【饲用价值】福建民间用其饲喂兔子。

黄鹌菜属 *Youngia* Cassini

黄鹌菜

【别　　名】土芥菜、山芥菜、黄花一枝香、黄矮菜

【学　　名】*Youngia japonica*（Linnaeus）Candolle

【分　　布】菲律宾、马来半岛、印度、朝鲜、日本。我国分布几遍全国。福建各地极常见。

【生　　境】多生于海拔1500m以下的山坡路旁、林缘或荒野湿草丛中。

【饲用价值】茎叶柔嫩，煮熟后可喂猪。

红果黄鹌菜

【学　　名】*Youngia erythrocarpa*（Vaniot）Babcock & Stebbins

【分　　布】我国分布于安徽、重庆、甘肃、贵州、湖北、湖南、江苏、江西、陕西、四川、浙江等省。福建产于中部及北部山区。

【生　　境】多生于山坡荒草丛中、林缘。

【饲用价值】各种家畜均喜食。

苦荬菜属 *Ixeris*（Cassini）Cassini

匍匐苦荬菜

【别　　名】沙苦荬菜、窝食

【学　　名】*Ixeris repens*（Linnaeus）A. Gray

【分　　布】越南、朝鲜、俄罗斯、日本。我国分布于华南、华东、华北、东北等地区的滨海沙滩地。福建海滨沙地常见，南部沿海尤多。

【生　　境】海滨沙地。

【饲用价值】多数家畜喜食，特别是兔、禽、猪最喜食，牛、马、驴亦食；干草是兔、禽越冬的好饲料。

苦荬菜

【别　　名】多头苦荬菜

【学　　名】*Ixeris polycephala* Cassini ex Candolle

【分　　布】阿富汗、不丹、柬埔寨、印度、日本、老挝、缅甸、尼泊尔、越南。我国分布于华南、西南、华东、华中等地区。福建各地较常见。

【生　　境】多生于山坡、路旁、草丛或田野、河边、路旁低湿地。

【饲用价值】幼嫩时各种畜禽均喜食，良等饲用植物。

【其他用途】全草供药用，有清热解毒经、止血的功效。

中华苦荬菜

【别　　名】苦菜、中华小苦荬、燕儿尾、山苦荬菜

【学　　名】*Ixeris chinensis*（Thunberg）Kitagawa

【分　　布】柬埔寨、朝鲜、日本、老挝、蒙古、俄罗斯、泰国、越南。我国分布于南北各地。福建各地常见。

【生　　境】多生于海拔 1500m 以下的山野、荒郊、田边、路旁、杂草丛中。

【饲用价值】茎叶柔嫩多汁，在青鲜时绵羊、山羊喜食，牛、马也少量采食，是猪、兔和家禽的良好饲料；但干枯后不能利用，中等饲用植物。

【其他用途】全草可供药用；嫩叶及嫩根可饲用。

剪刀股

【别　　名】低滩苦荬菜

【学　　名】*Ixeris japonica*（N. L. Burman）Nakai

【分　　布】朝鲜、日本。我国分布于华东、中南、东北等地区。福建各地较少见。

【生　　境】多生于海边、路边、田边、荒草地。

【饲用价值】幼嫩时各种畜禽均喜食，良等饲用植物。

【其他用途】全草供药用。

小苦荬属 *Ixeridium*（A. Gray）Tzvelev

细叶小苦荬

【别　　名】纤细苦荬菜

【学　　名】*Ixeridium gracile*（Candolle）Pak & Kawano

【分　　布】不丹、印度、尼泊尔。我国分布于华南、西南、华中地区及陕西、甘肃等省。福建各地常见。

【生　　境】多生于海拔1200m以下的山坡、路旁、草丛或田边、荒野。

【饲用价值】各种家禽均喜食，良等饲用植物。

【其他用途】全草供药用，治痨咳、疮疖等症。

小苦荬

【别　　名】饲用苦荬菜、小苦菜、齿喙苦荬菜

【学　　名】*Ixeridium dentatum*（Thunberg）Tzvelev

【分　　布】朝鲜、日本、俄罗斯。我国分布于华南、西南、华东、华北、东北等地区。福建各地较常见。

【生　　境】多生于海拔1000m以下的山坡林下、林缘、路旁、溪边、田边。

【饲用价值】幼嫩时茎叶适口性良好，牛、猪、兔、鸡、鸭、鹅等畜禽均喜食。

褐冠小苦荬

【别　　名】平滑苦荬菜

【学　　名】*Ixeridium laevigatum*（Blume）Pak & Kawano

【分　　布】柬埔寨、印度尼西亚、日本、老挝、巴布亚新几内亚、菲律宾、越南。我国分布于广东、广西、海南、台湾、浙江。福建产于中部地区，较少见。

【生　　境】多生于山坡林下、林缘、路旁阴湿地。

【饲用价值】茎叶嫩绿多汁，适口性好，各种牲畜均喜食；开花以后，茎枝老化，适口性降

低，优等饲用植物。

假还阳参属 *Crepidiastrum* Nakai

▌黄瓜假还阳参

【别　　名】盘儿菜、黄瓜菜、苦荬菜

【学　　名】*Crepidiastrum denticulatum*（Houttuyn）Pak & Kawano

【分　　布】越南、朝鲜、俄罗斯、蒙古、日本。我国广布于全国各地。福建各地极常见。

【生　　境】多生于海滩沙地、山坡路边、荒郊、田野。

【饲用价值】开花前，茎叶嫩绿多汁，适口性好，各种牲畜均喜食；开花以后，茎枝老化，适口性降低，优等饲用植物。

【其他用途】全草供药用，煮出汁液可防治农作物害虫。

菊苣属 *Cichorium* Linnaeus

▌菊苣

【学　　名】*Cichorium intybus* Linnaeus

【分　　布】北非、中亚、亚洲西南部、欧洲。我国分布于甘肃、河北、黑龙江、河南、吉林、辽宁、陕西、台湾、新疆等省、自治区。福建有引种栽培。

【生　　境】多生于河边荒地、沟渠边。

【饲用价值】叶片柔嫩多汁，营养丰富，适口性好；莲座叶丛期，鸡、鹅、猪、兔均喜食；抽茎开花阶段，宜牛、羊利用，青饲和放牧均可；抽茎期也可用作青贮料，作为奶牛良好的冬青饲料。

【其他用途】叶可调制生菜；根系中含有丰富的菊糖和芳香族物质，可提制代用咖啡，其根系中提取的苦味物质可入药。

四、莎草科

Cyperaceae

藨草属 *Scirpus* Linnaeus

扁秆藨草

【别　　名】紧穗三棱草、野荆三棱、扁秆荆三棱

【学　　名】*Scirpus planiculmis* F. Schmidt

【分　　布】朝鲜、日本、琉球群岛。我国分布于东北及云南、台湾、浙江、江苏、山东、河南、河北、山西、甘肃、青海、内蒙古等省、自治区。福建产于漳浦、莆田等地。

【生　　境】湿生植物，散生于水边草地、沼泽地、稻田、河岸积水滩地、湖泊，以及碱性草甸的低洼湿地，常与芦苇、水葱、香蒲等伴生。

【饲用价值】放牧场上野生状态的扁秆藨草，只有晚春初夏季节牛少量采食，其他畜禽几乎不食，饲用价值偏低，猪常拱吃其地下的块茎。

【其他用途】茎叶可造纸；块茎供药用，又可酿酒。

三棱藨草

【别　　名】三棱草、三棱水葱

【学　　名】*Scirpus triqueter* Linnaeus

【分　　布】印度、日本、朝鲜，以及中亚、美洲、非洲及部分欧洲地区。我国广布于全国各地。福建分布于福州、福鼎等地。

【生　　境】喜生于潮湿多水之地，常于沟边、塘边、山谷、溪畔或沼泽地，成片出现三棱藨草占优势的群落。

【饲用价值】适口性差，质地柔软，幼期为马、牛、猪、羊所乐食。

【其他用途】可作造纸和编织（编席、编帽子、编坐垫）的原料。

水葱

【别　　名】水葱藨草

【学　　名】*Scirpus tabernaemontani* C. C. Gmelin

【分　　布】朝鲜、日本及欧洲、大洋洲、美洲。我国分布于东北、华北、西南及江苏、陕

西、甘肃、新疆。福建产于长乐等地。

【生　　境】多年生具根茎湿生植物，其生长环境多为池沼、湖泊、河流、沟渠等处，喜生在多腐殖质的沼泽浅水中。

【饲用价值】中等饲用植物，茎叶质地较为粗糙，但无特殊气味；叶量很少，其主要饲用部位是茎秆，适口性较差，牛一般采食，幼嫩期猪喜食，出穗以后纤维增加，猪不喜食。

萤蔺

【学　　名】*Scirpus juncoides* Roxburgh

【分　　布】大洋洲、北美洲及热带、亚热带地区。我国除内蒙古、西藏、甘肃外，全国各地均有分布。福建产于上杭、长乐、晋安、永安、沙县、南平等地。

【生　　境】多生于水田边、路旁湿地、沼泽地草丛中。

【饲用价值】嫩时水牛、黄牛采食，中等饲用植物。

【其他用途】秆柔软，可编织草鞋、蒲包；又可作造纸原料。

水毛花

【学　　名】*Scirpus triangulatus* Roxburgh

【分　　布】印度、日本、朝鲜、马来西亚、斯里兰卡、马达加斯加及非洲、欧洲南部。我国分布几遍全国。福建产于龙岩、长乐、永安、泰宁、光泽等地。

【生　　境】多生于水田边、路旁湿地、沼泽地草丛中。

【饲用价值】草质较粗糙，适口性中等，牛、马等采食，刈牧兼用。

猪毛草

【学　　名】*Scirpus wallichii* Nees

【分　　布】印度、日本、朝鲜、马来西亚、缅甸、菲律宾、越南。我国分布于广东、广西、贵州、湖北、湖南、江苏、江西、台湾、云南、浙江等省、自治区。福建产于泰宁等地。

【生　　境】多生于水田边、路旁湿地、沼泽地草丛中。

【饲用价值】适口性中等，水牛等采食，宜放牧利用。

庐山藨草

【别　　名】茸球藨草

【学　　名】*Scirpus lushanensis* Ohwi

【分　　布】印度、日本、朝鲜及俄罗斯远东地区。我国分布于东北地区及云南、贵州、四川、湖北、浙江、江西、江苏、安徽、山东、河南等省。福建产于屏南、泰宁等地。

【生　　境】多生于沼泽草地中或山坡路旁。

【饲用价值】嫩时家畜采食，低等饲用植物。

百球藨草

【学　　名】*Scirpus rosthornii* Diels

【分　　布】我国分布于浙江、湖北、广东、四川、云南等省。福建产于上杭、武平、永安、延平、武夷山、建阳等地。

【生　　境】生于林中、林缘、山坡、山脚、路旁、湿地、溪边及沼泽地。

【饲用价值】嫩时家畜采食，低等饲用植物。

针蔺属 *Trichophorum* Persoon

玉山针蔺

【别　　名】类头状花序藨草

【学　　名】*Trichophorum subcapitatum*（Thwaites et Hook.）D. A. Simpson

【分　　布】菲律宾、马来半岛、日本及琉球群岛。我国分布于浙江、安徽、江西、湖南、台湾、广东、广西、贵州及四川东部。福建产于上杭、漳平、连城、南平、连江、蕉城、福鼎等地。

【生　　境】多生于林边湿地、溪旁、山坡路旁湿地上或灌木丛中。

【饲用价值】嫩时家畜采食，低等饲用植物。

荸荠属 *Eleocharis* R. Brown

荸荠

【学　　名】*Eleocharis dulcis*（N. L. Burman）Trinius ex Henschel

【分　　布】越南、印度、朝鲜、日本。我国各地多有栽培。福建各地也有栽培。

【生　　境】生于浅水中或沼泽地。

【饲用价值】茎叶水牛、黄牛采食，也可制成干草；球茎加工后的渣粕也是猪、牛的好饲料，良等饲用植物。

【其他用途】球茎供食用。

龙师草

【学　　名】*Eleocharis tetraquetra* Nees

【分　　布】阿富汗、不丹、印度、印度尼西亚、日本、尼泊尔、巴基斯坦、巴布亚新几内亚、菲律宾、俄罗斯、斯里兰卡、泰国、越南、澳大利亚。我国分布于安徽、广东、广西、贵州、海南、黑龙江、河南、湖南、江苏、江西、辽宁、四川、台湾、云南、浙江等省、自治区。福建产于福州、德化、永安、屏南、周宁、武夷山等地。

【生　　境】生于水边、沟边、沼泽地。

【饲用价值】适口性较好，牛、马等家畜采食，良等饲用植物。

牛毛毡

【学　　名】*Eleocharis yokoscensis*（Franchet & Savatier）Tang & F. T. Wang

【分　　布】印度、印度尼西亚、日本、朝鲜、蒙古、缅甸、菲律宾、俄罗斯、越南。我国大部分地区均有分布。福建产于福州、德化、永安、屏南、周宁、武夷山等地。

【生　　境】生于水边、沟边、沼泽地。

【饲用价值】适口性中等，牛、马、羊采食；产量较低，宜放牧利用；侵入稻田时，成为难除的杂草。

球柱草属 *Bulbostylis* Kunth

球柱草

【学　　名】*Bulbostylis barbata*（Rottboll）C. B. Clarke

【分　　布】亚洲、大洋洲、非洲的热带及温带地区。我国分布于安徽、广东、广西、海南、河北、河南、湖北、湖南、江苏、江西、辽宁、内蒙古、山东、台湾、浙江等省、自治区。福建产于诏安、东山、云霄、莆田、平潭、长乐、晋安、马尾、永安、沙县、将乐等地。

【生　　境】生于海边沙地、路旁湿地。

【饲用价值】开花前草质柔软，适口性好，牛、马、羊等家畜喜食，宜放牧利用，良等饲用植物。

丝叶球柱草

【学　　名】*Bulbostylis densa*（Wallich）Handel-Mazzetti

【分　　布】孟加拉国、不丹、印度、印度尼西亚、日本、缅甸、尼泊尔、巴布亚新几内亚、菲律宾、俄罗斯、斯里兰卡、泰国、越南及热带非洲、大洋洲、太平洋群岛。我国分布于安徽、重庆、广东、广西、贵州、河北、黑龙江、河南、湖南、湖北、江苏、江西、辽宁、山东、四川、台湾、西藏、云南、浙江等省、自治区。福建产于诏安、上杭、长汀、福州、建瓯、武夷山、邵武、福鼎等地。

【生　　境】多生于路旁、田边、荒地、海边沙地。

【饲用价值】草质柔软，适口性好，牛、马、羊等家畜喜食，宜放牧利用，良等饲用植物。

飘拂草属 *Fimbristylis* Vahl

矮扁鞘飘拂草

【学　　名】*Fimbristylis complanata*（Retzius）Link

【分　　布】马来西亚、印度、斯里兰卡、朝鲜、日本及非洲。我国分布于广东、贵州、台湾、江西、浙江、江苏、安徽、山东等省。福建产于云霄、诏安、上杭、连城、莆田、长乐、晋安、马尾、永安、武夷山等地。

【生　　境】生于河溪岸边、林下湿地。

【饲用价值】嫩时各种家畜均喜食，优等饲用植物。

水虱草

【学　　名】*Fimbristylis littoralis* Gaudichaud

【分　　布】马来西亚、越南、老挝、柬埔寨、缅甸、斯里兰卡、印度、朝鲜、日本及大洋洲。我国分布于南部、东部、西南各省区。福建各地常见。

【生　　境】多生于路边、田埂、沟边、山坡草地。

【饲用价值】草质柔软，适口性好，嫩时黄牛、水牛均喜食，优等饲用植物。

拟二叶飘拂草

【学　　名】*Fimbristylis diphylloides* Makino

【分　　布】朝鲜、日本。我国分布于广东、广西、贵州、四川、湖南、湖北、江西、浙江、安徽、江苏等省、自治区。福建产于上杭、永安、沙县、延平、建阳、武夷山、浦城等地。

【生　　境】多生于山谷溪边、田边、路旁潮湿地。

【饲用价值】嫩时各种家畜均喜食，良等饲用植物。

二歧飘拂草

【别　　名】两歧飘拂草

【学　　名】*Fimbristylis dichotoma*（Linnaeus）Vahl

【分　　布】印度、大洋洲、非洲。我国分布于东北、华北、华东、华南、西南等地区。福建分布于全省各地。

【生　　境】多生于空旷草地、田野、路旁。

【饲用价值】草质柔软，水牛、黄牛喜食，优等饲用植物。

锈鳞飘拂草

【学　　名】*Fimbristylis sieboldii* Miquel ex Franchet & Savatier

【分　　布】全世界温暖地区的沿海均有分布。我国分布于广东、海南、台湾、江苏等省。福建产于诏安、云霄、漳浦、厦门、莆田等地。

【生　　境】多生于海滩边、盐沼地。

【饲用价值】牛、羊乐食，良等饲用植物。

少穗飘拂草

【学　　名】*Fimbristylis schoenoides*（Retzius）Vahl

【分　　布】东南亚及大洋洲北部。我国分布于广东、广西、海南、台湾、云南等省、自治区。福建产于诏安、东山、漳浦、连城、永安、莆田、福州等地。

【生　　境】多生于水田边、溪边、路旁、山地潮湿处。

【饲用价值】青嫩叶牛、马、羊、猪喜食，良等饲用植物。

双穗飘拂草

【学　　名】*Fimbristylis subbispicata* Nees & Meyen

【分　　布】朝鲜、日本。我国分布于东北及广东、台湾、浙江、江苏、山东、河北、河南、山西各省。福建产于诏安、东山、云霄、漳浦、厦门、仙游、晋安、马尾、连江、福鼎等沿海地区。

【生　　境】多生于山坡草地、沼泽地、海边沙土上。

【饲用价值】嫩时牛、羊、马乐食，良等饲用植物。

暗褐飘拂草

【学　　名】*Fimbristylis fusca*（Nees）C. B. Clarke in J. D. Hooker

【分　　布】马来西亚、印度、越南、泰国、缅甸、日本。我国分布于广东、海南、广西、湖南、台湾等省、自治区。福建产于长乐、晋安、马尾等地。

【生　　境】多生于山坡草丛中。

【饲用价值】牛、马采食，良等饲用植物。

夏飘拂草

【学　　名】*Fimbristylis aestivalis*（Retzius）Vahl

【分　　布】不丹、印度、印度尼西亚、日本、老挝、尼泊尔、巴布亚新几内亚、菲律宾、俄罗斯、斯里兰卡、泰国、越南及大洋洲、太平洋群岛。我国分布于安徽、重庆、广东、广西、贵州、海南、黑龙江、湖北、湖南、江西、陕西、四川、台湾、云南、浙江等省、自治区。福建各地常见。

【生　　境】多生于田野、荒草丛、路旁水湿地。

【饲用价值】适口性中等，水牛等家畜采食。

绢毛飘拂草

【学　　名】*Fimbristylis sericea* R. Brown

【分　　布】亚洲热带地区、大洋洲。我国分布于广东、海南、台湾、浙江等省。福建产于漳浦、长乐、晋安、马尾、连江等沿海地区。

【生　　境】多生于海滩沙地或沙丘上。

【饲用价值】幼嫩时牛、羊采食。

东南飘拂草

【学　　名】*Fimbristylis pierotii* Miquel

【分　　布】朝鲜、日本。我国分布于云南、浙江、江苏、安徽、山东等省。福建产于南平等地。

【生　　境】多生于山坡草地。

【饲用价值】牛、马采食，中等饲用植物。

畦畔飘拂草

【学　　名】*Fimbristylis squarrosa* Vahl

【分　　布】印度、缅甸、日本、朝鲜、纳米比亚及南欧。我国分布于山东、河北、台湾、广东、云南等省。福建产于沿海各地，但较少见。

【生　　境】多生于田边、水边及空旷水湿地。

【饲用价值】嫩时牛、马、羊、猪采食，中等饲用植物。

短尖飘拂草

【学　　名】*Fimbristylis squarrosa* var. *esquarrosa* Makino

【分　　布】马来西亚、朝鲜、日本及俄罗斯远东地区、大洋洲。我国分布于广东、海南、台湾、江苏、黑龙江。福建产于东山、长乐等地。

【生　　境】多生于沙土湿地。

【饲用价值】牛采食，低等饲用植物。

五棱秆飘拂草

【学　　名】*Fimbristylis quinquangularis*（Vahl）Kunth

【分　　布】印度、尼泊尔、阿富汗、哈萨克斯坦、乌兹别克斯坦、巴基斯坦、菲律宾、泰国、越南、印度尼西亚、印度洋群岛、大洋洲和非洲。我国分布于广东、台湾及海南。福建产于上杭、德化、永安、武夷山、浦城、福鼎等地。

【生　　境】多生于山坡、溪谷、路旁潮湿处。

【饲用价值】嫩时牛、马、羊乐食，中等饲用植物。

四棱飘拂草

【学　　名】*Fimbristylis tetragona* R. Brown

【分　　布】越南、缅甸、尼泊尔、斯里兰卡、印度、马来西亚及大洋洲。我国分布于台湾、广东、海南等省。福建产于诏安、云霄、厦门、仙游等地。

【生　　境】多生于山地水湿处、沼泽地及溪边。

【饲用价值】牛、马采食，中等饲用植物。

垂穗飘拂草

【学　　名】*Fimbristylis nutans*（Retzius）Vahl

【分　　布】越南、缅甸、斯里兰卡、印度、马来西亚及大洋洲。我国分布于广东、广西、海南、台湾等省、自治区。福建产于诏安、云霄一带。

【生　　境】多生于潮湿草丛中。

【饲用价值】低等饲用植物。

刺子莞属 *Rhynchospora* Vahl

白喙刺子莞

【学　　名】*Rhynchospora rugosa*（Vahl）Gale subsp. *brownii*（Roemer & Schultes）T. Koyama

【分　　布】全世界热带及亚热带地区。我国分布于广东、广西、贵州、湖南、江西、四川、台湾、云南、浙江等省、自治区。福建产于上杭、晋安、马尾、长乐、永泰、永安等地。

【生　　境】生于山坡灌草丛中、山地路旁湿润处。

【饲用价值】草质较柔软，牛、马等家畜采食，放牧利用，产量较低，良等饲用植物。

刺子莞

【学　　名】*Rhynchospora rubra*（Loureiro）Makino

【分　　布】亚洲、大洋洲、非洲的热带地区。我国广布于长江流域以南各省区及台湾。福建产于东山、厦门、上杭、连城、长乐、永安、沙县等地。

【生　　境】生于山坡灌草丛中或山地路旁。

【饲用价值】牛、马等家畜采食，放牧利用，产量较低，良等饲用植物。

华刺子莞

【学　　名】*Rhynchospora chinensis* Nees & Meyen ex Nees

【分　　布】印度、斯里兰卡、缅甸、越南、印度尼西亚、朝鲜、日本及马达加斯加。我国分布于山东、江苏、安徽、江西、台湾、广东、广西。福建产于长乐、晋安、马尾、上杭、屏南等地。

【生　　境】生长在沼泽或路旁湿地。

【饲用价值】嫩时牛、马、羊乐食，中等饲用植物。

莎草属 *Cyperus* Linnaeus

香附子

【学　　名】*Cyperus rotundus* Linnaeus

【分　　布】广布种，世界各地均有分布。我国各地均有分布。福建各地极常见。

【生　　境】多生于山坡路旁、荒田、空旷草地上。

【饲用价值】水牛、黄牛采食，中等饲用植物。

【其他用途】块茎称香附子，可提取香附子油，作香料；入药能镇痛、健胃，治疗妇科疾病。

四棱穗莎草

【学　　名】*Cyperus tenuiculmis* Boeckeler

【分　　布】亚洲、大洋洲及非洲的热带地区。我国分布于广东、海南、广西、云南、台湾等省、自治区。福建产于长汀、福清、晋安、马尾、永安等地。

【生　　境】多生于山坡、旷野潮湿地。

【饲用价值】牛、马、羊喜食，良等饲用植物。

毛轴莎草

【学　　名】*Cyperus pilosus* Vahl

【分　　布】马来西亚、印度、印度尼西亚、越南、尼泊尔、斯里兰卡及大洋洲。我国分布于东部、南部和西南部各省区。福建各地常见。

【生　　境】多生于水田边、水沟边、路旁潮湿地。

【饲用价值】牛、马、羊喜食，良等饲用植物。

【其他用途】茎叶可造纸，也可用于编织草席。

三轮草

【学　　名】*Cyperus orthostachyus* Franchet & Savatier

【分　　布】朝鲜、日本、俄罗斯。我国分布于东北及四川、贵州、湖北、山东、河北。福建产于上杭、政和等地。

【生　　境】多生于田边或路旁水湿地。

【饲用价值】牛、马、羊喜食，良等饲用植物。

阿穆尔莎草

【学　　名】*Cyperus amuricus* Maximowicz

【分　　布】俄罗斯远东地区。我国分布于云南、四川、浙江、安徽、河北、山西、辽宁、吉林、陕西等省。福建产于光泽等地。

【生　　境】多生于路旁草丛中。

【饲用价值】牛、马、羊均采食，中等饲用植物。

碎米莎草

【学　　名】*Cyperus iria* Linnaeus

【分　　布】越南、印度、朝鲜、日本、伊朗、俄罗斯远东地区及大洋洲、非洲北部、美洲。我国广布于南北各省区。福建产于诏安、云霄、上杭、莆田、长乐、晋安、马尾、连江、永安、沙县、延平、建阳、武夷山、政和等地。

【生　　境】多生于山坡路旁、田边、草丛中。

【饲用价值】水牛、黄牛采食，也可青刈或调制干草，中等饲用植物。

具芒碎米莎草

【学　　名】*Cyperus microiria* Steudel

【分　　布】朝鲜、日本。我国广布于南北各地。福建产于诏安、云霄、仙游、长乐、晋安、马尾、福鼎、武夷山等地。

【生　　境】多生于沿海沙滩地、水边、路旁湿地。

【饲用价值】牛、马、羊喜食，良等饲用植物。

旋鳞莎草

【学　　名】*Cyperus michelianus*（Linnaeus）Link

【分　　布】日本及俄罗斯西伯利亚地区、欧洲中部、非洲北部。我国分布于广东、浙江、安徽、江苏、河南、河北、黑龙江等省。福建产于福州等地。

【生　　境】多生于水塘、路边、田边水湿地。

【饲用价值】各种家畜均喜食，良等饲用植物。

长尖莎草

【学　　名】*Cyperus cuspidatus* Kunth

【分　　布】全世界热带及亚热带地区。我国分布于广东、海南、台湾、云南、四川、浙江、江苏等省。福建产于诏安、光泽、武夷山等地。

【生　　境】多生于河边沙地、路旁水湿地。

【饲用价值】牛、马、羊采食，中等饲用植物。

异型莎草

【学　　名】*Cyperus difformis* Linnaeus

【分　　布】印度、日本、朝鲜、俄罗斯及中美洲，非洲也有。我国广布于南北各地。福建产于诏安、云霄、厦门、福清、长乐、晋安、马尾、沙县、永安、政和等地。

【生　　境】多生于田间、菜地、空旷地、水边湿地。
【饲用价值】各种牲畜均喜食，良等饲用植物。

畦畔莎草

【学　　名】*Cyperus haspan* Linnaeus
【分　　布】马来西亚、印度尼西亚、菲律宾、越南、朝鲜、日本及非洲。我国分布于广东、海南、广西、云南、四川、台湾、江苏等省、自治区。福建各地常见。
【生　　境】多生于田边、沟边、水田中或路旁湿草地。
【饲用价值】抽穗前草质好，水牛喜食，中等饲用植物。

粗根茎莎草

【学　　名】*Cyperus stoloniferus* Retzius
【分　　布】马来西亚、印度尼西亚、印度、越南等。我国分布于广东、海南、台湾等省及西沙群岛。福建产于诏安、漳浦、厦门等地。
【生　　境】多生于潮湿的盐渍地。
【饲用价值】幼时牛采食。

短叶茳芏

【别　　名】咸水草
【学　　名】*Cyperus malaccensis* subsp. *monophyllus*（Vahl）T. Koyama
【分　　布】印度尼西亚、日本、越南等。我国分布于广东、广西、海南、江苏、江西、四川、台湾、浙江等省、自治区。福建产于云霄、厦门、莆田、长乐、晋安、马尾、福鼎等沿海地区。
【生　　境】多生于水塘边、河边。
【饲用价值】牛、羊采食。
【其他价值】秆可纺织草席，亦可用于包装或包捆物品。

水莎草

【学　　名】*Cyperus serotinus* Rottboll
【分　　布】朝鲜、日本及欧洲中部、地中海沿岸地区。我国分布遍及南北各地及喜马拉雅西北部。福建产于诏安、东山、漳浦、莆田、福州等地。
【生　　境】多生于浅水中或路旁湿地。
【饲用价值】适口性中等，牛、马等家畜采食，刈牧兼用。

砖子苗

【学　　名】*Cyperus cyperoides*（Linnaeus）Kuntze

【分　　布】亚洲、大洋洲、美洲及非洲的热带地区。我国分布遍及南北各省区。福建各地常见。

【生　　境】多生于山坡路旁阴处、路边、溪边。

【饲用价值】适口性中等，牛、马、羊采食嫩茎叶，放牧利用。

莎草砖子苗

【学　　名】*Cyperus cyperinus*（Retzius）J. V. Suringar

【分　　布】印度尼西亚、菲律宾、越南、缅甸、印度、琉球群岛及大洋洲。我国分布于广东、海南、台湾、浙江等省。福建产于诏安、东山、南靖等地。

【生　　境】多生于山地潮湿处。

【饲用价值】牛、马、羊采食，低等饲用植物。

芙兰草属 *Fuirena* Rottboll

芙兰草

【学　　名】*Fuirena umbellata* Rottboll

【分　　布】印度尼西亚、印度、越南等。我国分布于广东、广西、海南、台湾等省、自治区。福建产于诏安、东山、云霄、厦门、福州等地。

【生　　境】多生于山谷湿地、沼泽草丛中。

【饲用价值】草质柔软，全株用作牛、羊饲料。

毛芙兰草

【别　　名】毛异花草

【学　　名】*Fuirena ciliaris*（Linnaeus）Roxburgh

【分　　布】斯里兰卡、马来西亚、越南、泰国、日本、朝鲜及热带非洲、大洋洲等。我国分布于广东、广西、海南、台湾、江苏等省、自治区及喜马拉雅东部。福建产于诏安、厦门、莆田、福清等地。

【生　　境】多生于路旁、田边草地、湿润处。

【饲用价值】草质柔软，牛、羊、马喜食。

扁莎属 *Pycreus* P. Beauvois

红鳞扁莎

【学　　名】*Pycreus sanguinolentus*（Vahl）Nees ex C. B. Clarke

【分　　布】印度尼西亚、菲律宾、印度、越南、日本、俄罗斯及地中海沿岸地区、非洲。我国广布于南北各省区。福建产于云霄、上杭、莆田、福州、永安、建阳、邵武、武夷山、屏南等地。

【生　　境】生于山谷、田边、近浅水处。

【饲用价值】草质柔软，适口性中等，牛、马等家畜采食，放牧利用。

矮扁莎

【学　　名】*Pycreus pumilus*（Linnaeus）Nees

【分　　布】越南、印度、日本、朝鲜。我国分布于东北、南部地区及广东、海南、台湾等省。福建产于诏安、云霄、漳浦、仙游、平潭、长乐、晋安、马尾、连江、福鼎等沿海地区。

【生　　境】多生于山坡、路旁、沟边等较湿润处，也常见于滨海沙滩处。

【饲用价值】草质柔软，适口性中等，牛、马等家畜采食，放牧利用。

球穗扁莎

【学　　名】*Pycreus flavidus*（Retzius）T. Koyama

【分　　布】印度、越南、日本、朝鲜及大洋洲、地中海沿岸地区、中亚、非洲南部。我国分布于南北各地。福建产于诏安、东山、云霄、连城、莆田、福州、福鼎、周宁、政和、邵武等地。

【生　　境】多生于田边、路边、沟边潮湿处、山坡林下草丛中。

【饲用价值】草质柔软，适口性中等，牛、马等家畜采食，放牧利用。

多枝扁莎

【别　　名】多穗扁莎

【学　　名】*Pycreus polystachyos*（Rottbøll）P. Beauvois

【分　　布】印度、越南、朝鲜、日本。我国分布于台湾、广东、海南等省。福建产于诏安、云霄、漳浦、厦门、长乐等地。

【生　　境】多生于田边、菜园边及路边、水沟边湿地。

【饲用价值】牛、马、羊采食，低等饲用植物。

水蜈蚣属 *Kyllinga* Rottboll

短叶水蜈蚣

【学　　名】*Kyllinga brevifolia* Rottboll

【分　　布】马来西亚、印度尼西亚、菲律宾、越南、缅甸、印度、日本及美洲、大洋洲、非洲西部热带地区。我国广布于南北各省区。福建各地常见。

【生　　境】多生于田边、路边、溪边、荒地较湿润处。

【饲用价值】草质柔软，适口性较好，牛、羊等家畜采食，宜放牧利用。

圆筒穗水蜈蚣

【学　　名】*Kyllinga cylindrica* Nees

【分　　布】马来西亚、印度尼西亚、菲律宾、越南、印度、尼泊尔、日本。我国分布于广东、贵州、江西、台湾、云南。福建产于长汀、宁化、永安等地。

【生　　境】多生于路旁、沟边。

【饲用价值】草质柔软，适口性较好，牛、羊等家畜采食，宜放牧利用。

湖瓜草属 *Lipocarpha* R. Brown

湖瓜草

【学　　名】*Lipocarpha microcephala*（R. Brown）Kunth

【分　　布】马来西亚、印度尼西亚、越南、印度、日本及大洋洲。我国分布于东南、南部、西南、东北。福建产地不详。

【生　　境】多生于水边湿地。

【饲用价值】草质柔软，适口性较好，牛、羊等家畜采食，宜放牧利用。

华湖瓜草

【学　　名】*Lipocarpha chinensis*（Osbeck）J. Kern

【分　　布】亚洲东南部、大洋洲热带地区、非洲南部。我国分布于广东、海南、云南、西藏、台湾等省、自治区。福建产于诏安、云霄、上杭、连城、新罗、永安、屏南、武夷山等地。

【生　　境】多生于山坡、沟谷、路旁潮湿处。

【饲用价值】草质柔软，适口性中等，牛、马等采食，放牧利用。

黑莎草属 *Gahnia* J. R. Forster & G. Forster

黑莎草

【学　　名】*Gahnia tristis* Nees

【分　　布】马来西亚、印度尼西亚、印度、日本。我国分布于广东、海南、广西、湖南、台湾等省、自治区。福建产于诏安、新罗、连城、福州、永安、宁化、周宁、武夷山、光泽等地。

【生　　境】多生于干燥的荒坡灌丛或山脚灌草丛中。

【饲用价值】幼嫩时牛采食。

珍珠茅属 *Scleria* P. J. Bergius

二花珍珠茅

【学　　名】*Scleria biflora* Roxburgh

【分　　布】马来西亚、斯里兰卡、老挝、越南、印度、朝鲜、日本及大洋洲。我国分布于广东、云南、贵州、湖南、浙江等省。福建产于上杭、屏南、武夷山、浦城等地。

【生　　境】多生于山坡路旁、水沟边。

【饲用价值】适口性中等，牛、羊等家畜采食，产量较低，宜放牧利用。

█ 黑鳞珍珠茅

【学　　名】*Scleria hookeriana* Boeckeler

【分　　布】越南、印度。我国分布于广东、广西、云南、四川、湖南、湖北等省、自治区。福建产于武平、南平等地。

【生　　境】多生于山坡、山脊灌丛或草丛中。

【饲用价值】适口性中等，牛、马、羊等家畜采食其嫩叶，宜放牧利用。

█ 毛果珍珠茅

【学　　名】*Scleria levis* Retzius

【分　　布】马来西亚、越南、斯里兰卡、印度、日本。我国分布于广东、海南、广西、云南、贵州、四川、湖南、台湾、浙江、江苏等省、自治区。福建产于诏安、云霄、厦门、连城、仙游、长乐、晋安、马尾、永安、福鼎等地。

【生　　境】多生于山坡路旁水沟边、山坡草地、疏林下。

【饲用价值】适口性中等，牛、马等家畜采食其嫩叶，宜放牧利用。

█ 小型珍珠茅

【学　　名】*Scleria parvula* Steudel

【分　　布】马来西亚、印度尼西亚、菲律宾、越南、印度、日本。我国分布于广东、海南、云南、台湾等省。福建产于漳浦、厦门等地。

【生　　境】多生于山地水湿处。

【饲用价值】适口性中等，牛、羊等家畜采食，产量较低，宜放牧利用。

█ 高秆珍珠茅

【学　　名】*Scleria terrestris*（Linnaeus）Fassett

【分　　布】马来西亚、印度尼西亚、斯里兰卡、越南、印度、泰国及大洋洲。我国分布于广东、海南、广西、云南、四川、西藏、台湾等省、自治区。福建产于上杭、连城、长乐、莆田、晋安、马尾永安、沙县、武夷山等地。

【生　　境】多生于山坡路旁、沟边草丛、山地疏林下。

【饲用价值】适口性中等，牛、马等家畜采食其嫩叶，刈牧兼用。

薹草属 *Carex* Linnaeus

白颖薹草

【学　　名】*Carex duriuscula* C. A. Meyer

【分　　布】日本、俄罗斯。我国分布于华北、西北地区及辽宁、吉林、内蒙古，为辽宁、吉林及华北常见的耐干旱植物。福建厦门福建省亚热带植物研究所有引种。

【生　　境】生于田边、干旱山坡。

【饲用价值】牛、羊喜食，优等饲用植物。

栗褐薹草

【别　　名】褐果薹草

【学　　名】*Carex brunnea* Thunberg

【分　　布】菲律宾、中南半岛、日本。我国分布于西南、华东及湖南、湖北等省。福建省产于上杭、连城、泉州、福州、永安、建阳、建瓯，屏南、政和、武夷山。

【生　　境】多生于海拔 1000m 以下的水洼地、路旁、林中。

【饲用价值】牛、羊喜食，良等饲用植物。

发秆薹草

【学　　名】*Carex capillacea* Boott

【分　　布】日本、朝鲜及俄罗斯远东地区。我国分布于广东、云南、四川、西藏、湖南、江西、浙江、辽宁等省、自治区。福建产于永安、武夷山等地。

【生　　境】多生于海拔 1000~2000m 的山坡林下、湿地、草丛中。

【饲用价值】牛、羊喜食，良等饲用植物。

霹雳薹草

【学　　名】*Carex perakensis* C. B. Clarke

【分　　布】印度尼西亚、马来西亚、泰国、越南。我国分布于广东、云南、广西等省、自治区。福建产于新罗、上杭、屏南、武夷山等地。

【生　　境】多生于海拔 700~1300m 的山坡林下。

【饲用价值】牛、羊喜食，良等饲用植物。

蕨状薹草

【学　　名】*Carex filicina* Nees

【分　　布】印度、斯里兰卡、印度尼西亚、菲律宾、越南。我国分布于华南、西南及湖北、江西、台湾等省。福建各地较常见。

【生　　境】多生于海拔 400~1100m 的山地林中、山坡草丛、路旁、水边。

【饲用价值】黄牛、水牛乐食，中等饲用植物。

十字薹草

【学　　名】*Carex cruciata* Wahlenberg

【分　　布】印度、越南、尼泊尔、马达加斯加等。我国分布于华南、西南及江西、台湾、浙江等省。福建产于平和、南靖、上杭、连城、仙游、晋安、马尾、闽侯、永泰、永安、沙县、南平、福鼎等地。

【生　　境】多生于海拔 1000m 的以下的山坡林下、路旁。

【饲用价值】牛采食其枝叶和果实，山羊采食其叶和果实；也可刈作青饲料或晒制干草，饲喂牲畜，中等饲用植物。

【其他用途】其种子含油和淀粉较多，可供食用。

青绿薹草

【学　　名】*Carex breviculmis* R. Brown

【分　　布】朝鲜、日本。我国分布于华中、华东及云南、西藏、河北、陕西等省、自治区。福建产于福州、南平、永安等地。

【生　　境】生于海拔 50~800m 的山坡、阴湿地、路边。

【饲用价值】水牛、黄牛、绵羊均喜食，中等饲用植物。

【其他用途】由于四季常青，耐修剪，耐践踏，可作为绿化植物。

截鳞薹草

【学　　名】*Carex truncatigluma* C. B. Clarke

【分　　布】马来西亚、菲律宾、越南。我国分布于广东、浙江。福建产于沙县、南平等地。

【生　　境】多生于海拔 400m 以上的山坡林下、溪河边。

【饲用价值】牛、羊采食，中等饲用植物。

矮生薹草

【学　　名】*Carex pumila* Thunberg

【分　　布】朝鲜、日本、俄罗斯。我国分布于东北及台湾、浙江、江苏、山东等省。福建产于东山、莆田、长乐、连江等沿海地区。

【生　　境】生于海边沙地上。

【饲用价值】牛、羊采食，中等饲用植物。

浆果薹草

【学　　名】*Carex baccans* Nees

【分　　布】马来西亚、印度、越南、日本。我国分布于华南、西南及台湾。福建各地常见。

【生　　境】生于疏林下、路旁、草丛。

【饲用价值】适口性中等，牛、羊等家畜采食其嫩茎叶；家禽及鸟类喜食其籽实。

▌中华薹草

【学　　名】*Carex chinensis* Retzius

【分　　布】我国分布于广东、云南、贵州、四川、浙江、江苏、香港、澳门等地。福建产于厦门、泉州、仙游、闽侯、连江、永泰、沙县、武夷山等地。

【生　　境】生于海拔 1200m 以下的山谷、水边、林下。

【饲用价值】牛、马等家畜采食，宜放牧利用，良等饲用植物。

▌芒尖薹草

【别　　名】签草

【学　　名】*Carex doniana* Sprengel

【分　　布】朝鲜、日本、印度。我国分布于浙江、江西、安徽、河南、陕西等省。福建产于沙县、延平、泰宁、浦城等地。

【生　　境】生于海拔 50～850m 的山地林下、溪边、阴湿地。

【饲用价值】牛、马等家畜采食，适口性中等，放牧利用。

▌隐穗薹草

【学　　名】*Carex cryptostachys* Brongniart

【分　　布】中南半岛、菲律宾、印度尼西亚、日本及大洋洲。我国分布于广东、广西、云南、台湾等省、自治区。福建产于永春、南平等地。

【生　　境】生于海拔 600～800m 的林下、山地草丛、溪边。

【饲用价值】草质较柔软，牛、马等家畜喜食，产量较低，宜放牧利用，良等饲用植物。

▌粉被薹草

【学　　名】*Carex pruinosa* Boott

【分　　布】印度、印度尼西亚。我国分布于华南、西南、华东。福建产于福州、永安、泰宁等地。

【生　　境】生于海拔 50～700m 的山地林下、路边、阴湿地。

【饲用价值】茎叶幼嫩时，牛、马等家畜采食，适口性中等，刈牧兼用。

▌花葶薹草

【学　　名】*Carex scaposa* C. B. Clarke

【分　　布】越南。我国分布于华南、西南各省区。福建产于上杭、连城、长汀、新罗、永安、沙县、延平、顺昌、泰宁、屏南、浦城等地。

【生　　境】生于海拔 300～1000m 的山谷、林下、水边、路旁。

【饲用价值】适口性中等，牛、马、羊等家畜采食，刈牧兼用。

【其他用途】植株优美，可作观赏植物。

细梗薹草

【别　　名】长柱头薹草

【学　　名】*Carex teinogyna* Boott

【分　　布】印度、印度尼西亚、朝鲜、日本、中南半岛。我国分布于广西、云南、四川、湖南、湖北、江西、安徽等省、自治区。福建产于连城、武夷山、浦城等地。

【生　　境】生于海拔 600～1500m 的山地林下、山谷、溪边。

【饲用价值】适口性中等，牛、马等家畜较喜食，宜放牧利用。

舌叶薹草

【学　　名】*Carex ligulata* Nees

【分　　布】印度、尼泊尔、斯里兰卡、日本。我国分布于华南、西南、华中地区及台湾。福建产于永安、大田、泰宁、武夷山、浦城等地。

【生　　境】生于海拔 600～1200m 的山地林下、沟谷、溪边、草丛中。

【饲用价值】牛、马等家畜采食，宜放牧利用，良等饲用植物。

密叶薹草

【别　　名】套鞘薹草

【学　　名】*Carex maubertiana* Boott

【分　　布】印度、越南、尼泊尔。我国分布于华南、西南及浙江。福建产于延平、武夷山等地。

【生　　境】生于海拔 400～900m 的山地林下、阴湿地、路边。

【饲用价值】牛、马、羊等家畜采食，刈牧兼用，良等饲用植物。

长颈薹草

【学　　名】*Carex longicolla* Tang & F. T. Wang ex Y. F. Deng

【分　　布】我国分布于华南。福建产于武夷山。

【生　　境】多生于林下溪边。

【饲用价值】幼嫩时牛、羊采食，抽穗后草质老化，适口性下降。

穹隆薹草

【学　　名】*Carex gibba* Wahlenberg

【分　　布】朝鲜、日本。我国广布于华南及四川、湖北、江西、浙江、江苏、安徽、山西、陕西、甘肃等省。福建产于上杭、连城、福州、永安、延平、泰宁、顺昌、武夷山等地。

【生　　境】多生于低海拔的山坡草地、水边、路旁水湿地。

【饲用价值】各种家畜均喜食，良等饲用植物。

条穗薹草

【学　　名】*Carex nemostachys* Steudel

【分　　布】印度、孟加拉国、泰国、越南、柬埔寨、日本。我国分布于江苏、浙江、安徽、江西、湖北、湖南、贵州、云南、广东。福建产于南靖、延平、屏南、政和、建阳等地。

【生　　境】生于海拔 300～1600m 的小溪旁、沼泽地、林下阴湿处。

【饲用价值】各种家畜均喜食，良等饲用植物。

长梗薹草

【学　　名】*Carex glossostigma* Handel-Mazzett

【分　　布】我国分布于广东、湖南、江西、浙江等省。福建产于德化等地。

【生　　境】多生于海拔 1000m 以下的山地林中或阴湿地。

【饲用价值】嫩时家畜均喜食，中等饲用植物。

珠穗薹草

【别　　名】狭穗薹草

【学　　名】*Carex ischnostachya* Steudel

【分　　布】日本。我国分布于广西、贵州、四川、江西、浙江等省、自治区。福建产于永安、德化、福州、南平等地。

【生　　境】多生于海拔 600～800m 的山谷、林下、路旁、草丛中。

【饲用价值】嫩时为牛、马、羊所喜食，中等饲用植物。

三穗薹草

【学　　名】*Carex tristachya* Thunberg

【分　　布】朝鲜、日本。我国分布于华南及湖北、四川、浙江、江苏等省。福建产于厦门、晋安、连江、永安、三元、梅列、延平、屏南、武夷山等地。

【生　　境】多生于海拔 1000m 以下的山地灌丛或草丛中。

【饲用价值】嫩时各种家畜均乐食，中等饲用植物。

糙叶薹草

【学　　名】*Carex scabrifolia* Steudel

【分　　布】朝鲜、日本、俄罗斯。我国分布于浙江、江苏、山东、河北、辽宁、台湾等省。福建产于长乐等地。

【生　　境】生于海边沙地、湿地、田边。

【饲用价值】嫩时各种家畜均乐食，中等饲用植物。

弯喙薹草

【学　　名】*Carex laticeps* C. B. Clarke ex Franchet

【分　　布】朝鲜、日本。我国产于江苏、安徽、浙江、江西、湖北、湖南。福建产于中部地区。

【生　　境】生山坡林下、路旁、水沟边。

【饲用价值】嫩时各种家畜均乐食，中等饲用植物。

滨海薹草

【学　　名】*Carex bodinieri* Franchet

【分　　布】日本。我国产于广东、浙江、江苏、安徽、湖南。福建产于连城、永泰、永安、沙县、延平、武夷山等地。

【生　　境】生于山坡草丛中、林下或山谷阴湿处。

【饲用价值】牛、马、羊喜食，良等饲用植物。

五、木贼科

Equisetaceae

木贼属 *Equisetum* Linnaeus

笔管草

【别　　名】纤弱木贼

【学　　名】*Equisetum ramosissimum* subsp. *debile*（Roxburgh ex Vaucher）Hauke

【分　　布】印度、斯里兰卡、马来西亚、菲律宾、印度尼西亚。我国分布于广东、广西、云南、贵州、四川、湖南、湖北、江西。福建各地常见。

【生　　境】生于河边或溪边沙地上。

【饲用价值】嫩茎叶可作牛、羊饲料，兔极喜食，低等饲用植物。

【其他用途】全草药用；又可作金工、木工的磨光材料。

六、海金沙科

Lygodiaceae

海金沙属 *Lygodium* Swartz

▌小叶海金沙

【学　　名】*Lygodium microphyllum*（Cavanilles）R. Brown

【分　　布】非洲、亚洲和大洋洲的热带地区。我国分布于台湾、广东、广西、云南、贵州等省、自治区。福建产于南靖、新罗、长乐、晋安、永泰。

【生　　境】生于阳光充足的路旁、灌丛或水沟边，为我国南方热带及亚热带地区酸性土壤的指示植物。

【饲用价值】牛、鹿喜食，良等饲用植物。

▌海金沙

【别　　名】虾蟆藤、藤吊丝。

【学　　名】*Lygodium japonicum*（Thunberg）Swartz

【分　　布】澳大利亚、越南、朝鲜、日本。我国广布于长江流域以南地区。福建各地常见。

【生　　境】生于海拔 1000m 以下的山地、路旁或山坡灌丛中。

【饲用价值】牛、鹿喜食，良等饲用植物。

【其他用途】茎、叶及孢子药用，清热解毒、利尿通淋。

▌曲轴海金沙

【学　　名】*Lygodium flexuosum*（Linnaeus）Swartz

【分　　布】中南半岛、大洋洲北部、非洲热带地区。我国分布于广东、广西、云南、贵州等省、自治区。福建产于龙文、芗城、龙海。

【生　　境】生于疏林或灌丛中。

【饲用价值】牛、鹿喜食，良等饲用植物。

七、凤尾蕨科

Pteridaceae

水蕨属 *Ceratopteris* Brongniart

水蕨

【学　　名】*Ceratopteris thalictroides*（Linnaeus）Brongniart

【分　　布】亚洲热带及亚热带地区。我国分布于长江流域以南各省区。福建偶见。

【生　　境】生于池塘、水田或水沟淤泥中。

【饲用价值】全株柔嫩多汁，煮熟后猪喜食。

【其他用途】全草药用，能消炎拔毒。

八、蹄盖蕨科

Athyriaceae

双盖蕨属 *Diplazium* Swartz

菜蕨

【别　　名】食用双盖蕨

【学　　名】*Diplazium esculentum*（Retzius）Swartz

【分　　布】太平洋群岛、亚洲及大洋洲热带地区。我国分布于江西、浙江、台湾、广东、海南、香港、湖南、广西、四川、贵州、云南。福建产于南靖、龙岩、武夷山。

【生　　境】生于山谷林下湿地、河沟边。

【饲用价值】嫩时为牛、羊、兔、猪喜食，中等饲用植物。

【其他用途】嫩叶可作蔬菜。

九、乌毛蕨科

Blechnaceae

乌毛蕨属 *Blechnum* Linnaeus

乌毛蕨

【别　　名】东方乌毛蕨

【学　　名】*Blechnum orientale* Linnaeus

【分　　布】马来西亚、印度北部、斯里兰卡、澳大利亚、日本。我国分布于台湾、广东、广西、云南、贵州、四川、江西等省、自治区。福建各地常见。

【生　　境】生于海拔 1300m 以下的山坡林下、溪边或路旁草丛中。

【饲用价值】叶柔嫩多汁，无毒、无异味，幼嫩时，猪喜食，牛羊采食，良等饲用植物。

【其他用途】根状茎药用，有清热解毒、活血散淤的功效。

十、苹科

Marsileaceae

苹属 *Marsilea* Linnaeus

苹

【别　　名】四叶蘋、田字草、四叶苹。

【学　　名】Marsilea quadrifolia Linnaeus

【分　　布】世界广布种。我国各地均有分布。福建各地较常见。

【生　　境】生于水田或浅水的沟塘中。

【饲用价值】茎叶柔软，适口性好，猪、禽类的优等饲用植物。

【其他用途】全草入药，清热解毒、利水消肿。

十一、槐叶苹科

Salviniaceae

槐叶苹属 *Salvinia* Séguier

槐叶苹

【学　　名】*Salvinia natans*（Linnaeus）Allioni

【分　　布】北半球温带地区。我国各地均有分布。福建各地常见。

【生　　境】生于水田、小沟边、池塘中。

【饲用价值】猪、鸭、鱼的好饲料，茎叶柔嫩，粗纤维少，可直接饲喂，也可发酵后饲喂，营养成分齐全。

【其他用途】可作绿肥；全草可入药，治虚劳发热、湿疹等。

满江红属 *Azolla* Lamarck

满江红

【别　　名】红藻、红萍

【学　　名】*Azolla pinnata* R. Brown subsp. *asiatica* R. M. K. Saunders & K. Fowler

【分　　布】孟加拉国、印度、朝鲜、日本、马来西亚、缅甸、巴基斯坦、菲律宾、泰国、越南。我国分布于长江流域以南各省区。福建各地常见。

【生　　境】生于水田或池塘中。

【饲用价值】猪、鸡、鸭、鱼的优等饲料，味甜适口，也可用作反刍家畜的青饲料。

【其他用途】与蓝藻共生，能同化空气中的氮素，为水田的良好绿肥；全草还可供药用，能发汗、利尿、祛风湿、治顽癣。

十二、松科

Pinaceae

松属 *Pinus* Linnaeus

马尾松

【学　　名】*Pinus massoniana* Lambert

【分　　布】越南北部及非洲南部有人工林。我国分布于安徽、广东、广西、贵州、海南、河南、湖北、湖南、江苏、江西、陕西、四川、台湾、云南、浙江。福建各地极常见。

【生　　境】分布于海拔 2000m 以下的山地。

【饲用价值】针叶中含丰富的营养物质及生物活性物质，如维生素、激素、酶，制成粉是家畜和禽类很好的添加饲料。

十三、木麻黄科
Casuarinaceae

木麻黄属 *Casuarina* Linnaeus

木麻黄

【学　　名】*Casuarina equisetifolia* Linnaeus

【分　　布】原产大洋洲东北部、北部及太平洋群岛的近海沙滩和沙丘上。我国广东、广西、台湾、云南、浙江等省、自治区有引种栽培。福建东南沿海各地普遍栽培。

【生　　境】常成片生于近海沙滩、沙丘上。

【饲用价值】热带沿海地区的重要木本饲料，叶、小枝为羊、鹿喜食，牛偶采食，中等饲用植物。

【其他用途】防风固沙。

十四、三白草科

Saururaceae

三白草属 *Saururus* Linnaeus

三白草

【学　　名】*Saururus chinensis*（Loureiro）Baillon

【分　　布】日本、菲律宾、越南。我国分布于长江流域以南各省区。福建各地常见。

【生　　境】生于沟边、溪旁或低洼地。

【饲用价值】猪喜食，中等饲用植物。

【其他用途】全草药用，有清热利湿、消肿解毒的功效。

蕺菜属 *Houttuynia* Thunberg

鱼腥草

【别　　名】蕺菜

【学　　名】*Houttuynia cordata* Thunberg

【分　　布】朝鲜、日本、中南半岛、马来西亚。我国分布于长江流域以南各省区。福建各地常见。

【生　　境】喜生于河沟边或田埂上。

【饲用价值】全株猪喜食，可煮熟后饲喂。

【其他用途】全草药用，有清热利湿、化痰止咳的功效。

十五、胡椒科

Piperaceae

草胡椒属 *Peperomia* Ruiz & Pavon

草胡椒

【学　　名】*Peperomia pellucida*（Linnaeus）Kunth

【分　　布】原产美洲热带地区。我国广东、广西、海南、云南等省、自治区曾有栽培，现已归化。福建各地常见，已归化。

【生　　境】生于阴湿菜地、苗圃中。

【饲用价值】牛、羊喜食，良等饲用植物。

豆瓣绿

【学　　名】*Peperomia tetraphylla*（G. Forster）Hooker & Arnott

【分　　布】美洲、大洋洲、非洲及亚洲热带及亚热带地区。我国分布于台湾、广东、广西、云南、贵州、四川等省、自治区。福建产于仙游、龙岩。

【生　　境】生于林下或岩石上的潮湿土壤中。

【饲用价值】牛、羊喜食，良等饲用植物。

石蝉草

【学　　名】*Peperomia blanda*（Jacquin）Kunth

【分　　布】印度至马来西亚。我国分布于台湾、广东、广西、云南。福建产于仙游、长乐、连江、古田、永泰、南平等地。

【生　　境】生于山谷、林下潮湿的石缝中或石上。

【饲用价值】牛、羊均采食，良等饲用植物。

胡椒属 *Piper* Linnaeus

胡椒

【学　　名】*Piper nigrum* Linnaeus

【分　　布】原产东南亚，现广泛栽培于世界热带地区。我国台湾、广东、广西、云南、海南等热带、亚热带地区均有引种栽培。福建南部地区有栽培。

【生　　境】适宜在缓坡地、排水良好的平地和透水好的土壤种植。

【饲用价值】嫩茎叶可作饲料，中等饲用植物。

【其他用途】可供食用，为常用香料；可供药用。

▎假蒟

【学　　名】*Piper sarmentosum* Roxburgh

【分　　布】柬埔寨、印度、印度尼西亚、老挝、马来西亚、菲律宾、越南。我国分布于广东、广西、贵州、海南、云南。福建产于南靖、厦门。

【生　　境】生于山谷或林下湿地。

【饲用价值】嫩茎叶煮熟后可喂猪。

【其他用途】可供药用；嫩叶可当蔬菜食用。

▎蒌叶

【学　　名】*Piper betle* Linnaeus

【分　　布】原产地不明，印度、印度尼西亚、马来西亚、菲律宾、斯里兰卡、越南及非洲等地均有引种栽培。我国从东南至西南均有引种栽培。福建南部地区偶有栽培。

【生　　境】楼房、庭院栽培。

【饲用价值】牛、羊采食，中等饲用植物。

【其他用途】可供食用、药用。

▎毛蒟

【学　　名】*Piper hongkongense* C. de Candolle

【分　　布】我国分布于广东、广西、海南。福建产于南靖。

【生　　境】常攀援于山坡杂木林中。

【饲用价值】嫩枝叶可作牛、羊饲草利用，中等饲用植物。

【其他用途】可供药用。

▎细叶青蒌藤

【别　　名】风藤

【学　　名】*Piper kadsura*（Choisy）Ohwi

【分　　布】日本、朝鲜。我国分布于台湾、广东、浙江。福建产于沿海各地。

【生　　境】生于山谷林下，常攀援于树上或石头上。

【饲用价值】羊食，中等饲用植物。

【其他用途】可供药用。

山蒟

【学　　名】*Piper hancei* Maximowicz

【分　　布】我国分布于广东、广西、云南、湖南、江西、浙江。福建各地较常见。

【生　　境】常攀援于树上或石头上。

【饲用价值】嫩枝叶羊食，中等饲用植物。

【其他用途】可供药用。

十六、杨柳科
Salicaceae

杨属 *Populus* Linnaeus

▍银白杨

【学　　名】*Populus alba* Linnaeus

【分　　布】亚洲、欧洲及非洲北部。我国河北、山西、辽宁、吉林、黑龙江、内蒙古、陕西、宁夏、甘肃、新疆、西藏等省、自治区有栽培。福建福州有少量种植。

【生　　境】喜大陆性气候，耐寒，深根性，根分蘖力强，抗风力强，对土壤条件要求不严，适宜在湿润肥沃的砂质土上生长。

【饲用价值】叶牛、羊采食，晒干后各种家畜均喜食，优等饲用植物。

【其他用途】木材可作建筑、器具用材，也可造纸。

▍钻天杨

【学　　名】*Populus nigra* var. *italica*（Moench）Koehne

【分　　布】原产亚洲西南部、欧洲，现北美洲、高加索地区、地中海沿岸地区、西亚及中亚等地区均有栽培。我国各地多有栽培。福建内地山区常栽植。

【生　　境】喜光，抗寒，抗旱，稍耐盐碱及水湿，但在低洼常积水处生长不良。

【饲用价值】叶牛、羊喜食，良等饲用植物。

【其他用途】木材松软，可作火柴杆、造纸；树皮可提取单宁。

▍响叶杨

【学　　名】*Populus adenopoda* Maximowicz

【分　　布】我国分布于西南、西北及台湾、广东、广西、湖南、湖北、江西、浙江、安徽、江苏、山东、河南等省、自治区。福建产于武夷山、浦城等地。

【生　　境】生于海拔 500～1000m 的阳坡沟谷灌丛中或林缘，有时沿荒坡沟谷成小片生长。

【饲用价值】家畜均喜食，良等饲用植物。

【其他用途】木材可作建筑、器具用材，也可造纸。

柳属 *Salix* Linnaeus

▌旱柳

【学　　名】*Salix matsudana* Koidzumi

【分　　布】朝鲜、日本及俄罗斯远东地区。我国分布于安徽、甘肃、河北、河南、黑龙江、江苏、辽宁、内蒙古、青海、陕西、四川、浙江等省、自治区。福建福州有栽培。

【生　　境】常植于河畔、平原。

【饲用价值】高大乔木，家畜不便于采食，风干后为牛、羊、骆驼优质补充饲料，也可饲喂羊羔，各种必需氨基酸丰富，良等饲用植物。

【其他用途】木材可供建筑、器具、造纸、人造棉、火药等用；细枝可编筐；为早春蜜源树，又可为固沙保土及绿化树种。

▌银叶柳

【学　　名】*Salix chienii* W. C. Cheng

【分　　布】我国分布于安徽、湖北、湖南、江苏、江西、浙江等省。福建产于连城、仙游、永春、德化、延平、古田、武夷山。

【生　　境】多生于海拔 500～1000m 的山间溪河两岸。

【饲用价值】嫩枝叶牛、羊喜食，良等饲用植物。

十七、壳斗科

Fagaceae

栗属 *Castanea* Miller

茅栗

【别　　名】野栗子

【学　　名】*Castanea seguinii* Dode

【分　　布】我国分布于长江流域以南地区及河南、山西、陕西。福建产于建瓯、武夷山、建阳、浦城、将乐、宁化等地。

【生　　境】生于海拔 400～2000m 的丘陵山地，较常见于山坡灌木丛中，与阔叶常绿或落叶树混生。

【饲用价值】叶可作蚕饲料，果实可作精饲料。

【其他用途】坚果含淀粉，可食。

锥栗

【学　　名】*Castanea henryi*（Skan）Rehder & E. H. Wilson

【分　　布】我国分布于长江流域以南地区。福建产于闽北及古田、沙县、三元、梅列等地。

【生　　境】生于向阳、土质疏松的山地。

【饲用价值】嫩叶可作羊饲料，果实可食用或作精饲料，低等饲用植物。

【其他用途】坚果含淀粉，味甜可食；木材坚硬，可作枕木、建筑、家具用材，也可作造林树种。

栗

【别　　名】板栗

【学　　名】*Castanea mollissima* Blume

【分　　布】我国分布于黄河以南地区及河北、辽宁。福建各地均有栽培。

【生　　境】生于向阳山地。

【饲用价值】叶可作羊饲料，果实可作精饲料，低等饲用植物。

【其他用途】坚果含淀粉，味甜可食，健胃；木材坚硬，可作枕木、建筑、家具用材；根可作药。

栲属 *Castanopsis*（D. Don）Spach

苦槠

【别　　名】苦槠栲、苦锥。

【学　　名】*Castanopsis sclerophylla*（Lindley & Paxton）Schottky

【分　　布】我国分布于长江流域以南各省区。福建产于永泰、永安、三元、梅列、沙县、延平、建瓯、浦城、宁德等地。

【生　　境】生于海拔 1000m 以下的低山丘陵。

【饲用价值】叶脆嫩多汁，无异味，无毒，适于猪、山羊、绵羊、牛采食，加工成粉末，畜禽均喜食；可消化蛋白含量多，能量价值高，为猪、牛、羊的优质饲料。

【其他用途】建材家具；绿化、水土保持；果实味苦，可食用。

栎属 *Quercus* Linnaeus

栓皮栎

【别　　名】软木栎、厚皮褚。

【学　　名】*Quercus variabilis* Blume

【分　　布】越南北部、朝鲜、日本。我国分布于广东、广西、云南、贵州、四川、湖南、湖北、江西、浙江、江苏、安徽、山东、山西、河南、陕西、甘肃、河北、辽宁等省、自治区。福建产于永春、德化、晋安、马尾、闽清、延平、武夷山。

【生　　境】生于海拔 600～1600m 的向阳山地。

【饲用价值】果实除去壳斗，浸泡、研磨后可饲喂畜禽，淀粉含量较高，可作精饲料用。

【其他用途】种仁可酿酒。

麻栎

【学　　名】*Quercus acutissima* Carruthers

【分　　布】朝鲜、日本。我国分布于西南（西藏除外）、中南、华东、华北及陕西、甘肃、辽宁等省。福建产于闽清、沙县、厦门。

【生　　境】生于向阳山坡。

【饲用价值】坚果含淀粉，成熟的叶和种子经加工后是饲料添加原料，叶蛋白质含量比玉米高，特别是必需氨基酸含量高，种子淀粉含量高，为畜禽上等饲料。

【其他用途】种仁可酿酒。

十八、榆科

Ulmaceae

榆属 *Ulmus* Linnaeus

多脉榆

【学　　名】*Ulmus castaneifolia* Hemsley

【分　　布】我国分布于广东、广西、贵州、湖南、湖北、四川、云南、浙江等省、自治区。福建产于宁德、延平、建瓯、武夷山、松溪、政和。

【生　　境】生于阔叶林中。

【饲用价值】马、牛、羊、猪乐食其嫩叶，良等饲用植物。

【其他用途】木材坚实，纹理直，结构略粗，有光泽及花纹，可作家具、器具、地板、车辆、造船及室内装修等用材。

杭州榆

【别　　名】铁丁树、赤皮

【学　　名】*Ulmus changii* W. C. Cheng

【分　　布】我国分布于广西、贵州、湖南、江西、浙江、安徽等省、自治区。福建产于德化、延平、武夷山、松溪、政和、浦城。

【生　　境】生于海拔 500～600m 的山地、林中或荒山路旁。

【饲用价值】牛、马、猪、羊乐喜食叶，良等饲用植物。

【其他用途】木材坚实耐用，不易裂，可作家具、器具、地板、车辆及建筑等用材。

榆

【学　　名】*Ulmus pumila* Linnaeus

【分　　布】朝鲜、蒙古、俄罗斯东部、中亚。我国分布几遍全国。福建厦门有栽培。

【生　　境】阳性树，生长快，根系发达，适应性强，能在各种土壤生长。

【饲用价值】家畜喜食叶、嫩枝及果，马、牛采食较差，叶含有丰富的蛋白质和无氮浸出物，纤维含量低，良等饲用植物。

【其他用途】绿化、防护林。

▎榔榆

【学　　名】*Ulmus parvifolia* Jacquin

【分　　布】日本、朝鲜。我国分布于长江流域以南各省区及山东、山西、河南。福建各地常见。

【生　　境】生于山坡路旁、溪谷岸边、林缘或林中隙地。

【饲用价值】叶可作家畜饲料，良等饲用植物。

糙叶树属 *Aphananthe* Planchon

▎糙叶树

【学　　名】*Aphananthe aspera*（Thunberg）Planchon

【分　　布】日本、朝鲜、越南。我国分布于中部至南部地区。福建各地常见。

【生　　境】生于向阳的林缘或山坡路旁。

【饲用价值】马、牛、猪乐食，良等饲用植物。

【其他用途】皮纤维供制人造棉、绳索；木材坚硬细密，不易裂，可供制家具、农具和建筑。

山黄麻属 *Trema* Loureiro

▎山黄麻

【学　　名】*Trema orientalis*（Linnaeus）Blume

【分　　布】印度、中南半岛。我国分布于西南部至东部地区。福建各地较常见。

【生　　境】生于山坡灌丛或溪谷水边。

【饲用价值】马、牛乐食其嫩叶，羊极喜食其叶。

【其他用途】茎皮可作造纸、绳索原料。

▎光叶山黄麻

【学　　名】*Trema cannabina* Loureiro

【分　　布】大洋洲及马来西亚。我国分布于南部地区。福建各地较常见。

【生　　境】生于疏林、林缘、山坡灌丛、路旁。

【饲用价值】羊喜食其叶，牛、马也采食，中等饲用植物。

【其他用途】韧皮纤维供制麻绳、纺织和造纸，种子油供制皂和作润滑油。

▎山油麻

【学　　名】*Trema cannabina* var. *dielsiana*（Handel-Mazzetti）C. J. Chen

【分　　布】我国分布于广东、贵州、四川、湖南、湖北、江西、浙江。福建产于南靖、长汀、永春、福州、沙县、延平、建瓯、武夷山、浦城。

【生　境】生于山坡灌丛、疏林中，有时生于溪谷岸边。

【饲用价值】羊极喜食其叶，中等饲用植物。

【其他用途】韧皮纤维供制麻绳、纺织和造纸，种子油供制皂和作润滑油。

朴属 *Celtis* Linnaeus

珊瑚朴

【别　名】朴仔

【学　名】*Celtis julianae* C. K. Schneider

【分　布】我国分布于中部至东部地区。福建产于南靖、永春、德化、三明、宁德。

【生　境】生于山谷中。

【饲用价值】叶可饲用，中等饲用植物。

西川朴

【学　名】*Celtis vandervoetiana* C. K. Schneider

【分　布】我国分布于广东、广西、云南、贵州、四川、湖南、湖北、江西。福建产于延平、永安、德化、永春、宁德、建瓯、武夷山。

【生　境】生于山坡林中。

【饲用价值】叫牛、羊采食，中等饲用植物。

朴树

【学　名】*Celtis sinensis* Persoon

【分　布】日本。我国分布于台湾、广东、广西、四川、湖南、湖北、江西、浙江、安徽、江苏、山东、河南、陕西、甘肃。福建各地常见。

【生　境】生于山坡、林缘、村庄、路旁。

【饲用价值】叶牛、羊采食，中等饲用植物。

紫弹

【别　名】紫弹树

【学　名】*Celtis biondii* Pampanini

【分　布】日本、朝鲜。我国分布于长江流域以南各省区，北达陕西、甘肃。福建各地（西部和北部除外）常见。

【生　境】生于山谷林中或山坡路旁，有时也生于村旁。

【饲用价值】叶饲用，牛、马乐食，良等饲用植物。

【其他用途】树皮有止咳作用，可治老年慢性支气管炎；叶外敷，治疮毒溃烂。

十九、大麻科
Cannabaceae

葎草属 *Humulus* Linnaeus

葎草

【学　　名】*Humulus scandens*（Loureiro）Merrill

【分　　布】朝鲜、日本。我国除新疆、青海外，全国各省区均有分布。福建各地常见。

【生　　境】多生于沟边、路旁、郊野荒地、住宅附近。

【饲用价值】叶量大，但有硬刺毛，幼嫩期刈割、切碎、蒸煮后是猪、禽的好饲料。

【其他用途】全草可入药。

水蛇麻属 *Fatoua* Gaudichaud-Beaupré

水蛇麻

【别　　名】桑草

【学　　名】*Fatoua villosa*（Thunberg）Nakai

【分　　布】中南半岛、菲律宾、印度尼西亚、澳大利亚、日本。我国分布于河北、江苏、浙江、江西、湖北、台湾、广东、海南、广西、云南、贵州。福建产于厦门、莆田、晋安、马尾、永泰、永安、沙县、连城。

【生　　境】多生于荒坡路旁岩石及灌丛中。

【饲用价值】低等饲用植物。

二十、桑科

Moraceae

桑属 *Morus* Linnaeus

桑

【别　　名】桑树

【学　　名】*Morus alba* Linnaeus

【分　　布】原产我国中部及北部，现世界各地广泛栽培。我国各省区广泛栽培。福建各地均有栽培。

【生　　境】常成片生于开阔草地、灌丛、河岸、高草丛中、村郊篱边。

【饲用价值】叶柔嫩，粗蛋白含量高，蚕最喜食，也是马、牛、羊、驼的好饲料，叶中甲硫氨酸、亮氨酸、甘氨酸含量较高，并含有大量维生素和微量元素。

【其他用途】根、皮、叶、果、枝均可入药。

鸡桑

【学　　名】*Morus australis* Poiret

【分　　布】朝鲜、日本、斯里兰卡、不丹、尼泊尔、印度。我国分布于辽宁、河北、陕西、甘肃、山东、安徽、浙江、江西、台湾、河南、湖北、湖南、广东、广西、四川、贵州、云南、西藏等省、自治区。福建产于三元、梅列、泰宁、建瓯等地。

【生　　境】常生于海拔 500～1000m 的石灰岩山地或林缘及荒地。

【饲用价值】叶可饲蚕，牛、马、羊、猪亦食，良等饲用植物。

【其他用途】韧皮纤维可以造纸，果实成熟时味甜可食。

构树属 *Broussonetia* L′ Héritier ex Ventenat

构树

【学　　名】*Broussonetia papyrifera*（Linnaeus）L′ Héritier ex Ventenat

【分　　布】印度、越南、朝鲜、日本。我国分布于广东、广西、云南、贵州、四川、西藏、湖南、湖北、江西、浙江、安徽、江苏、山东、河北、山西、陕西、甘肃。福建各地常见。

【生　　境】生于山坡或村旁。

【饲用价值】叶、成熟的聚花果和花序，柔软多汁，均可饲用，叶含丰富的粗蛋白、无氮浸出物，蒸煮后猪、鸡、鸭、鹅喜食，且叶富含 11 种氨基酸，缺少精氨酸。

【其他用途】绿化，水土保持植物。

桂木属 *Artocarpus* J. R. Forster & G. Forster

波罗蜜

【别　　名】木波罗

【学　　名】*Artocarpus heterophyllus* Lamarck

【分　　布】原产印度至马来西亚，现广植于热带地区。我国海南、广东、广西、云南有栽培。福建厦门、福州等地有引种。

【生　　境】适宜在土层深厚肥沃的砂壤田地种植。

【饲用价值】叶量丰富，牛、羊、鹿喜食，马也采食；牛喜食其成熟的果皮。

【其他用途】果实及种子可食。

白桂木

【别　　名】红桂木

【学　　名】*Artocarpus hypargyreus* Hance ex Bentham

【分　　布】我国分布于广东、广西、云南等省、自治区。福建产于南靖、平和、华安、龙文、芗城、漳平、连城、德化、永安、三元、梅列、永泰、福清、仙游等地。

【生　　境】生于山地路旁、林缘或疏林中。

【饲用价值】叶羊喜食、鹿极喜食。

【其他用途】乳汁可提取硬性胶，木材可作家具。

柘属 *Maclura* Nuttall

柘

【别　　名】柘树

【学　　名】*Maclura tricuspidata* Carrière

【分　　布】朝鲜、日本、越南。我国分布于华北、华东、中南、西南各省区（北达陕西）。福建产于南靖、新罗、长汀、永安、将乐、延平、建阳、浦城、福州、蕉城、古田。

【生　　境】生于阳光充足的山地路旁或林缘。

【饲用价值】嫩叶可饲蚕，牛、羊亦食，中等饲用植物。

【其他用途】茎皮纤维可以造纸；根皮药用；果可生食或酿酒；木材心部黄色，质坚硬细。

榕属 *Ficus* Linnaeus

▌大果榕

【别　　名】大叶无花果

【学　　名】*Ficus auriculata* Loureiro

【分　　布】印度、马来西亚、越南等。我国分布于广东、广西、云南、贵州南部。福建厦门有引种。

【生　　境】生于低山沟谷、潮湿雨林中，喜高温湿润气候。

【饲用价值】叶肥大多汁，羊、鹿极喜食，牛喜食，良等饲用植物。

【其他用途】成熟的花序托味甜可食。

▌青果榕

【别　　名】绿果榕、杂色榕

【学　　名】*Ficus variegata* Blume

【分　　布】越南、泰国、印度、日本及大洋洲、太平洋群岛。我国分布于广东、广西、海南、台湾、云南等省、自治区。福建产于南靖、平和、华安、龙海。

【生　　境】生于疏林中或村旁。

【饲用价值】叶牛、羊喜食，良等饲用植物。

【其他用途】茎皮纤维可制麻布和麻袋；花序托成熟时味甜可食。

▌粗叶榕

【别　　名】三龙爪、佛掌榕、掌叶榕、山毛桃

【学　　名】*Ficus hirta* Vahl

【分　　布】印度、越南等。我国分布于广东、广西、云南、贵州、四川。福建各地常见。

【生　　境】生于旷野、山地林缘、灌丛或疏林中。

【饲用价值】叶牛、羊采食，良等饲用植物。

【其他用途】茎皮纤维可制麻绳和麻袋；根药用，有祛风湿、行气血的功效。

▌黄毛榕

【别　　名】生毛大伯、金毛榕

【学　　名】*Ficus fulva* Reinwardt ex Blume

【分　　布】缅甸、印度尼西亚、越南。我国分布于广东、广西、云南。福建产于诏安、华安、南靖、平和、新罗、上杭。

【生　　境】生于山谷、溪边林中。

【饲用价值】叶牛喜食，猪也喜食，良等饲用植物。

榕树

【学　　名】*Ficus microcarpa* Linnaeus f.

【分　　布】印度、缅甸、马来西亚、越南等。我国分布于广东、广西。福建产于南靖、龙海、厦门、泉州、莆田、晋安、马尾、连江。

【生　　境】多栽培于村旁。

【饲用价值】叶及嫩梢羊、鹿喜食。

【其他用途】树皮纤维可织麻袋，编渔网、绳索，又可制人造棉；树皮可提制栲胶；气根、树皮和叶芽为清热解表药；树冠阔大，伞状，可作荫蔽树和风景树。

印度胶树

【别　　名】印度橡胶树、印度榕、橡皮树

【学　　名】*Ficus elastica* Roxburgh

【分　　布】原产印度、马来西亚。我国南部各省区有栽培。福建厦门、泉州、福州也有栽培。

【生　　境】可栽培于庭院、园林。

【饲用价值】羊食其叶，但过量采食会中毒。

【其他用途】树干流出的白色乳汁可制成硬性树胶，为橡胶原料之一。

石榕树

【别　　名】牛奶子

【学　　名】*Ficus abelii* Miquel

【分　　布】尼泊尔、印度东北部、孟加拉国、缅甸、越南。我国分布于广东、广西、云南、贵州、四川、湖南、江西、江苏。福建具体产地不明。

【生　　境】生于灌丛中、山坡灌丛、溪边。

【饲用价值】叶羊、鹿喜食，良等饲用植物。

台湾榕

【别　　名】长叶牛奶树

【学　　名】*Ficus formosana* Maximowicz

【分　　布】越南。我国分布于台湾、广东、广西、云南、四川、湖南、江西、浙江。福建各地常见。

【生　　境】生于林缘中、山地路旁或疏林中。

【饲用价值】叶牛食，良等饲用植物。

【其他用途】茎皮纤维可织麻袋；根药用，可治神经性耳聋。

竹叶榕

【学　　名】*Ficus stenophylla* Hemsley

【分　　布】越南、泰国。我国分布于广东、广西、云南、贵州、四川、湖南、湖北、河南。福建产于福州、仙游、光泽。

【生　　境】生于山坡路旁或旷野间。

【饲用价值】叶牛、羊、鹿食，良等饲用植物。

琴叶榕

【学　　名】*Ficus pandurata* Hance

【分　　布】越南、泰国。我国分布于广东、广西、云南、江西、浙江。福建产于厦门、长乐、晋安、马尾、闽侯、连江、连城、新罗、永安、南平、建宁。

【生　　境】生于山地路旁灌丛或疏林中。

【饲用价值】叶牛食，良等饲用植物。

【其他用途】茎皮纤维可制人造棉和造纸；根药用，有舒筋活血的功效。

薜荔

【别　　名】膨泡树、凉粉果

【学　　名】*Ficus pumila* Linnaeus

【分　　布】日本、越南。我国分布于长江流域以南各省区。福建各地常见。

【生　　境】生于旷野或攀援于残墙、石壁或树上。

【饲用价值】叶牛、羊喜食。

【其他用途】瘦果可制凉粉，供食用；茎皮纤维可制人造棉、绳索和造纸；根、茎、藤、叶、果药用。

二十一、荨麻科

Urticaceae

荨麻属 *Urtica* Linnaeus

裂叶荨麻

【别　　名】荨麻

【学　　名】*Urtica fissa* E. Pritzel

【分　　布】越南。我国分布于云南、贵州、四川、湖北、浙江、陕西、甘肃。福建产地不明。

【生　　境】生于山坡、疏林、溪边、路旁半阴湿处。

【饲用价值】嫩茎叶牛、羊、猪喜食，良等饲用植物。

【其他用途】茎皮纤维可作纺织原料；全草药用，根为强壮剂，叶可治蛇咬伤。

冷水花属 *Pilea* Lindley

波缘冷水花

【别　　名】石油菜

【学　　名】*Pilea cavaleriei* H. Léveillé

【分　　布】我国分布于广东、广西、贵州、湖北、湖南。福建产于永安、将乐等地。

【生　　境】生于阴湿岩缝中。

【饲用价值】可作猪、羊饲料，中等饲用植物。

【其他用途】全草药用，有清热解毒、消肿的功效。

矮冷水花

【别　　名】玻璃草、苔水花、地油仔

【学　　名】*Pilea cavaleriei* subsp. *cavaleriei* H. Léveillé

【分　　布】印度、越南、印度尼西亚、日本、朝鲜。我国广布于台湾、广东、广西、贵州、湖南、江西、浙江。福建产于南靖、上杭、福清、闽侯、永安、三元、梅列、沙县、德化、延平、将乐、古田、松溪、政和等地。

【生　　境】生于山谷岩石边、石缝、山坡、山沟、墙边、园边等阴湿处。

【饲用价值】猪、羊采食，中等饲用植物。

【其他用途】全草清热解毒，松溪、政和民间用作治疗蛇咬伤主药，浙江民间用以治跌打损伤、骨折、无名肿毒等症。

三角叶冷水花

【别　　名】三角形冷水花、油面草

【学　　名】*Pilea swinglei* Merrill

【分　　布】我国分布于广东、广西、贵州、湖北、江西、浙江、安徽。福建产于福清、武夷山。

【生　　境】生于湿地。

【饲用价值】猪、羊采食，中等饲用植物。

【其他用途】全草药用，有消肿解毒的功效；浙江民间用作治疗竹叶青毒蛇咬伤的主药。

透茎冷水花

【学　　名】*Pilea pumila*（Linnaeus）A. Gray

【分　　布】日本及俄罗斯西伯利亚地区。我国分布几遍全国。福建产于永安、新罗、连城等地。

【生　　境】生于1100～1250m的山地、路旁或林下沟谷湿地。

【饲用价值】猪、羊采食，中等饲用植物。

【其他用途】根、茎药用，有利尿解热、安胎的功效。

冷水花

【学　　名】*Pilea notata* C. H. Wright

【分　　布】越南。我国分布于广东、广西、四川、湖北、江西、浙江、陕西。福建产于闽侯、永泰、永安、连城、顺昌、新罗、南靖。

【生　　境】生于山谷林下阴湿地。

【饲用价值】猪、羊采食，中等饲用植物。

【其他用途】全草药用，有清热利湿、生津止渴和退黄护肝的功效。

楼梯草属 *Elatostema* J. R. Forster & G. Forster

钝叶楼梯草

【学　　名】*Elatostema obtusum* Weddell

【分　　布】印度、泰国等。我国分布于云南、四川、湖南、陕西、甘肃。福建产于武夷山。

【生　　境】生于山地林下、沟边或石上，常与苔藓同生。

【饲用价值】叶牛、羊食，嫩茎叶煮熟后喂猪，良等饲用植物。

多齿楼梯草

【别　　名】狭叶楼梯草

【学　　名】*Elatostema lineolatum* Wight

【分　　布】印度、斯里兰卡、泰国等。我国分布于台湾、广东、广西、云南。福建产于南靖、同安。

【生　　境】生于山谷疏林下或石头边。

【饲用价值】叶牛、羊食，嫩茎叶煮熟后喂猪，良等饲用植物。

【其他用途】同安民间用全草治疮伤。

庐山楼梯草

【学　　名】*Elatostema stewardii* Merrill

【分　　布】我国分布于甘肃、河南、湖北、江西、浙江、安徽。福建产于永安、上杭。

【生　　境】生于阴湿地。

【饲用价值】叶牛、羊食，嫩茎叶煮熟后喂猪，良等饲用植物。

【其他用途】浙江民间用全草治扭伤、挫伤、风湿关节痛、蛇咬伤。

楼梯草

【别　　名】总苞楼梯草

【学　　名】*Elatostema involucratum* Franchet & Savatier

【分　　布】日本、朝鲜。我国分布于四川、湖北、浙江、陕西、甘肃等省。福建产于永安、武夷山。

【生　　境】生于山谷沟边石上、林中或灌丛中。

【饲用价值】叶牛、羊采食，嫩茎叶煮熟后喂猪，中等饲用植物。

【其他用途】全草药用，有活血祛淤、利尿、消肿的功效。

台湾楼梯草

【别　　名】锐齿楼梯草

【学　　名】*Elatostema cyrtandrifolium*（Zollinger & Moritzi）Miquel

【分　　布】我国分布于台湾。福建产于南靖、上杭、将乐等地。

【生　　境】生于山谷湿地。

【饲用价值】叶牛、羊采食，嫩茎叶煮熟后喂猪，中等饲用植物。

【其他用途】全草药用，有活血祛淤、利尿、消肿的功效。

苎麻属 *Boehmeria* Jacquin

序叶苎麻

【学　　名】*Boehmeria clidemioides* var. *diffusa*（Weddell）Handel-Mazzetti

【分　　布】越南、老挝、印度、缅甸。我国分布于广西、云南、贵州、四川、湖北、湖南、江西、浙江、陕西、甘肃。福建产于长汀、上杭、新罗、连城、永安、延平、武夷山。

【生　　境】生于林中路旁阴湿处。

【饲用价值】叶牛、羊采食，嫩茎叶煮熟后喂猪，良等饲用植物。

【其他用途】四川民间全草或根供药用，治风湿、筋骨痛等症。

苎麻

【学　　名】*Boehmeria nivea*（Linnaeus）Gaudichaud-Beaupré

【分　　布】柬埔寨、印度、日本、朝鲜、尼泊尔、泰国、越南等。我国广布于长江流域以南、南岭以北各省区。福建各地常见。

【生　　境】生于路旁、村旁、屋边，也常栽培。

【饲用价值】嫩枝叶牛、羊采食，切碎后可喂猪，鲜叶可青贮，各种家畜均喜食。

【其他用途】嫩叶可食用，闽西南常用于制作糕点；根、叶药用；茎皮纤维可织夏布，也是制人造棉、人造丝、造纸的原料。

山麻

【学　　名】*Boehmeria silvestrii*（Pampanini）W. T. Wang

【分　　布】日本、朝鲜。我国分布于广东、广西、贵州、湖北、湖南、江西、浙江、江苏、山东、河南、陕西、甘肃等省、自治区。福建产于仙游、将乐、南平。

【生　　境】生于灌丛路旁。

【饲用价值】叶牛、羊食，嫩茎叶煮熟后喂猪，良等饲用植物。

【其他用途】茎皮纤维可作纺织原料；叶、根治跌打损伤。

悬铃叶苎麻

【学　　名】*Boehmeria tricuspis*（Hance）Makino

【分　　布】朝鲜、日本。我国产于广东、广西、贵州、湖南、江西、浙江、江苏、安徽、湖北、四川东部、甘肃和陕西的南部、河南西部、山西（晋城）、山东东部、河北西部。福建产于建宁、泰宁、武夷山等地。

【生　　境】生于海拔 500~1400m 的低山山谷疏林下、沟边或田边。

【饲用价值】叶可作猪饲料。

【其他用途】茎皮纤维坚韧，光泽如丝，弹力和拉力都很强，可纺纱织布，也可作高级纸张；民间常用茎皮搓绳，编草鞋；根、叶药用，治外伤出血、跌打肿痛、风疹、荨麻疹等症；种子含脂肪油，可制肥皂及食用。

紫麻属 *Oreocnide* Miquel

▌紫麻

【学　　名】*Oreocnide frutescens*（Thunberg）Miquel
【分　　布】不丹、柬埔寨、印度、日本、缅甸、泰国、越南等。我国分布于台湾、广东、广西、云南、贵州、四川、湖南、湖北、江西、浙江、陕西。福建产于古田、南平、晋安、马尾、永泰、沙县、永安、连城、新罗、南靖。
【生　　境】生于密林中或沟旁湿地。
【饲用价值】嫩茎叶牛、羊、猪喜食，良等饲用植物。
【其他用途】茎皮纤维可编绳。

水麻属 *Debregeasia* Gaudichaud-Beaupré

▌鳞片水麻

【学　　名】*Debregeasia squamata* King ex J. D. Hooker
【分　　布】亚洲热带地区。我国分布于南部地区。福建产于南靖。
【生　　境】生于林下、山谷溪边阴湿处。
【饲用价值】叶牛、羊采食，嫩茎叶煮熟后喂猪，中等饲用植物。
【其他用途】茎皮纤维可代麻类，作混纺原料。果可食。

雾水葛属 *Pouzolzia* Gaudichaud-Beaupré

▌雾水葛

【别　　名】啜脓膏、石薯、白石薯
【学　　名】*Pouzolzia zeylanica*（Linnaeus）Bennett
【分　　布】亚洲东南部。我国分布于台湾、广东、广西、湖北。福建各地常见。
【生　　境】生于平地的草地上或田边、丘陵或低山的灌丛中或疏林中、沟边、石缝。
【饲用价值】牛、羊、猪食其嫩茎叶，中等饲用植物。
【其他用途】外科常用草药，根捣烂敷痈疽疔疖，有消肿拔脓的功效。

艾麻草属 *Laportea* Gaudichaud-Beaupré

▌珠芽艾麻

【学　　名】*Laportea bulbifera*（Siebold & Zuccarini）Weddell

【分　　布】日本、朝鲜、印度、中南半岛。我国分布于四川、湖北、江西、河南、陕西、甘肃、辽宁、吉林、黑龙江。福建产于上杭。

【生　　境】生于海拔 1000m 以上的山坡林下或林缘路边半阴坡湿润处。

【饲用价值】嫩茎叶羊食，煮熟后喂猪，良等饲用植物。

【其他用途】韧皮纤维坚韧可供纺织用。

糯米团属 *Gonostegia* Turczaninow

糯米团

【别　　名】糯米条、蔓苎麻

【学　　名】*Gonostegia hirta*（Blume ex Hasskarl）Miquel

【分　　布】亚洲东南部、大洋洲。我国广布于长江流域以南各省区。福建各地常见。

【生　　境】路旁草丛等稍阴湿处。

【饲用价值】草质柔软，全株均为牛、羊、猪喜食，良等饲用植物。

【其他用途】全草药用，治消化不良、食积胃痛等症，外用治血管神经性水肿、疔疮疖肿、乳腺炎、外伤出血等症。

二十二、蓼科

Polygonaceae

蓼属 *Polygonum* Linnaeus

萹蓄

【别　　名】多茎萹蓄、异叶萹蓄

【学　　名】*Polygonum aviculare* Linnaeus

【分　　布】广布于全世界温暖地区。我国分布于华南、西南、东南、东北、华中等地区。福建产于长乐、晋安、马尾、福安等地。

【生　　境】生于田野荒地、沟边湿地。

【饲用价值】茎叶柔软，适口性好，生育期长，各类家畜全年均可饲用；鲜草羊、猪、鹅、兔喜食；干草羊、牛、马、骆驼喜食。

【其他用途】全草入药，有清热利尿、消炎解毒的功效；可提取栲胶和染料；亦可作农药。

腋花蓼

【别　　名】习见蓼

【学　　名】*Polygonum plebeium* R. Brown

【分　　布】东半球热带及亚热带地区。我国广布于全国各地。福建各地常见。

【生　　境】生于田野路边或荒田中。

【饲用价值】适口性好，营养价值高，青鲜期牛、羊、猪、兔、鸡均喜食，良等饲用植物。

【其他用途】全草入药，功效同萹蓄。

荭草

【别　　名】红蓼、天蓼、东方蓼

【学　　名】*Polygonum orientale* Linnaeus

【分　　布】菲律宾、印度、马来西亚、澳大利亚、朝鲜、日本、俄罗斯。我国广布于南北各省区。福建各地常有少量栽培，也有逸为野生。

【生　　境】多生于村旁路边水湿地。

【饲用价值】初花期较鲜嫩，无特殊气味，粗蛋白含量高，中等饲用植物；羊喜食，牛乐食，全年可刈割 1～2 次。

【其他用途】全草供药用，种子含淀粉，可制饴糖、酿酒。

蓼蓝

【学　　名】*Polygonum tinctorium* Aiton

【分　　布】越南、朝鲜、日本等。我国各地常见栽培。福建南靖、福州、松溪、政和等地有栽培，也有逸为野生。

【生　　境】野生于旷野水沟边或栽培。

【饲用价值】煮熟后可喂猪。

【其他用途】叶供药用，清热、解毒、凉血；又可作靛蓝染料。

毛蓼

【学　　名】*Polygonum barbatum* Linnaeus

【分　　布】菲律宾、缅甸、印度、尼泊尔、泰国、越南等。我国分布于台湾、广西、广东、云南、贵州、浙江、江苏、安徽。福建产于诏安、南靖、厦门、泉州、福州、新罗、连城。

【生　　境】常生于水边湿地。

【饲用价值】嫩茎叶煮熟后可喂猪。

【其他用途】全卓供药用，能拔毒生肌，治脓肿等症。

光蓼

【学　　名】*Polygonum glabrum* Willdenow

【分　　布】印度、日本、越南及非洲、大洋洲、美洲、太平洋群岛等。我国分布于台湾、广西、广东、贵州、湖南、湖北、安徽、山东。福建产于漳州、厦门、福清、长乐。

【生　　境】喜生于旷野、沟边湿地上。

【饲用价值】牛、羊采食，是猪的优质饲料。

酸模叶蓼

【别　　名】大马蓼、旱苗蓼

【学　　名】*Polygonum lapathifolium* Linnaeus

【分　　布】印度、菲律宾、日本、俄罗斯、朝鲜及非洲、欧洲、大洋洲、北美洲。我国分布于南北各省区。福建各地常见。

【生　　境】生于田野、路旁沟边。

【饲用价值】开花前茎叶柔嫩多汁，是良好的猪饲料，牛、羊也采食，中等饲用植物；种子富含淀粉，各种家畜均喜食，粗蛋白、粗脂肪、无氮浸出物含量较高，是优质的碳氮型饲用植物。

【其他用途】嫩茎叶入药，种子可榨油。

水蓼

【别　　名】辣蓼

【学　　名】*Polygonum hydropiper* Linnaeus

【分　　布】亚洲、欧洲、北美洲、大洋洲等。我国除西藏、青海、新疆外广布于全国各地。福建各地常见。

【生　　境】生于水边湿地。

【饲用价值】青嫩多汁，产量高，适口性好，青贮、干草是家畜、鹅的良等饲料。

【其他用途】全草药用，叶具辣味，俗称辣蓼，可作调味料，亦可提取染料及作土农药。

火炭母

【别　　名】白饭藤（厦门）、赤地利

【学　　名】*Polygonum chinense* Linnaeus

【分　　布】不丹、印度、尼泊尔。我国分布于台湾、广东、广西、云南、贵州、四川、湖南、湖北、浙江、江西等省、自治区。福建各地常见。

【生　　境】常生于水沟边或潮湿地。

【饲用价值】嫩茎叶煮熟后喂猪，为农村常用的优质猪饲料。

【其他用途】全草药用，能清热利湿、消肿解毒，治胃肠炎、痢疾、疔痈和毒虫蛇犬咬伤。

杠板归

【别　　名】三脚龟

【学　　名】*Polygonum perfoliatum* Linnaeus

【分　　布】越南、印度、尼泊尔、马来西亚、菲律宾、朝鲜、日本。我国广布于全国各地。福建各地常见。

【生　　境】常生于路边、沟边、田野。

【饲用价值】嫩茎叶牛、羊采食，煮熟后可喂猪。

【其他用途】全草药用，有清热解毒、消肿止痛的功效，可制农药，根皮可提取栲胶，叶可制取靛蓝。

何首乌

【别　　名】夜交藤

【学　　名】*Polygonum multiflorum* Thunberg

【分　　布】日本。我国分布于长江流域以南各省区。福建各地常见。

【生　　境】多生于灌丛中或山谷阴湿处。

【饲用价值】嫩茎藤及叶柔软，适口性中等，牛、马、羊少量采食，煮熟后可喂猪。

【其他用途】块根供药用，为滋补强壮剂，生用通大便，解疮毒；藤可治失眠症；外用止痒，吸脓。

箭叶蓼

【别　　名】箭头蓼

【学　　名】*Polygonum sagittatum* Linnaeus

【分　　布】日本、朝鲜、印度、蒙古、俄罗斯远东地区及北美洲。我国分布于台湾、广东、云南、贵州、四川、湖南、湖北、浙江、江西、江苏、安徽、山东、河南、河北、陕西、吉林、黑龙江、甘肃等省。福建产于武夷山。

【生　　境】常生于水沟边或潮湿地。

【饲用价值】适口性中等，叶和嫩茎各种牲畜采食，放牧或刈割加工后利用。

【其他用途】全草药用，有清热解毒、消肿止痛的功效。

赤胫散

【别　　名】散血丹

【学　　名】*Polygonum runcinatum* var. *sinense* Hemsley

【分　　布】印度、印度尼西亚、菲律宾等。我国分布于台湾、云南、贵州、四川、湖南、湖北等省。福建厦门有栽培。

【生　　境】常生于山坡或山谷灌丛中。

【饲用价值】茎叶柔软，适口性中等，羊、马、牛采食，刈割煮熟后可喂猪。

【其他用途】全草药用，能解毒、清热、消肿。

尼泊尔蓼

【别　　名】头状蓼

【学　　名】*Polygonum nepalense* Meisner

【分　　布】印度、朝鲜、日本、俄罗斯及热带亚洲等。我国广布于全国各地。福建产于平和、上杭、永泰、永安、连城、武夷山等地。

【生　　境】常生于沟边、路旁阴湿处。

【饲用价值】茎叶柔软，各种家畜喜食，放牧及刈割补饲，优等饲用植物。

【其他用途】全草药用，能解毒、清热、消肿。

长鬃蓼

【学　　名】*Polygonum longisetum* Bruijn

【分　　布】印度、马来西亚、菲律宾、朝鲜、日本。我国分布于南北各省区。福建各地常见。

【生　　境】生于山地溪边或沟边。

【饲用价值】茎叶牛、羊少食，煮熟后可食，中等饲用植物。

【其他用途】全草可供制曲。

刺蓼

【学　　名】*Polygonum senticosum*（Meisner）Franchet & Savatier

【分　　布】日本、朝鲜。我国产于东北地区及河北、河南、山东、江苏、浙江、安徽、湖南、湖北、台湾、广东、广西、贵州、云南。福建各地常见。

【生　　境】生于海拔 120～1500m 的山坡、山谷及林下，

【饲用价值】牛、马、羊采食，中等饲用植物。

【其他用途】全草药用，有清热解毒、消肿的功效。

荞麦属 *Fagopyrum* Miller

荞麦

【学　　名】*Fagopyrum esculentum* Moench

【分　　布】原产中亚，现广泛栽培于亚洲、欧洲、美洲。我国南北各省区普遍栽培。福建各地也常种植。

【生　　境】生于荒地、路边。

【饲用价值】青刈柔嫩多汁，为猪、牛、羊优质青饲料，亦可作干草，荞麦秸可直接为牛、羊食用；种子富含淀粉、蛋白质、钙、磷、铁、维生素，可作家畜精饲料。

【其他用途】种子富含淀粉，可供食用；果为治盗汗要药；花、叶为制芦丁的主要原料之一；嫩茎叶可作绿肥；荞麦还是很好的蜜源植物。

金荞麦

【学　　名】*Fagopyrum dibotrys*（D. Don）H. Hara

【分　　布】不丹、印度、缅甸、尼泊尔、越南。我国分布于安徽、云南、贵州、四川、湖南、湖北、河南、江西、浙江、江苏、陕西、西藏等省、自治区。福建产于福州、延平、武夷山。

【生　　境】生于村旁路边荒地或沟岸。

【饲用价值】适口性较好，茎叶柔嫩多汁，可作青饲料，猪喜食，呈酸性，粗蛋白含量丰富，粗纤维少。

【其他用途】块根药用，清热解毒、软坚散结、调经止痛，外用治痈疽毒疮、蛇虫咬伤。

苦荞麦

【学　　名】*Fagopyrum tataricum*（Linnaeus）Gaertner

【分　　布】亚洲、欧洲、美洲。我国各地有栽培。福建北部山区有栽培，或逸为野生。

【生　　境】生于路边荒地、山坡。

【饲用价值】各种家畜喜食，良等饲用植物，种子为精饲料。

【其他用途】绿肥，全草入药。

酸模属 *Rumex* Linnaeus

▌酸模

【学　　名】*Rumex acetosa* Linnaeus

【分　　布】亚洲北部和东部、欧洲、美洲。我国分布于南北各省区。福建产于长乐、沙县、泰宁、邵武、武夷山等地。

【生　　境】生于路旁或山坡林缘湿地。

【饲用价值】茎叶柔软，鲜嫩多汁，作为青绿饲草，多种家畜均喜食，种子是多种家畜和鸟类的精饲料。

【其他用途】根供药用，有消炎解毒、止血通便的功效；嫩叶可供食用；全草还可作农药。

▌羊蹄

【学　　名】*Rumex japonicus* Houttuyn

【分　　布】朝鲜、日本及俄罗斯远东地区。我国分布于台湾、广东、广西、贵州、四川、湖南、湖北、浙江、江西、江苏、安徽、山东、河南等省、自治区。福建各地常见。

【生　　境】生于山野、路旁沟边或田边湿地。

【饲用价值】植株柔嫩，叶量大，返青早，是猪、牛、羊、兔的优等饲用植物。

【其他用途】根含鞣质及淀粉，可提取栲胶、酿酒；又可入药，有清热凉血、杀虫润肠的功效；嫩叶可作蔬菜；种子可提取糠醛。

二十三、藜科

Chenopodiaceae

碱蓬属 *Suaeda* Forsskål ex J. F. Gmelin

南方碱蓬

【学　　名】*Suaeda australis*（R. Brown）Moquin-Tandon

【分　　布】澳大利亚、日本及东南亚。我国分布于广东、广西、台湾、江苏等省、自治区。福建沿海各地常见。

【生　　境】生于海滩沙地、红树林林缘。

【饲用价值】骆驼、羊喜采食，低等饲用植物。

刺藜属 *Dysphania* R. Brown

土荆芥

【学　　名】*Dysphania ambrosioides*（Linnaeus）Mosyakin & Clemants

【分　　布】原产热带美洲，现全世界温暖地区广泛分布。我国分布于广西、四川、湖南、江西、浙江、江苏、台湾等省、自治区。华南常见栽培用于药用。福建产于诏安、龙海、厦门、福清、长乐、晋安、马尾、平潭、永泰、永安、龙岩等地。

【生　　境】生于村旁、旷野草丛中。

【饲用价值】各种家畜喜食，但有轻微毒性，低等饲用植物。

【其他用途】茎、叶及果实供药用。

藜属 *Chenopodium* Linnaeus

狭叶尖头叶藜

【学　　名】*Chenopodium acuminatum* subsp. *virgatum*（Thunberg）Kitamura

【分　　布】日本、越南。我国分布于台湾、广东、广西、浙江、江苏、河北、辽宁等省、自治区。福建产于惠安、福州、福安、永安。

【生　　境】生于海滨、河滩、旷野草地。

【饲用价值】猪采食，饲用价值偏低。

小藜

【学　　名】*Chenopodium ficifolium* Smith

【分　　布】欧洲、亚洲，并已在北美洲归化。我国分布于南北各省区（西藏除外）。福建产于厦门、福州。

【生　　境】生于荒地、河滩、沟谷、菜地。

【饲用价值】幼苗及嫩叶适口性好，无特殊气味，营养丰富，产草量高，中等饲用植物。

【其他用途】幼苗及嫩叶可食用，也可作药用。

藜

【别　　名】白藜

【学　　名】*Chenopodium album* Linnaeus

【分　　布】全世界温暖地区。我国分布于全国各地。福建产于连城、泉州、平潭、晋安、马尾、长乐、连江、福鼎、将乐、浦城。

【生　　境】生于路旁、荒地、田间。

【饲用价值】质地鲜嫩柔软，幼苗及嫩叶可作饲料，易消化，中等饲用植物；牛、羊、骆驼喜食，可调制成干草或青贮，作冬季饲料，是猪的优质饲料，并可终年利用，多次刈割，可代替精饲料，但注意生喂，煮熟后可引起中毒。

【其他用途】可作蔬菜，全草药用。

地肤属 *Kochia* Roth

地肤

【学　　名】*Kochia scoparia*（Linnaeus）Schrader

【分　　布】亚洲、欧洲。我国分布于全国各地。福建各地常见。

【生　　境】多生于菜地、荒地或路边。

【饲用价值】叶、花序丰富，适口性好，优等饲用植物；枝叶整个生育期内为各类家畜喜食，加工成干草粉，可作为猪、鸡、鸭、鹅的良好饲料，蛋白质含量高，粗纤维含量较低。

【其他用途】果实即"地肤子"，能清湿热，用作利尿药；嫩茎叶可食，老茎秆可作扫帚。

菠菜属 *Spinacia* Linnaeus

菠菜

【学　　名】*Spinacia oleracea* Linnaeus

【分　　布】原产伊朗。我国各地普遍栽培。福建各地栽培极普遍。

【生　　境】对土壤适应能力强，以保水保肥力强、肥沃的土壤为好，不耐酸。

【饲用价值】茎叶柔嫩多汁，粗蛋白、无氮浸出物含量高，并富含维生素、磷、铁，各家畜均喜食，优等饲用植物。

二十四、苋科

Amaranthaceae

青葙属 *Celosia* Linnaeus

青葙

【别　　名】牛尾莴

【学　　名】*Celosia argentea* Linnaeus

【分　　布】亚洲和非洲热带地区。我国分布于长江流域以南各省区及山东、河南、河北、陕西。福建各地常见。

【生　　境】生于田野、路旁、荒地上，为旱地常见的杂草。

【饲用价值】开花前，叶量大，茎枝肥嫩多汁，营养丰富，牛、羊、兔喜食，煮熟后喂猪，粗蛋白、粗脂肪含量均较高，粗纤维较少，良等饲用植物。

【其他用途】种子有清肝明自的功效，全草常用以治疥疮。

鸡冠花

【学　　名】*Celosia cristata* Linnaeus

【分　　布】原产印度。我国各地普遍栽培。福建也常见栽培。

【生　　境】一般土壤、庭院都能种植。

【饲用价值】嫩茎叶可作饲料。

【其他用途】庭院观赏植物；种子常当青葙子药用；花序有止血、止泻的功效。

苋属 *Amaranthus* Linnaeus

刺苋

【学　　名】*Amaranthus spinosus* Linnaeus

【分　　布】亚洲、非洲和美洲的热带地区。我国分布于长江流域以南各省区及河南、陕西。福建各地常见。

【生　　境】生于田野、荒地、屋旁、路边，为常见的野草。

【饲用价值】开花结实前，叶柔软，茎枝柔嫩多汁，抽穗前，嫩枝梢牛、羊喜食，加工成草浆，猪、鹅、鸭均喜食。

【其他用途】根供药用，清热解毒，治毒蛇咬伤、淋巴肿大。

▌苋

【学　　名】*Amaranthus tricolor* Linnaeus

【分　　布】原产亚洲热带地区。我国普遍栽培。福建各地普遍栽培。

【生　　境】适宜在多肥的园田地、住屋、圈舍周围的肥沃地种植。

【饲用价值】嫩茎叶可饲喂家畜及鱼类，籽粒可代替部分精饲料喂鸡，秸秆喂牛。

【其他用途】叶作为蔬菜用，有些品种专供观赏用。

▌皱果苋

【别　　名】野苋、鸟苋

【学　　名】*Amaranthus viridis* Linnaeus

【分　　布】泛热带地区。我国除西藏和西北外其他各地均有分布。福建各地常见。

【生　　境】多生于田野或路旁。

【饲用价值】茎叶柔软，肥嫩多汁，营养丰富，是各类家畜的优质青饲料；牛、羊、兔极喜食，煮熟后喂猪。

【其他用途】全草入药，有清热解毒、利尿止痛的功效。

▌凹头苋

【学　　名】*Amaranthus blitum* Linnaeus

【分　　布】日本、老挝、尼泊尔、印度（锡金）、越南及欧洲、北非、南美洲。我国广布于全国各地。福建产于厦门、龙文、芗城、南靖、漳平、德化、福州、松溪、政和。

【生　　境】生于田野、路旁、苗圃，为常见的野草。

【饲用价值】分枝多，茎秆细弱，纤维素含量少，为多种畜禽所喜食，晒干后是鸡、兔、羊、猪的优质饲草，优等饲用植物。

▌尾穗苋

【别　　名】老枪谷

【学　　名】*Amaranthus caudatus* Linnaeus

【分　　布】原产热带，世界各地广泛栽培。我国各地常见栽培。福建各地常见栽培，也有逸为野生者。

【生　　境】多生于旱地或荒地。

【饲用价值】茎叶煮熟后可喂猪。

【其他用途】可供观赏；嫩茎叶可作蔬菜食用；根供药用，有滋补强壮作用。

籽粒苋

【别　　名】千穗谷

【学　　名】*Amaranthus hypochondriacus* Linnaeus

【分　　布】原产北美洲。我国河北、吉林、内蒙古、四川、新疆、云南等省、自治区有引种栽培。福建有引种栽培。

【生　　境】多利用地边、宅旁闲散地种植。

【饲用价值】牛、羊、马、猪均喜食，良等饲用植物

【其他用途】根供药用，清热解毒，治毒蛇咬伤、淋巴肿大。

反枝苋

【学　　名】*Amaranthus retroflexus* Linnaeus

【分　　布】原产地不明，现已广泛传播归化于世界各地。我国甘肃、河北、黑龙江、吉林、辽宁、内蒙古、宁夏、陕西、山西、新疆、浙江等省、自治区有引种栽培，多个省区已归化逸生。福建长乐、莆田等地可见到逸生居群。

【生　　境】多生于荒地、田野、路边。

【饲用价值】嫩茎叶可作家畜饲料。

【其他用途】嫩茎叶可作蔬菜食用。

牛膝属 *Achyranthes* Linnaeus

土牛膝

【别　　名】鸡骨癀

【学　　名】*Achyranthes aspera* Linnaeus

【分　　布】马来西亚、菲律宾、越南及非洲、亚洲西南部、欧洲。我国分布于台湾、广东、广西、海南、云南、贵州、四川、湖南、湖北、江西、浙江等省、自治区。福建各地常见。

【生　　境】多生于路旁或荒地。

【饲用价值】嫩茎叶营养丰富，可作猪饲料。

【其他用途】根供药用，强筋骨；全草清热解表。

牛膝

【学　　名】*Achyranthes bidentata* Blume

【分　　布】印度、越南、马来西亚、菲律宾、俄罗斯、泰国等。我国除东北外广布于南北各省区。福建各地常见。

【生　　境】生于阴湿的山地或路旁。

【饲用价值】嫩茎叶可作猪饲料。

【其他用途】根供药用，有破血通经、补肝肾、强腰膝的功效。

莲子草属 *Alternanthera* Forsskål

莲子草

【学　　名】*Alternanthera sessilis*（Linnaeus）R. Brown ex Candolle

【分　　布】亚洲热带地区。我国分布于长江流域以南各省区。福建各地常见。

【生　　境】生于路旁、田埂、水沟边。

【饲用价值】茎叶柔软，兔极喜食，煮熟后可喂猪，羊、鸡、鸭亦采食。

【其他用途】全草清热、凉血，有止血消炎的功效。

空心莲子草

【别　　名】喜旱莲子草、过江龙

【学　　名】*Alternanthera philoxeroides*（C. Martius）Grisebach

【分　　布】原产巴西。我国北京、广西、河北、湖北、湖南、江苏、江西、四川、台湾、浙江已逸为野生。福建各地常见。

【生　　境】多生于路旁、田边、水沟边或湿地。

【饲用价值】多用于饲喂猪、羊、牛、鱼、兔，喂猪时切碎或打浆，也可作青贮料，牛、羊要整枝鲜喂。

【其他用途】全草供药用。

二十五、马齿苋科
Portulacaceae

马齿苋属 *Portulaca* Linnaeus

马齿苋

【学　　名】*Portulaca oleracea* Linnaeus

【分　　布】温带及热带地区。我国广布于全国各地。福建各地常见。

【生　　境】生于田间、村旁、路边。

【饲用价值】可作家畜饲料。

【其他用途】全草入药，有清热解毒的功效。

毛马齿苋

【学　　名】*Portulaca pilosa* Linnaeus

【分　　布】印度尼西亚、老挝、马来西亚、缅甸、菲律宾、泰国、越南及非洲、美洲。我国分布于广东、广西、海南。福建产于沿海各地。

【生　　境】生于干旱的山坡岩缝、海边沙地中。

【饲用价值】可作家畜饲料。

大花马齿苋

【别　　名】松叶牡丹、半支莲

【学　　名】*Portulaca grandiflora* Hooker

【分　　布】原产南美洲。我国各地广泛栽培。福建常见栽培。

【生　　境】公园、花圃常有栽培。

【饲用价值】茎叶肥厚多汁，粗纤维多，养分丰富，是一种优等饲料；适口性好，是猪的良好饲料，生喂、熟喂、青贮、晒干、发酵均喜食。

【其他用途】可作庭园花卉。

土人参属 *Talinum* Adanson

土人参

【别　　名】锥花土人参

【学　　名】*Talinum paniculatum*（Jacquin）Gaertner

【分　　布】原产美洲热带地区。我国长江流域以南各省区均有栽培。福建各地也常见栽培，或有逸为野生。

【生　　境】生于田野、路旁、石缝较湿润处。

【饲用价值】茎叶猪喜食，牛、马、羊少食，良等饲用植物。

【其他用途】根供药用，也常作庭园绿化用。

人参菜

【别　　名】棱轴土人参、锡兰菠菜、苏里南马齿苋

【学　　名】*Talinum fruticosum*（Linnaeus）Juss.

【分　　布】原产墨西哥、中美洲地区，现广泛栽培于世界热带地区。我国广东、广西等地有引种栽培。福建漳州有栽培。

【生　　境】生于村寨屋前檐后潮湿处。

【饲用价值】茎叶猪喜食，牛、马、羊少食，良等饲用植物。

【其他用途】茎叶可作蔬食，也常作庭园绿化用。

二十六、落葵科

Basellaceae

落葵属 *Basella* Linnaeus

落葵

【别　　名】木耳菜、胭脂菜、藤菜

【学　　名】*Basella alba* Linnaeus

【分　　布】原产热带地区，现广植于世界各地。我国南北各省区均有种植。福建各地常见栽培。

【生　　境】多栽培丁庭园。

【饲用价值】肉质，茎叶肥嫩多汁，全株煮熟后喂猪，粗蛋白、粗脂肪和粗灰分含量较高，粗纤维较少，适口性好，良等饲用植物。

【其他用途】茎叶可供药用，亦可作蔬菜或供观赏用。

落葵薯属 *Anredera* Jussieu

落葵薯

【别　　名】心叶落葵薯、藤三七

【学　　名】*Anredera cordifolia*（Tenore）Steenis

【分　　布】原产美洲热带地区，现广植于世界各地。我国江苏、浙江、广东、四川、云南、北京有栽培。福建厦门、福州等地有栽培。

【生　　境】多栽培于庭园。

【饲用价值】猪喜食，良等饲用植物。

【其他用途】珠芽、叶及根供药用，有滋补、壮腰膝、消肿散淤的功效，叶可拔疮毒。

二十七、番杏科

Aizoaceae

番杏属 *Tetragonia* Linnaeus

番杏

【学　　名】*Tetragonia tetragonioides*（Pallas）Kuntze

【分　　布】非洲、东亚、大洋洲、南美洲。我国分布于广东、江苏、台湾、云南、浙江等省。福建沿海地区有栽培。

【生　　境】生于海边沙地。

【饲用价值】肉质，茎叶肥嫩多汁，全株煮熟后喂猪。

【其他用途】茎叶可作蔬菜。

二十八、石竹科
Caryophyllaceae

鹅肠菜属 *Myosoton* Moench

牛繁缕

【别　　名】鹅肠菜

【学　　名】*Myosoton aquaticum*（Linnaeus）Moench

【分　　布】欧洲、亚洲、美洲。我国广布于南北各省区。福建各地常见。

【生　　境】生于湿润田野、路旁、沙地。

【饲用价值】嫩茎叶牛、马、羊、猪、禽类均喜食，良等饲用植物。

【其他用途】全草供药用。

繁缕属 *Stellaria* Linnaeus

繁缕

【学　　名】*Stellaria media*（Linnaeus）Villars

【分　　布】北半球温带及亚热带地区。我国广布于南北各省区。福建各地常见。

【生　　境】生于田间、路旁、山坡阴湿地。

【饲用价值】草质柔嫩，牛、羊、猪均喜食，鹅、鸭、兔也喜采食，鸡食其叶和嫩枝。

【其他用途】全草供药用。

雀舌草

【学　　名】*Stellaria alsine* Grimm

【分　　布】不丹、印度、日本、朝鲜、尼泊尔、巴基斯坦、越南及欧洲。我国分布于内蒙古、甘肃、河南、安徽、江苏、浙江、江西、台湾、湖南、广东、广西、贵州、四川、云南、西藏。福建各地常见。

【生　　境】生于田间、路旁、山坡阴湿地。

【饲用价值】草质柔嫩，牛、羊、猪均喜食，鹅、鸭、兔、鸡均喜食其叶和嫩枝。

卷耳属 *Cerastium* Linnaeus

簇生泉卷耳

【学　　名】*Cerastium fontanum* subsp. *vulgare*（Hartman）Greuter & Burdet in Greuter & Raus

【分　　布】世界各地均有分布。我国大部分地区均有分布。福建各地常见。

【生　　境】生于田间、路旁或山地砂质地。

【饲用价值】嫩茎叶牛、羊采食，良等饲用植物。

【其他用途】全草药用，有清热解毒的功效。

无心菜属 *Arenaria* Linnaeus

无心菜

【别　　名】蚤缀

【学　　名】*Arenaria serpyllifolia* Linnaeus

【分　　布】北非、亚洲、大洋洲、欧洲、北美洲。我国广布于南北各地。福建产于连江、长乐、晋安、马尾、古田、福安。

【生　　境】多生于田间、路旁、沙地、河边冲积地。

【饲用价值】骆驼四季均喜食其嫩枝，良等饲用植物。

【其他用途】全药草用，清热明目，治急性结膜炎、结石病、咽喉痛。

蝇子草属 *Silene* Linnaeus

女娄菜

【学　　名】*Silene aprica* Turczaninow ex Fischer & C. A. Meyer

【分　　布】朝鲜、日本、蒙古、俄罗斯。我国分布于全国各地。福建产于平潭、长乐、晋安、马尾、南平、沙县、泰宁、柘荣。

【生　　境】生于山间草地、山谷较湿润处。

【饲用价值】牛、马、羊秋季乐采食，良等饲用植物。

【其他用途】全草入药，治乳汁少、体虚水肿等。

荷莲豆草属 *Drymaria* Willdenow ex Schultes

荷莲豆草

【学　　名】*Drymaria cordata*（Linnaeus）Schultes

【分　　布】原产中美洲、南美洲。我国分布于广东、广西、贵州、海南、湖南、四川、台湾、西藏、云南、浙江等省、自治区。福建各地常见。

【生　　境】生于溪流水沟边、菜园或林缘湿润处。

【饲用价值】适口性中等，牛、马、羊采食，煮熟后可喂猪。

【其他用途】全草入药，有消肿解毒的功效。

漆姑草属 *Sagina* Linnaeus

漆姑草

【学　　名】*Sagina japonica*（Swartz）Ohwi

【分　　布】朝鲜、日本、俄罗斯。我国分布于南北各省区（西北除外）。福建产于各地。

【生　　境】生于田间、路旁、河边山地低湿砂质地。

【饲用价值】嫩茎叶为牛、羊、马采食，也可作猪饲料，中等饲用植物。

【其他用途】全草可供药用，有退热解毒的功效，鲜叶揉汁涂漆疮有效。

二十九、莲科

Nelumbonaceae

莲属 *Nelumbo* Adanson

莲

【别　　名】荷花、莲花

【学　　名】*Nelumbo nucifera* Gaertner

【分　　布】俄罗斯、朝鲜、日本、越南及亚洲南部、大洋洲。我国分布于南北各省区。福建各地均有栽培。

【生　　境】栽培于池塘或水田中。

【饲用价值】果实含丰富淀粉，还含有蛋白质、维生素 C、棉子糖、果糖等，梗、叶、地下茎均为家畜优质饲料，尤为猪喜食。

【其他用途】重要的水生经济植物，根状茎称藕，可作蔬菜，种子称莲子，供药用，叶、叶柄、莲房、雄蕊等亦可供药用。

三十、睡莲科
Nymphaeaceae

萍蓬草属 *Nuphar* Smith

萍蓬草

【别　　名】萍蓬莲

【学　　名】*Nuphar pumila*（Timm）de Candolle

【分　　布】俄罗斯、朝鲜、蒙古、日本及欧洲北部。我国分布于安徽、广东、广西、江西、江苏、河北、吉林、黑龙江、台湾、新疆、浙江等省、自治区。福建产于厦门、福州、永安等地。

【生　　境】生于池沼中。

【饲用价值】全草为猪的优质饲料。

【其他用途】根状茎可供食用，亦可供药用，花供观赏。

芡属 *Euryale* Salisbury

芡实

【别　　名】芡、鸡头米、刺莲藕

【学　　名】*Euryale ferox* Salisbury

【分　　布】朝鲜、日本、印度有栽培。我国分布于南北各省区。福建产于泉州、长乐及沿海各地。

【生　　境】常栽培于池塘、湖沼中。

【饲用价值】根茎及去外皮的叶柄、花梗，均为优等饲料，猪喜食。

【其他用途】种子称芡实，含淀粉，供食用及酿酒，亦可供药用。

睡莲属 *Nymphaea* Linnaeus

睡莲

【别　　名】子午莲

【学　　名】*Nymphaea tetragona* Georgi

【分　　布】朝鲜、日本、越南、印度、俄罗斯、美国。我国各地广泛分布。福建各地常见栽培。

【生　　境】生于池沼中。

【饲用价值】茎叶柔嫩多汁，略带苦味，马、山羊、绵羊乐食，牛喜食其根茎，鹿喜食其叶、根茎，麋鹿春夏喜食其叶、茎，海狸喜食其茎，鸭、鹅喜食其种子。

【其他用途】根状茎含淀粉，供食用或酿酒；又可入药，治小儿慢惊风；全株供观赏，又可作绿肥。

三十一、金鱼藻科

Ceratophyllaceae

金鱼藻属 *Ceratophyllum* Linnaeus

金鱼藻

【学　　名】*Ceratophyllum demersum* Linnaeus

【分　　布】全世界均有分布。我国广布于全国各地。福建各地常见。

【生　　境】生于池塘、河沟。

【饲用价值】为鱼类饲料，又可喂猪。

【其他用途】全草药用，治内伤吐血。

三十二、十字花科

Brassicaceae (Cruciferae)

芸苔属 *Brassica* Linnaeus

大白菜

【别　　名】白菜、天津白菜、菘、卷心白

【学　　名】*Brassica rapa* var. *glabra* Regel

【分　　布】我国各地常见栽培。福建各地均有栽培。

【生　　境】菜园栽培。

【饲用价值】茎叶为各类畜禽的优质饲料。

【其他用途】福建夏、秋常见蔬菜之一。

青菜

【别　　名】小白菜、小油菜、白菜仔、油菜、小青菜

【学　　名】*Brassica rapa* var. *chinensis*（Linnaeus）Kitamura

【分　　布】原产亚洲。我国各地常见栽培。福建各地均有栽培。

【生　　境】菜园栽培。

【饲用价值】茎叶为各类畜禽的优质饲料。

【其他用途】福建夏、秋常见蔬菜之一。

芸苔

【别　　名】油菜、菜苔、野油菜

【学　　名】*Brassica rapa* var. *oleifera* de Candolle

【分　　布】广泛栽培于世界各地。我国长江流域各省区和西北有大量栽培。福建各地常见栽培。

【生　　境】菜园栽培。

【饲用价值】各类畜禽的优质青饲料。

【其他用途】主要油料作物之一；种子可供药用。

芥菜

【别　　名】芥

【学　　名】*Brassica juncea*（Linnaeus）Czernajew

【分　　布】世界各地广泛栽培。我国各地均有栽培。福建各地常见栽培。

【生　　境】菜园栽培。

【饲用价值】各类畜禽的优质青饲料。

【其他用途】种子含芥子素，有强烈的辛辣味，可研磨成"芥末面"；种子还可榨油；全草和种子入药，能化痰平喘、消肿止痛。

擘蓝

【别　　名】撇蓝、球茎甘蓝、芥蓝球

【学　　名】*Brassica oleracea* var. *gongylodes* Linnaeus

【分　　布】原产欧洲。我国各地有栽培。福建沿海各地也有栽培。

【生　　境】菜园栽培。

【饲用价值】各类畜禽的优质饲料。

【其他用途】块茎作蔬菜，供食用，亦可腌制成咸菜；种子榨油，供食用；茎和叶药用，能消食积。

卷心菜

【别　　名】包菜、甘蓝

【学　　名】*Brassica oleracea* var. *capitata* Linnaeus

【分　　布】世界各地广泛栽培。我国各地栽培甚多。福建各地均有栽培。

【生　　境】菜园栽培。

【饲用价值】畜禽的优质青饲料。

【其他用途】用作蔬菜，为福建冬春主要蔬菜之一。

花椰菜

【别　　名】花菜、菜花、椰菜花

【学　　名】*Brassica oleracea* var. *botrytis* Linnaeus

【分　　布】世界各地广泛栽培。中国各地栽培甚多。福建各地均有栽培。

【生　　境】菜园栽培。

【饲用价值】畜禽的优质青饲料。

【其他用途】用作蔬菜，为福建冬春主要蔬菜之一。

绿花菜

【学　　名】*Brassica oleracea* var. *italica* Plenck

【分　　布】世界各地广泛栽培。中国各地栽培甚多。福建各地均有栽培。

【生　　境】菜园栽培。

【饲用价值】畜禽的优质青饲料。

【其他用途】用作蔬菜。

芥蓝

【别　　名】芥蓝菜、白花甘蓝

【学　　名】*Brassica oleracea* var. *albiflora* Kuntze

【分　　布】我国分布于华南各地。福建沿海各地多有栽培。

【生　　境】菜园栽培。

【饲用价值】优等饲用植物。

【其他用途】用作蔬菜。

蔊菜属 *Rorippa* Scopoli

蔊菜

【别　　名】辣米菜、野油菜、塘葛菜、干油菜、印度蔊菜

【学　　名】*Rorippa indica*（Linnaeus）Hiern

【分　　布】印度、菲律宾、日本、朝鲜、老挝、缅甸、巴基斯坦、泰国、越南；本种已在美洲归化。我国广布于全国各地。福建各地常见。

【生　　境】生于路旁、田边、园圃、河边、屋边墙脚下、山坡路旁等较潮湿处。

【饲用价值】各种畜禽均喜食，特别是猪、禽、兔最喜食。

【其他用途】全草药用，有祛痰止咳、解表散寒、活血解毒、利湿退黄的功效。

球果蔊菜

【别　　名】风花菜

【学　　名】*Rorippa globosa*（Turczaninow ex Fischer & C. A. Meyer）Hayek

【分　　布】朝鲜、日本、蒙古、越南及俄罗斯远东地区。我国广布于南北各地。福建产于晋安、马尾、永泰等地。

【生　　境】多生于湿地、排水沟渠、水田埂旁、干涸的水田中。

【饲用价值】叶柔软，味纯正，茎秆和花枝细弱，纤维素含量低，各种畜禽均喜食，特别是猪、禽、兔最喜食。

【其他用途】种子可榨油。

广州蔊菜

【别　　名】广东蔊菜、细子蔊菜

【学　　名】*Rorippa cantoniensis*（Loureiro）Ohwi

【分　　布】朝鲜、日本、蒙古、越南及俄罗斯远东地区。我国除西北外大部分地区均有分布。福建产于福州、厦门、松溪等地。

【生　　境】多生于路旁湿地或田边。

【饲用价值】各种畜禽均喜食，特别是猪、禽、兔最喜食。

【其他用途】幼嫩茎叶可供食用。

碎米荠属 *Cardamine* Linnaeus

碎米荠

【学　　名】*Cardamine hirsuta* Linnaeus

【分　　布】全球温暖地区。我国分布于长江流域一带，东南至台湾，西南至云南、贵州。福建各地常见。

【生　　境】多生于路旁湿地、沟边、田边。

【饲用价值】各种畜禽均喜食，特别是猪、禽、兔最喜食。

【其他用途】全草入药，有祛风、清热、利尿、解毒的功效；种子可供榨油，供工业用。

弹裂碎米荠

【学　　名】*Cardamine impatiens* Linnaeus

【分　　布】朝鲜、日本、印度（锡金）、俄罗斯及亚洲西南部、欧洲、美洲。我国分布于长江流域至西南和秦岭北坡。福建各地较常见。

【生　　境】多生于路旁、屋边、山坡、沟谷、水边或阴湿地。

【饲用价值】各种畜禽均喜食，特别是猪，禽、兔最喜食。

光头山碎米荠

【学　　名】*Cardamine engleriana* O. E. Schulz

【分　　布】我国分布于湖北、四川、陕西、甘肃等省。福建产于泰宁等地。

【生　　境】生于路旁、沟边潮湿地。

【饲用价值】嫩茎叶为各种家畜乐食，中等饲用植物。

【其他用途】嫩茎叶可作野菜。

弯曲碎米荠

【学　　名】*Cardamine flexuosa* Withering

【分　　布】朝鲜、日本及欧洲、北美洲。我国分布于长江流域以南各省区和华北、秦岭北坡及东北地区。福建各地极常见。

【生　　境】多生于荒地、宅旁、沟边或山野草丛中。

【饲用价值】嫩茎叶为各种家畜乐食，中等饲用植物。

【其他用途】全草药用，有清热利湿、健胃、止泻等功效。

水田碎米荠

【学　　名】*Cardamine lyrata* Bunge

【分　　布】朝鲜、日本及俄罗斯西伯利亚地区。我国分布于东北及湖南、湖北、河南、江西、浙江、安徽、河北等省。福建产于晋安、马尾、福清等地。

【生　　境】多生于水田边、溪沟边或浅水边。

【饲用价值】适口性较好，青鲜时猪喜食，切碎、煮熟后可作猪的精饲料。

【其他用途】嫩茎叶可作野菜食用，入药有清热、去湿的功效。

豆瓣菜属 *Nasturtium* R. Brown

豆瓣菜

【别　　名】凉菜、西洋菜

【学　　名】*Nasturtium officinale* R. Brown

【分　　布】原产欧洲及亚洲西南，现于世界各地归化。我国分布于东部、南部及中部地区。福建福州、厦门偶见栽培。

【生　　境】生于水沟边、山涧河边、沼泽地或水田中。

【饲用价值】柔嫩多汁，纤维含量较低，适口性优良，为各种畜禽所喜爱，无异味，具有较高的营养价值。

【其他用途】茎叶可作蔬菜食用；种子可榨油，供工业用。全草入药，有清血、解热、镇痛的功效。

荠属 *Capsella* Medikus

荠菜

【别　　名】荠、荠菜

【学　　名】*Capsella bursa-pastoris*（Linnaeus）Medikus

【分　　布】世界温暖地区。我国广布于南北各省区。福建各地极多见。

【生　　境】喜湿性植物。多生于湿地、排水沟渠、水田埂旁、干涸的水田中。

【饲用价值】草质鲜嫩，柔软，无特殊气味，富含水分，营养价值较高。

【其他用途】嫩茎叶可供食用；种子榨油，供工业用；荠菜的药用价值很高，全株入药，有明目、清凉、解热、利尿、治痫等功效。

遏蓝菜属 *Thlaspi* Linnaeus

遏蓝菜

【别　　名】菥蓂

【学　　名】*Thlaspi arvense* Linnaeus

【分　　布】亚洲、欧洲、美洲。我国广布于全国各地。福建福州、厦门、泉州等市偶见栽培。

【生　　境】多生于农田、路旁、山坡、渠旁、谷底、草地，适应性极广。

【饲用价值】常为农田杂草。在荒漠草场，青绿时牛、羊采食，马不食；结实后茎粗硬，家畜不采食，在饥饿时，也少量采食。

【其他用途】全草、茎和种子均供药用，全草能清热解毒，消肿排脓，种子能利肝明目，嫩苗有和中益气、利肝明目的功效；种子榨油，供工业用，也可供食用。

萝卜属 *Raphanus* Linnaeus

萝卜

【别　　名】萝白、莱菔、芦菔

【学　　名】*Raphanus sativus* Linnaeus

【分　　布】原产地中海沿岸地区，现广泛栽培于世界各地。我国各地广泛栽培。福建各地常见栽培。

【生　　境】适宜在土层深厚，土质疏松，保水、保肥性能良好的砂壤土种植。

【饲用价值】肉质根中富含碳水化合物、多种维生素及磷、铁、硫等无机盐类，具有促进消化的作用，作为饲料来讲，萝卜叶的营养成分比肉质根高，是优质多汁饲料；宜生喂，喂猪可切碎或打浆；也可整个贮藏，或打碎青贮，或切片晒干。

【其他用途】根供食用；种子可榨油，供制肥皂、润滑油，也可食用；种子（药材名莱菔子）、鲜根和枯根（药材名地骷髅）、叶均可供药用。

三十三、景天科
Crassulaceae

瓦松属 *Orostachys* Fischer

瓦松

【学　　名】*Orostachys fimbriata*（Turczaninow）A. Berger

【分　　布】蒙古、俄罗斯。我国广布于华东、华北、东北、西北。福建产于厦门、南靖、莆田等地。

【生　　境】生于岩石上或屋顶瓦缝中。

【饲用价值】多汁饲用植物，营养品质中等，适口性强，青鲜时羊喜食。

【其他用途】全草药用，有止血、活血、敛疮的功效；但有小毒，宜慎用。

三十四、虎耳草科

Saxifragaceae

扯根菜属 *Penthorum* Linnaeus

扯根菜

【学　　名】*Penthorum chinense* Purch

【分　　布】朝鲜、日本、俄罗斯。我国广布于全国各省区。福建产于福州、长汀等地。

【生　　境】生于沟边、溪边或田边湿地。

【饲用价值】牛、羊采食，中等饲用植物。

【其他用途】全草入药，嫩苗可作蔬菜食用。

三十五、金缕梅科
Hamamelidaceae

枫香树属 *Liquidambar* Linnaeus

枫香树

【别　　名】枫香、枫树、红枫、路路通

【学　　名】*Liquidambar formosana* Hance

【分　　布】越南、老挝、朝鲜。我国分布于秦岭—淮河以南各省区。福建各地常见。

【生　　境】性喜阳光，多生于平地、村落附近、低山的次生林。

【饲用价值】叶质地柔软，适口性好，粗蛋白、粗脂肪含量高，可饲喂天蚕、柞蚕，羊、牛、猪喜食。

【其他用途】木材纹理好看，可作木料、家具、建筑用材；果实有通络、镇痛、利尿、活血、解毒祛痰的功效；还可作绿化、防风树种。

三十六、蔷薇科
Rosaceae

地榆属 *Sanguisorba* Linnaeus

地榆

【别　　名】黄瓜香、山地瓜、猪人参、血箭草

【学　　名】*Sanguisorba officinalis* Linnaeus

【分　　布】欧洲、亚洲温带地区。我国分布于黑龙江、吉林、辽宁、内蒙古、河北、山西、陕西、甘肃、青海、新疆、山东、河南、江西、江苏、浙江、安徽、湖南、湖北、广西、四川、贵州、云南、西藏。福建产于长乐、浦城等地。

【生　　境】常生于草原、草甸、山坡草地、灌丛中、疏林下、路旁或田边。

【饲用价值】草质柔嫩，无毛，无异味，牲畜喜食；地榆植株茎多叶少，因此从整个地上部分的化学成分来看，粗蛋白含量不高。

【其他用途】根茎入药，有凉血止血、清热解毒的功效。

龙牙草属 *Agrimonia* Linnaeus

龙牙草

【别　　名】仙鹤草、地仙草

【学　　名】*Agrimonia pilosa* Ledebour

【分　　布】朝鲜、蒙古、日本、俄罗斯西伯利亚地区及俄罗斯远东地区。我国广布于全国各地。福建各地常见。

【生　　境】喜温暖湿润的气候，生于荒地、山坡、路旁草地、针阔混交或疏林下、林缘、灌丛中、沟边等处。

【饲用价值】可作饲料，适口性中等；青草期马、羊少量采食，牛乐食。

【其他用途】全草为强壮收敛止血药；地下部分可提取仙鹤草粉，用作驱绦虫药；此外全草富含单宁，可提制栲胶。

蔷薇属 *Rosa* Linnaeus

小果蔷薇

【别　　名】山木香、鱼杆子、小金樱、白花七叶树、七姊妹

【学　　名】*Rosa cymosa* Trattinnick

【分　　布】老挝、越南。我国分布于华东、中南、西南。福建各地常见。

【生　　境】常生于疏林、林缘、草丛。

【饲用价值】嫩枝叶牛、羊采食，老化后不食；粗蛋白、粗脂肪含量较高，氨基酸总量较高，特别是必需氨基酸的含量较高，对羊和牛有一定的饲用价值。

【其他用途】能固水保土、绿化、美化，可作蜜源，花可提取芳香油；根入药祛风除湿、止咳化痰、解毒消肿、治疗小儿夜尿。

悬钩子属 *Rubus* Linnaeus

乌泡子

【别　　名】乌泡

【学　　名】*Rubus parkeri* Hance

【分　　布】我国分布于湖北、四川、云南、甘肃等省。福建产于武夷山。

【生　　境】生于山地林中阴湿处、溪旁、山谷岩石边上。

【饲用价值】虽然茎叶多毛刺，但却为山羊、黄牛所喜食，这些牲畜对其嫩枝梢和叶表现出贪食的特性；在冬季，叶未枯落时，常为山羊、黄牛所喜食，水牛偶尔也采食；聚合果成熟后为一些鸟类所喜食；乌泡子的粗蛋白含量达 11.04%，比南方一般禾本科饲用植物高。

委陵菜属 *Potentilla* Linnaeus

蛇含委陵菜

【学　　名】*Potentilla kleiniana* Wight & Arnott

【分　　布】日本、朝鲜、印度、马来西亚、尼泊尔。我国大部分地区有分布。福建各地常见。

【生　　境】生于山坡路旁、田野。

【饲用价值】叶及嫩梢山羊喜食，良等饲用植物。

【其他用途】全草药用，有清热、解毒的功效。

委陵菜

【别　　名】翻白菜、白头翁

【学　　名】*Potentilla chinensis* Seringe

【分　　布】朝鲜、日本、蒙古、俄罗斯。我国大部分地区有分布。福建产于厦门、金门、惠安等地。

【生　　境】生于山坡、路边、田旁、山林草丛中。

【饲用价值】叶及嫩梢山羊喜食，良等饲用植物。

【其他用途】全草药用，能祛风湿、解毒。

翻白草

【别　　名】鸡腿根、翻白萎陵菜、叶下白、鸡爪参

【学　　名】*Potentilla discolor* Bunge

【分　　布】日本、朝鲜。我国大部分地区有分布。福建各地较常见。

【生　　境】生于丘陵山地、路旁、畦埂上。

【饲用价值】叶及嫩梢山羊喜食，良等饲用植物。

【其他用途】供药用，有清热、解毒、止痢止血的功效。

草莓属 *Fragaria* Linnaeus

草莓

【学　　名】*Fragaria × ananassa*（Weston）Duchesne

【分　　布】原产南美洲，欧洲等地广为栽培。我国各地栽培。福建厦门、永安、福州等地也偶见栽培。

【生　　境】大田栽培，宜生于肥沃、疏松、中性或微酸性壤土中。

【饲用价值】牛、羊乐食，中等饲用植物。

【其他用途】果食用，也作果酱或罐头。

蛇莓属 *Duchesnea* Smith

蛇莓

【别　　名】蛇泡

【学　　名】*Duchesnea indica*（Andrews）Focke

【分　　布】俄罗斯、朝鲜、日本、印度等地，并已在非洲、欧洲、北美洲等地归化。我国广布于南北各省区。福建各地常见。

【生　　境】生于山坡、路旁、杂草间。

【饲用价值】叶和叶柄柔软，是牛、羊的良好饲草，嫩叶和果实鹅也食，中等饲用植物。

【其他用途】植株低矮，枝叶茂密，具有春季返青早、耐阴、绿色期长等特点；可同时观花、果、叶，园林效果突出；全草药用，有清热、解毒、祛风、止咳的功效。

皱果蛇莓

【学　　名】*Duchesnea chrysantha*（Zollinger & Moritzi）Miquel

【分　　布】朝鲜、日本、印度、马来西亚、印度尼西亚。我国分布于广东、广西、陕西、四川、台湾、云南等省、自治区。福建产于厦门、南靖、泉州、泰宁、延平、武夷山等地。

【生　　境】生于山坡路旁、村旁、田边荒地上。

【饲用价值】牛、羊、鹅的良好饲草，中等饲用植物。

【其他用途】植株低矮，枝叶茂密，具有春季返青早、耐阴、绿色期长等特点；可同时观花、果、叶，园林效果突出；全草药用，有清热、解毒、祛风、止咳的功效。

火棘属 *Pyracantha* M. Roemer

火棘

【别　　名】火把果、救军粮

【学　　名】*Pyracantha fortuneana*（Maximowicz）H. L. Li

【分　　布】我国分布于陕西、河南、江苏、浙江、湖北、湖南、广西、贵州、云南、四川、西藏等省、自治区。福建产于福州、南平等地。

【生　　境】生于山地、丘陵地、阳坡灌丛草地、河沟路旁。

【饲用价值】果实、种子及绿叶均可用作饲料，嫩枝叶山羊采食。

【其他用途】果实可酿酒，种子磨粉可代粮。

枇杷属 *Eriobotrya* Lindley

枇杷

【别　　名】芦橘、金丸、芦枝

【学　　名】*Eriobotrya japonica*（Thunberg）Lindley

【分　　布】原产我国东南部，现广泛栽培于东南亚。我国南方各地均有栽培。福建各地有栽培，尤以莆田、云霄等地较为出名。

【生　　境】常见于果园、园林、山坡、庭院、路边、建筑物前。

【饲用价值】嫩叶牛、羊采食，良等饲用植物。

【其他用途】我国南部地区早春的重要水果，也供罐头、蜜饯用；叶晒干去毛供药用。

大花枇杷

【别　　名】山枇杷、野枇杷、广东野枇杷

【学　　名】*Eriobotrya cavaleriei*（H. Léveillé）Rehder

【分　　布】越南北部。我国分布于四川、贵州、湖北、湖南、江西、广西、广东等省、自治区。福建产于南靖、平和、上杭、武平、新罗、德化、连城、永安、宁化、南平。

【生　　境】生于海拔 500～2000m 的山坡、河边的杂木林中。

【饲用价值】嫩叶牛、羊采食，良等饲用植物。

【其他用途】果实可生食或酿酒。

三十七、酢浆草科

Oxalidaceae

酢浆草属 *Oxalis* Linnaeus

酢浆草

【别　　名】满天星、酸酸草

【学　　名】*Oxalis corniculata* Linnaeus

【分　　布】世界温带至热带地区。我国各地广布。福建各地常见。

【生　　境】潮湿的耕地、旷野、河边湿地上。

【饲用价值】牛、羊采食，兔喜食，煮熟后猪喜食。

【其他用途】可作绿化、美化植物；茎叶含草酸，可擦铜器。全草可供药用。

红花酢浆草

【别　　名】铜锤草、大叶酢浆草、三叶草

【学　　名】*Oxalis corymbosa* Candolle

【分　　布】原产南美洲热带地区，现广泛栽培于世界温暖地区，并已归化。我国各地广布。福建常见。

【生　　境】路边、田边、耕地中。

【饲用价值】牛、羊稍食，煮熟后猪食。

【其他用途】可作绿化、美化植物。

三十八、牻牛儿苗科

Geraniaceae

牻牛儿苗属 *Erodium* L'Héritier ex Aiton

芹叶牻牛儿苗

【学　　名】*Erodium cicutarium*（Linnaeus）L'Héritier ex Aiton

【分　　布】日本及欧洲中部、非洲北部、北美洲。我国分布于江苏、山东、河北、内蒙古、陕西等省、自治区。福建产于东山、厦门。

【生　　境】生于海边低丘草地。

【饲用价值】鲜草猪乐食，干草马、牛、羊乐食，良等饲用植物。

三十九、亚麻科

Linaceae

亚麻属 *Linum* Linnaeus

亚麻

【别　　名】胡麻

【学　　名】*Linum usitatissimum* Linnaeus

【分　　布】可能原产地中海沿岸或亚洲西部和欧洲西部，现广泛栽培于世界各地。我国各地均有栽培。福建厦门、福州等地有栽培。

【生　　境】大田栽培，适于在土层深厚、疏松肥沃、排水良好的微酸性或中性土壤种植。

【饲用价值】供饲用的是蒴果脱粒后的果壳（亚麻衣）和种子榨油后的渣饼。亚麻衣是猪的粗饲料，亚麻饼是各类畜禽的蛋白质饲料，秸秆可氨化后作饲料。

【其他用途】茎皮纤维长而韧，是纺织原料；种子可榨油，供作润滑油；可供药用，治烫伤，内服可作轻泻剂，还有补益肝肾、养血祛风、润燥的功效。

四十、芸香科

Rutaceae

花椒属 *Zanthoxylum* Linnaeus

簕欓花椒

【别　　名】簕欓、鹰不泊、鸟不宿

【学　　名】*Zanthoxylum avicennae*（Lamarck）Candolle

【分　　布】印度、马来西亚、菲律宾、泰国、越南等。我国分布于广东、广西、云南、海南等省、自治区。福建各地常见。

【生　　境】生于低海拔平地、坡地或谷地，多见于次生林中。

【饲用价值】羊喜食其叶和嫩枝。

【其他用途】鲜叶、根皮及果皮均有花椒气味，嚼之有黏质，味苦而麻舌，果皮和根皮味较浓；民间用作草药，有祛风去湿、行气化痰、止痛等功效，治多类痛症，又作驱蛔虫剂。

柑橘属 *Citrus* Linnaeus

柑橘

【别　　名】柑、橘

【学　　名】*Citrus reticulata* Blanco

【分　　布】我国秦岭—淮河以南广大地区有栽培。福建各地有栽培。

【生　　境】性喜温暖湿润气候。对土壤的适应范围较广，紫色土、红黄壤、沙滩和海涂，pH 4.5～8 均可生长，以 pH 5.5～6.5 为最适宜。

【饲用价值】加工后的橘渣，可饲喂奶牛、肉牛，也可晒干后制成粉或青贮（加入禾草）。

【其他用途】色香味兼优，营养丰富，是优质水果；果皮（陈皮）、橘络入药，有理气化痰、活血、散淤的功效。

四十一、苦木科

Simaroubaceae

鸦胆子属 *Brucea* J. F. Miller

鸦胆子

【别　　名】老鸦胆、苦参子

【学　　名】*Brucea javanica*（Linnaeus）Merrill

【分　　布】亚洲东南部至大洋洲。我国南部常见。福建南部、中部常见。

【生　　境】生于荒坡、灌木林中。

【饲用价值】山羊食其嫩叶，中等饲用植物。

【其他用途】果实入药，有清热、解毒、杀虫、截疟、腐蚀赘疣的功效。

臭椿属 *Ailanthus* Desfontaines

臭椿

【别　　名】椿树、樗

【学　　名】*Ailanthus altissima*（Miller）Swingle

【分　　布】日本、朝鲜。我国除西北及黑龙江、吉林、海南外广布。福建偶见。

【生　　境】生于低山坡地、疏林、路旁。

【饲用价值】叶可作猪饲料，也可养樗蚕，中等饲用植物。

【其他用途】可作行道树种及绿化荒山。

四十二、楝科

Meliaceae

香椿属 *Toona*（Endlicher）M. Roemer

▌香椿

【别　　名】山椿、虎目树

【学　　名】*Toona sinensis*（A. Jussieu）M. Roemer

【分　　布】朝鲜、日本、印度、老挝、马来西亚、缅甸、尼泊尔、泰国。我国分布于长江南北的广大地区。福建可见零散生长或栽培。

【生　　境】生于山地杂木林或疏林中。

【饲用价值】叶和嫩枝柔软清香，粗蛋白、粗脂肪和消化能均较高，猪、鸡、鸭、鹅喜食，牛、羊乐食。干后牛、羊喜食，是优质的叶类饲料。

【其他用途】椿芽营养丰富，并具有食疗作用，主治外感风寒、风湿痹痛、胃痛、痢疾等；香椿生长迅速，可作为行道树及低山造林树种；木材材质优良，可供建筑、造船、家具等用。

楝属 *Melia* Linnaeus

▌楝

【别　　名】苦楝

【学　　名】*Melia azedarach* Linnaeus

【分　　布】亚洲热带及亚热带地区。我国黄河以南各省区均有分布。福建各地常见。

【生　　境】生于低海拔旷野、路旁或疏林中。

【饲用价值】叶可作牛、羊饲料，中等饲用植物。

【其他用途】树皮、叶和果实入药，有驱虫、止痛和收敛的功效，在农村广泛用作农药；果实还可酿酒，种子榨油可制油漆、润滑油和肥皂；木材供建筑和制作家具；楝生长迅速，成林期短，可作为行道树及造林树种。

四十三、大戟科

Euphorbiaceae

叶下珠属 *Phyllanthus* Linnaeus

余甘子

【别　　名】油甘

【学　　名】*Phyllanthus emblica* Linnaeus

【分　　布】印度、斯里兰卡、中南半岛、印度尼西亚、菲律宾及南美洲。我国分布于云南、广东、广西、海南、四川、贵州、台湾、云南等省、自治区。福建诏安、漳浦、厦门、龙海、新罗、漳平、晋江、惠安、莆田、福清等地常见栽培。

【生　　境】生于疏林、灌丛、荒地或山沟向阳处。

【饲用价值】羊、鹿喜食其嫩枝叶，良等饲用植物。

【其他用途】木材坚硬耐腐，富有弹性，可作室内装饰及家具用材；果实可生食或渍制，又可供药用，能止渴化痰、消食积；种子可榨油；根药用，有收敛止泻、解郁定痛、清湿热、降血压等功效。

叶下珠

【学　　名】*Phyllanthus urinaria* Linnaeus

【分　　布】日本、中南半岛、印度。我国分布于广东、广西、湖南、云南、贵州、四川、台湾、江西、浙江、安徽、江苏、山东、河北、山西、陕西等省、自治区。福建产于厦门、南靖、新罗、德化、莆田、长乐、晋安、马尾、连城、永安、沙县、尤溪、延平、建阳、松溪、政和、光泽、宁德等地，为较常见植物。

【生　　境】生于田野草地、山坡路旁或林下。

【饲用价值】牛、马、羊食，低等饲用植物。

【其他用途】全草入药，有清肝明目、渗湿利水的功效，可治小儿疳积、肾炎水肿、尿道感染结石、肝炎、黄疸、肠炎、腹泻等症。

蜜柑草

【别　　名】蜜甘草

【学　　名】*Phyllanthus ussuriensis* Ruprecht & Maximowicz

【分　　布】日本。我国分布于贵州、浙江、安徽、江苏等省。福建产于诏安、厦门、南靖、武平、长汀、莆田、平潭、晋安、马尾、永安、沙县、宁德、武夷山、浦城、建瓯、建阳、光泽等地。

【生　　境】生于丘陵山坡或路旁。

【饲用价值】牛、马、羊少食，低等饲用植物。

【其他用途】全草入药，有消食积、止腹泻的功效。

算盘子属 *Glochidion* J. R. Forster & G. Forster

算盘子

【学　　名】*Glochidion puberum*（Linnaeus）Hutchinson

【分　　布】日本。我国分布于广东、广西、湖南、湖北、云南、四川、台湾、江西、安徽、江苏、陕西、甘肃等省、自治区。福建产于漳浦、南靖、新罗、永春、德化、莆田、福清、晋安、马尾、永泰、大田、连城、永安、沙县、宁化、建宁、尤溪、将乐、连江、宁德、延平、松溪、政和、武夷山、浦城、光泽等地。

【生　　境】生于山地、路旁灌丛，是酸性土壤的指示植物。

【饲用价值】嫩叶羊乐食，中等饲用植物。

【其他用途】种子榨油，可供制肥皂及润滑油；根、茎、叶含鞣质，可提取栲胶；茎皮可取纤维；全株有清热利湿、活血散淤、消肿解毒的功效，可治感冒、痢疾、腹泻、外科疮肿；也可作农药。

毛果算盘子

【学　　名】*Glochidion eriocarpum* Champion ex Bentham

【分　　布】缅甸、越南。我国分布于广东、广西、云南、贵州、台湾等省、自治区。福建产于龙文、芗城、南靖、华安、上杭、新罗、漳平、福清、晋安、马尾、永泰、永安、连江等地。

【生　　境】生于山坡灌丛。

【饲用价值】嫩时可作羊饲料，低等饲用植物。

【其他用途】全株或根、叶供药用，有解漆毒、收敛止泻、祛湿止痒的功效。

黑面神属 *Breynia* J. R. Forster & G. Forster

黑面神

【别　　名】夜兰茶、狗脚刺、鬼画符

【学　　名】*Breynia fruticosa*（Linnaeus）Müller Argoviensis

【分　　布】老挝、泰国、越南。我国产于浙江、广东、海南、广西、四川、贵州、云南等省、自治区。福建产于诏安、漳浦、厦门、龙海、龙文、芗城、南靖、长泰、漳平、莆田等地。

【生　　境】散生于干旱山坡、平地旷野灌木丛中或林缘。

【饲用价值】嫩茎叶牛、羊采食。

【其他用途】根、叶供药用，可治肠胃炎、咽喉肿痛、风湿骨痛、湿疹、高脂血症等；全株煲水外洗可治疮疖、皮炎等；枝、叶及茎皮含单宁，可提取栲胶。

土密树属 *Bridelia* Willdenow

土密树

【学　　名】*Bridelia tomentosa* Blume

【分　　布】印度、中南半岛及大洋洲北部。我国分布于台湾、广东、广西、海南、云南。福建产于漳浦、厦门、芗城、龙文、南靖、长泰等地。

【生　　境】生于山坡、灌丛中。

【饲用价值】叶营养价值较高，牛、羊喜食。

【其他用途】树皮及叶含鞣制，可提取栲胶。

重阳木属 *Bischofia* Blume

秋枫

【学　　名】*Bischofia javanica* Blume

【分　　布】印度、印度尼西亚、菲律宾、缅甸、尼泊尔、日本及大洋洲、太平洋群岛。我国分布于广东、广西、海南、云南、贵州、四川、河南、浙江、台湾等省、自治区。福建产于厦门、龙文、芗城、南靖、长泰、平和、龙岩、永春、莆田、福清、长乐、晋安、马尾、永泰、连江等地。

【生　　境】生于山谷林缘的肥沃潮湿地，也见于溪边近水处。

【饲用价值】嫩叶牛、羊采食。

【其他用途】木材材质较坚重，可作建筑及家具等用材；植株生长迅速，为一种优质速生树种，各地常栽培作风景树、行道树及护堤树；果肉可食；种子可榨油；根可治风伤骨痛及痢疾；叶可治无名肿毒等症。

重阳木

【学　　名】*Bischofia polycarpa*（H. Léveillé）Airy Shaw

【分　　布】我国分布于安徽、广东、广西、湖南、江苏、江西、陕西、云南、浙江等省、自治区。福建产于漳州、长汀、福州、建宁、泰宁、延平、武夷山等地。

【生　　境】生于山谷林缘的肥沃潮湿地，也见于溪边近水处。

【饲用价值】嫩叶牛、羊采食。

【其他用途】木材材质较坚重，可作建筑及家具等用材；植株生长迅速，为一种优质速生树种，各地常栽培作风景树、行道树及护堤树；果肉可食；种子可榨油；根可治风伤骨痛及痢疾；叶可治无名肿毒等症。

橡胶树属 *Hevea* Aublet

橡胶树

【别　　名】巴西橡胶树、三叶橡胶树

【学　　名】*Hevea brasiliensis*（Willdenow ex A. Jussieu）Müller Argoviensis

【分　　布】原产巴西，现广植于亚洲热带地区。我国主要分布于海南、广东、广西、云南，台湾也可种植。福建诏安、云霄、厦门等地也有引种。

【生　　境】适于在土层深厚、肥沃而湿润、排水良好的酸性砂壤土种植。

【饲用价值】作为饲料的部分主要是晒干的种子或种子榨油后的胶籽饼，其适口性好，且价格低廉，是畜禽的优质蛋白饲料。

【其他用途】世界上最著名的橡胶植物，所产的胶乳是富有弹力的软性橡胶，用途极广，是国防及民用工业的重要原料；种子油又可制肥皂和固化油。

木薯属 *Manihot* Miller

木薯

【别　　名】木番薯、树薯

【学　　名】*Manihot esculenta* Crantz

【分　　布】原产巴西，现广泛栽培于世界热带地区。我国南部各省区也有栽培。福建诏安、平和、厦门、龙岩、仙游、福州等地普遍栽培。

【生　　境】适应性强，耐旱耐瘠，山地、平原均可种植。最适于在阳光充足、土层深厚、排水良好的土地生长。

【饲用价值】含有丰富的碳水化合物，是一种高能量饲料；木薯的块根富含淀粉，叶富含粗蛋白，无论块根或叶粗纤维含量均低，故是良好的饲料；鲜薯块和鲜叶均含有氰氢酸，对畜禽有毒害作用，一般要经过处理才能饲用；叶和块根切片晒干，氰氢酸基本消失，粉碎后可直接饲用。

【其他用途】块根富含淀粉，品质优良，可供食用及工业用。

蓖麻属 *Ricinus* Linnaeus

蓖麻

【学　　名】*Ricinus communis* Linnaeus

【分　　布】广布于全世界热带地区或栽培于热带至暖温带各国。我国各省区普遍栽培，有时逸为野生。福建各地普遍栽培，有时逸为野生。

【生　　境】村旁疏林或河流两岸冲积地。

【饲用价值】嫩枝可作牛、羊饲料，低等饲用植物。

【其他用途】种仁含油量可高达 70%，是重要工业用油原料，可作优质润滑油及印刷用油，可制肥皂；在医药上还可作缓泻剂，根、叶、种子均可入药，有祛湿通络、消肿拔毒的功效。

铁苋菜属 *Acalypha* Linnaeus

▌铁苋菜

【别　　名】野麻草、玉碗捧真珠

【学　　名】*Acalypha australis* Linnaeus

【分　　布】菲律宾、越南、朝鲜、日本等。我国各地几乎均有分布，长江流域尤多。福建各地极常见。

【生　　境】生于山坡、沟边、路旁、田野。

【饲用价值】茎叶鲜嫩多汁，叶量大，占总重量的 75% 以上，猪、兔、牛、羊、鹅均喜食。

【其他用途】全草入药，能清热解毒、利水消肿，用于治痢止泻。

野桐属 *Mallotus* Loureiro

▌白背叶

【别　　名】白叶野桐、叶下白、白背娘、白帽顶

【学　　名】*Mallotus apelta*（Loureiro）Müller Argoviensis

【分　　布】越南。我国分布于广东、广西、湖南、河南、江西、浙江、安徽、陕西等省、自治区。福建各地常见。

【生　　境】生于海拔 30～1000m 的山坡或山谷灌丛。

【饲用价值】牛、羊采食其嫩叶，良等饲用植物。

【其他用途】茎皮纤维可代黄麻，供织麻袋、制绳索，也可作人造棉、混纺；种子油可供制肥皂、润滑油、油墨及鞣革等；根、叶供药用，有清热活血、收敛去湿的功效，可治跌打扭伤。

▌粗糠柴

【别　　名】红果果、香桂树

【学　　名】*Mallotus philippensis*（Lamarck）Müller Argoviensis

【分　　布】越南、印度、斯里兰卡、菲律宾、马来西亚、澳大利亚。我国分布于广东、广

西、湖南、湖北、云南、贵州、四川、台湾、浙江、甘肃。福建产于永春、晋安、马尾、永泰、连江、福安、延平、光泽。

【生　　境】山坡、林缘、路旁灌丛中。

【饲用价值】牛、羊采食其嫩茎叶，良等饲用植物。

【其他用途】树皮纤维可制绳索和造纸；种子油供制肥皂及润滑油；蒴果外面被覆的红色腺点可作纺织品的红色染料，并可供药用，为缓泻剂和杀虫剂。

山麻杆属 *Alchornea* Swartz

红背山麻杆

【别　　名】红背娘、红罗斗、红帽顶、大叶红

【学　　名】*Alchornea trewioides*（Bentham）Müller Argoviensis

【分　　布】越南、柬埔寨、日本、老挝、泰国。我国分布于中部、东南部。福建产于诏安、南靖、平和、新罗、连城等地。

【生　　境】生于村落附近或灌丛中，有时生于稀疏针叶林下。

【饲用价值】嫩茎叶营养价值较高，牛喜食。

【其他用途】茎皮纤维可供造纸及制人造棉；根和叶可供药用，能除湿、解毒和止血，治腹泻、痢疾、白带、血崩、尿道结石、炎症等；叶煎水洗，治风疹。

乌桕属 *Triadica* Loureiro

乌桕

【别　　名】蜡子树、桕子树、木子树

【学　　名】*Triadica sebifera*（Linnaeus）Small

【分　　布】日本、越南、印度，目前非洲、美洲、欧洲均有引种栽培。我国分布于广东、广西、湖南、湖北、河南、云南、贵州、四川、台湾、江西、浙江、安徽、江苏、山东、陕西、甘肃等省、自治区。福建产于各地。

【生　　境】河边、林缘、灌丛、路旁。

【饲用价值】牛、羊采食其嫩枝叶，叶煮熟后可喂猪，中等饲用植物。

【其他用途】种子的蜡层是制蜡烛和肥料的原料；种子油可制油漆；木材供雕刻和制家具；叶可饲乌桕蚕；树皮及叶含鞣质，可提制栲胶；果实外用可治皮肤病、肿毒；叶浸出液可作农药，有杀虫的功效。

山乌桕

【学　　名】*Triadica cochinchinensis* Loureiro

【分　　布】印度、缅甸、老挝、越南、马来西亚、印度尼西亚。我国广布于云南、四川、

贵州、湖南、广西、广东、江西、安徽、浙江、台湾等省、自治区。福建产于龙海、南靖、长泰、上杭、新罗、长汀、永春、德化、莆田、长乐、闽侯、晋安、马尾、永泰、永安、沙县、宁化、将乐、福安、延平、建瓯等地。

【生　　境】多生于山坡林缘或沟谷边林中。

【饲用价值】嫩枝叶可作牛、羊饲料，低等饲用植物。

【其他用途】种子油可制肥皂、蜡烛；木材制火柴杆；根皮、叶外敷可治跌打扭伤、痈疮、毒蛇咬伤。

大戟属 *Euphorbia* Linnaeus

飞扬草

【别　　名】乳籽草、大飞扬、大乳汁草、节节花
【学　　名】*Euphorbia hirta* Linnaeus
【分　　布】世界的热带至亚热带地区。我国分布于江西、湖南、台湾、广东、广西、海南、四川、贵州、云南等省、自治区。福建各地常见。
【生　　境】生于向阳山坡、山谷、路旁、灌木丛。
【饲用价值】嫩叶可作牛、羊、猪饲料。
【其他用途】全草入药，清热解毒、利湿止痒，用于痢疾、肠炎、肠道滴虫、消化不良、支气管炎，外用治湿疹、皮炎、皮肤瘙痒。

千根草

【学　　名】*Euphorbia thymifolia* Linnaeus
【分　　布】世界热带及亚热带地区。我国分布于广东、广西、云南、台湾、江西。福建产于诏安、厦门、龙溪、莆田、福清、平潭、晋安、马尾、永泰、永安、延平、建瓯等地。
【生　　境】生于路旁、屋旁草丛中，多见于砂质土。
【饲用价值】嫩时可作猪饲料，低等饲用植物。
【其他用途】全草供药用，有清热利湿、收敛止痒的功效，主治菌痢、肠炎、腹泻等。

通奶草

【学　　名】*Euphorbia hypericifolia* Linnaeus
【分　　布】印度东部、中南半岛。我国分布于广东、广西、湖南、云南、贵州、江西。福建产于东山、漳浦、厦门、龙文、芗城、霞浦等地。
【生　　境】生于路旁或海边沙地。
【饲用价值】牛、马、羊食其嫩茎叶，低等饲用植物。
【其他用途】全草入药，通奶。

四十四、水马齿科

Callitrichaceae

水马齿属 *Callitriche* Linnaeus

沼生水马齿

【学　　名】*Callitriche palustris* Linnaeus

【分　　布】欧洲、北美洲及亚洲温带地区。我国分布于西南、华东至东北。福建产于永安、沙县、南平、晋安、马尾、尤溪、闽清等地，其他地方也偶见。

【生　　境】多生于海拔 500m 以下的沼泽地、浅水塘、路旁田边阴湿地草丛中，也常见于田间荒田杂草丛中。

【饲用价值】可作猪饲料，低等饲用植物。

四十五、漆树科

Anacardiaceae

腰果属 *Anacardium* Linnaeus

腰果

【别　　名】鸡腰果、介寿果、槚如树

【学　　名】*Anacardium occidentale* Linnaeus

【分　　布】原产美洲热带地区，现全球热带地区均有栽培。我国广东、广西、云南、台湾有栽培。福建厦门、诏安等地也有少量栽培。

【生　　境】喜阳光，耐旱、抗风，对土壤适应性强，在滨海沙地亦宜生长。

【饲用价值】榨油后的果饼是家畜的优质饲料。

【其他用途】著名的热带水果，可生食或制果汁、果酱、蜜饯、罐头和酿酒；种子炒食，含油量较高，为优质食用油；果壳油也是优质的防腐剂或防水剂，又可入药，治牛皮癣、铜钱癣及脚癣；木材耐腐，可供造船；树皮可杀虫、治白蚁，还可制不褪色的墨水。

杧果属 *Mangifera* Linnaeus

杧果

【别　　名】莽果、木莽果、庵罗果、望果、蜜望

【学　　名】*Mangifera indica* Linnaeus

【分　　布】原产印度，世界热带地区广为栽培。我国分布于广东、广西、海南、云南、台湾。福建福州以南沿海各地有栽培。

【生　　境】常栽培于庭园或作行道树。

【饲用价值】叶牛、羊采食，鹿喜食。牛、猪喜食果实。落果用以青贮，猪喜食。核仁家畜也食。

【其他用途】热带名贵水果，可生食，也可制罐头或果酱；果皮入药，利尿；果核能疏风止咳；叶和树皮可作黄色染料；木材坚硬，耐海水，可造船及作家具等；树冠球形，浓绿，是优质的庭园观赏树种。

盐肤木属 *Rhus* Linnaeus

▌盐肤木

【别　　名】五倍子、五倍子树

【学　　名】*Rhus chinensis* Miller

【分　　布】印度、中南半岛、印度尼西亚、日本、朝鲜。我国除东北、内蒙古、新疆外广布于其他各省区。福建各地极多见。

【生　　境】生于海拔 1500m 以下的向阳山坡、沟谷、溪边的疏林边或灌丛中。

【饲用价值】嫩枝叶和花序柔软多汁，猪最喜食。切碎，经蒸煮，鸡、鸭、鹅等均食。晒制成干草，加工成草粉，可饲喂各种畜禽。

【其他用途】五倍子蚜虫的寄主植物，在嫩枝和叶上形成虫瘿，即五倍子，可供鞣革、医药、塑料和墨水等工业上用；幼枝和叶又可作土农药；果泡水可代醋，生饮止渴；种子可榨油；根、叶、花及果均可供药用。

漆树属 *Toxicodendron* Miller

▌野漆

【别　　名】野漆树、木蜡树、洋漆树

【学　　名】*Toxicodendron succedaneum*（Linnaeus）Kuntze

【分　　布】印度、中南半岛、朝鲜、日本。我国华北至长江流域以南各省区均产。福建各地极常见。

【生　　境】多生于海拔 1500m 以下的山地灌丛、林缘或林中。

【饲用价值】羊稍食其叶，良等饲用植物。

【其他用途】根、叶及果入药，有清热解毒、散淤生肌、止血、杀虫的功效；种子油可制皂或掺和干性油作油漆；中果皮之漆蜡可制蜡烛、膏药和发蜡等；树皮可提栲胶；树干乳液可代生漆用；木材坚硬致密，可作细工用材。

▌漆树

【别　　名】生漆

【学　　名】*Toxicodendron vernicifluum*（Stokes）F. A. Barkley

【分　　布】印度、朝鲜、日本。我国除黑龙江、吉林、内蒙古、新疆外，南北各省区均有分布。福建产于武夷山、邵武、建阳等地。

【生　　境】多生于海拔 500m 以上的向阳坡地，也常种植于村前屋后、溪沟边。

【饲用价值】羊少食其叶，种子也可饲用，良等饲用植物。

【其他用途】漆液是天然树脂涂料，素有"涂料之王"的美誉；漆树可取蜡，籽可榨油，木材坚实，生长迅速，为天然涂料、油料和木材兼用树种。

四十六、卫矛科
Celastraceae

卫矛属 *Euonymus* Linnaeus

白杜

【别　　名】丝棉木、明开夜合、华北卫矛

【学　　名】*Euonymus maackii* Ruprecht

【分　　布】俄罗斯西伯利亚地区南部和朝鲜半岛；欧洲及北美洲有引种栽培。我国分布于中部、东部、北部。福建厦门有引种栽培。

【生　　境】有较强的适应能力，对土壤要求不严，中性土和微酸性土均能适应，最适宜栽植在肥沃、湿润的土壤中。

【饲用价值】牛、羊乐食其叶。

【其他用途】木材可作雕刻及细工用材；根药用，治腰膝痛；常栽培供观赏。

南蛇藤属 *Celastrus* Linnaeus

哥兰叶

【别　　名】大芽南蛇藤

【学　　名】*Celastrus gemmatus* Loesener

【分　　布】我国分布于台湾、广东、广西、河南、云南、贵州、江西、甘肃、四川、陕西、湖南、浙江、安徽、湖北等省、自治区。福建产于德化、永安、沙县、泰宁、建宁、宁化、古田、武夷山等地。

【生　　境】生于中海拔地区的山地、灌丛中。

【饲用价值】牛、羊、猪乐食其叶。

裸实属 *Gymnosporia*（Wight & Arnott）Bentham & J. D. Hooker

细叶裸实

【别　　名】变叶美登木、变叶裸实、刺仔木、咬眼刺

【学　　名】*Gymnosporia diversifolia* Maximowicz

【分　　布】菲律宾、日本、马来西亚、泰国、越南。我国分布于台湾、广东、广西、海南。福建产于厦门、漳浦等地。

【生　　境】生于干燥的海边山坡灌丛中。

【饲用价值】羊采食其叶及嫩梢，良等饲用植物。

四十七、无患子科

Sapindaceae

龙眼属 *Dimocarpus* Loureiro

▎龙眼

【别　　名】桂元、桂圆

【学　　名】*Dimocarpus longan* Loureiro

【分　　布】原产我国南部、西南部，现在世界热带及亚热带地区广泛栽培。我国华南普遍栽培。福建中部、南部常见栽培。

【生　　境】耐旱、耐酸、耐瘠、忌浸，在红壤丘陵地、旱平地生长良好。

【饲用价值】羊食其叶，鹿喜食叶。

【其他用途】福建省著名的亚热带水果；果实除鲜食外，还可制成罐头、酒、膏、酱等，亦可加工成桂圆干肉等；此外龙眼的叶、花、根、核均可入药；龙眼树木质坚硬，纹理细致优美，是制作高级家具的原料；龙眼花是一种重要的蜜源植物，龙眼蜜是蜂蜜中的上等蜜。

荔枝属 *Litchi* Sonnerat

▎荔枝

【别　　名】离枝

【学　　名】*Litchi chinensis* Sonnerat

【分　　布】原产我国广东、海南，现广泛栽培于世界热带、亚热带地区。我国南部地区广泛栽培。福建南部常见栽培。

【生　　境】大部分种于丘陵、坡地。

【饲用价值】羊、鹿食其叶。

【其他用途】果实除食用外，核入药为收敛止痛剂，治心气痛、小肠气痛；木材坚实，深红褐色，纹理雅致，耐腐，历来为上等名材；花多，富含蜜腺，是重要的蜜源植物。

车桑子属 *Dodonaea* Miller

车桑子

【别　　名】坡柳、铁扫把

【学　　名】*Dodonaea viscosa* Jacquin

【分　　布】热带及亚热带地区。我国分布于东南部、南部至西南部。福建中部、南部常见。

【生　　境】生于干旱山坡、旷地或海边的沙土上。

【饲用价值】羊极喜食其叶。

【其他用途】主要用于荒山、荒坡及公路两侧护坡的水土流失治理、绿化。

四十八、鼠李科

Rhamnaceae

枣属 *Ziziphus* Miller

▌枣

【别　　名】枣树、枣子、大枣、红枣树、刺枣

【学　　名】*Ziziphus jujuba* Miller

【分　　布】原产中国北部，亚洲、欧洲、美洲常有栽培。我国分布广泛，各地均有栽培。福建偶见种植。

【生　　境】生于海拔 1700m 以下的山区、丘陵或平原。

【饲用价值】山区放牧较好的灌木之一。

【其他用途】果可制蜜饯和果脯，还可作枣泥、枣面、枣酒、枣醋等，为食品工业原料；枣还可供药用，有养胃、健脾、益血、滋补、强身的功效，枣仁和根均可入药，枣仁可安神，为重要药品之一；枣树花期较长，芳香多蜜，为良好的蜜源植物。

▌无刺枣

【别　　名】枣子、红枣、大枣

【学　　名】*Ziziphus jujuba* var. *inermis*（Bunge）Rehder

【分　　布】原产中国北部，亚洲、欧洲、美洲常有栽培。我国分布广泛，各地均有栽培。福建偶见种植。

【生　　境】生于海拔 1600m 以下的山区、丘陵或平原。

【饲用价值】山区放牧较好的灌木之一。

▌酸枣

【别　　名】棘

【学　　名】*Ziziphus jujuba* var. *spinosa*（Bunge）Hu ex H. F. Chow

【分　　布】朝鲜、俄罗斯。我国分布于河北、辽宁、内蒙古、山西、山东、安徽、河南、湖北、甘肃、陕西、四川等省、自治区。福建厦门有发现。

【生　　境】野生山坡、旷野或路旁，喜温暖干燥的环境。

【饲用价值】幼果、成熟果实和丰富的嫩枝叶，均为羊所采食；枝叶青贮可喂猪；嫩叶富含粗蛋白、粗脂肪，粗纤维含量低，是山区放牧较好的灌木之一。

【其他用途】酸枣仁入药，有镇定安神的功效，主治神经衰落、失眠等症；果肉薄，但富含维生素 C，可生食或制果酱；花芬芳多蜜腺，也是蜜源植物；枝具锐刺，可作绿篱。

四十九、葡萄科
Vitaceae

葡萄属 *Vitis* Linnaeus

刺葡萄

【别　　名】山葡萄

【学　　名】*Vitis davidii*（Romanet du Caillaud）Föex

【分　　布】我国分布于云南、贵州、四川、湖南、湖北、河南、江西、浙江、安徽、江苏、陕西、甘肃。福建产于连城、三明、宁德、南平等地。

【生　　境】生山坡、沟谷林中或灌丛。

【饲用价值】各种家畜均喜食，良等饲用植物。

【其他用途】根供药用，可治筋骨伤痛；果实可生食或酿酒，种子可榨油。

东南葡萄

【学　　名】*Vitis chunganensis* Hu

【分　　布】我国分布于广东、广西、贵州、湖南、江西、浙江、安徽等省、自治区。福建产于长汀、永安、宁化、古田、建阳、武夷山、邵武。

【生　　境】生山坡灌丛或疏林中。

【饲用价值】猪、羊、兔喜食其叶和嫩枝，牛、马也食，良等饲用植物。

小果野葡萄

【别　　名】小果葡萄

【学　　名】*Vitis balansana* Planchon

【分　　布】越南。我国分布于广东、广西、海南。福建产于泰宁、武夷山、浦城。

【生　　境】生于疏林中或山坡灌丛中。

【饲用价值】羊采食，叶煮熟后猪喜食。

【其他用途】果实可食；茎叶供药用，有祛湿、消肿利尿的功效。

蘡薁

【别　　名】野葡萄

【学　　名】*Vitis bryoniifolia* Bunge

【分　　布】我国分布于四川、湖北、江西、江苏、浙江、安徽、山东、台湾等地。福建产于各地。

【生　　境】生于灌丛中或山坡上。

【饲用价值】牛、羊、猪食其嫩茎叶，良等饲用植物。

【其他用途】果生食或酿酒；全草入药，有清热解毒、祛风除湿的功效。

山葡萄

【别　　名】东北山葡萄

【学　　名】*Vitis amurensis* Ruprecht

【分　　布】我国分布于黑龙江、吉林、辽宁、内蒙古等省、自治区。福建产于南平。

【生　　境】生于海拔 200～1200m 的地区，多生在山坡、沟谷林、灌丛中。

【饲用价值】叶可作牛、马、羊饲料，良等饲用植物。

【其他用途】果可生食或酿酒。

毛葡萄

【别　　名】止血藤、五角叶葡萄

【学　　名】*Vitis heyneana* Roemer & Schultes

【分　　布】尼泊尔、不丹、印度。我国分布于山西、陕西、甘肃、山东、河南、安徽、江西、浙江、广东、广西、河北、湖南、四川、贵州、云南、西藏等省、自治区。福建产于南靖、福州、永安、三元、梅列、沙县、泰宁、建瓯。

【生　　境】生山坡、沟谷灌丛、林缘或林中。

【饲用价值】家畜喜食其叶，良等饲用植物。

【其他用途】果可生食或酿酒；根皮和叶入药，根皮能调经活血、舒筋活络，叶能止血，用于外伤出血。

葡萄

【别　　名】提子、蒲桃、草龙珠

【学　　名】*Vitis vinifera* Linnaeus

【分　　布】原产亚洲西南部、欧洲东南部。我国普遍栽培。福建各地常见栽培。

【生　　境】各种土壤均能栽培，但以壤土及细砂质壤土为最好。

【饲用价值】各种家畜均喜食其叶，良等饲用植物。

【其他用途】著名的水果，除生食外，还可制葡萄干和酿葡萄酒；酿酒后的粕可提取酒石酸，供药用，能去湿利水；根和藤也供药用，有止呕、安胎的功效。

网脉葡萄

【学　名】*Vitis wilsoniae* H. J. Veitch

【分　布】我国分布于陕西、甘肃、河南、安徽、江苏、浙江、湖北、湖南、四川、贵州、云南等省。福建产于建宁、延平、武夷山。

【生　境】山坡灌丛、林下或溪边林中。

【饲用价值】叶牛、羊、猪乐食，良等饲用植物。

小叶葛藟

【别　名】葛藟葡萄

【学　名】*Vitis flexuosa* Thunberg

【分　布】朝鲜、日本、印度、尼泊尔、菲律宾、泰国、越南。我国分布于广东、广西、云南、四川、陕西、湖北、湖南、江西、浙江、安徽、山东等省、自治区。福建产于全省各地。

【生　境】生于山坡、林边或路旁灌丛中。

【饲用价值】家畜喜食其叶，良等饲用植物。

【其他用途】果可生食或酿酒；根、茎和果实供药用，治关节酸痛。

乌蔹莓属 *Cayratia* Jussieu

乌蔹莓

【别　名】五爪龙、虎葛

【学　名】*Cayratia japonica*（Thunberg）Gagnepain

【分　布】日本、菲律宾、越南、缅甸、印度、印度尼西亚、澳大利亚。我国产于陕西、河南、山东、安徽、江苏、浙江、湖北、湖南、台湾、广东、广西、海南、四川、贵州、云南。福建各地均有分布。

【生　境】生于山谷林中或山坡灌丛。

【饲用价值】嫩茎叶为牛、羊乐食，也是优质猪饲料，中等饲用植物。

【其他用途】全草入药，有凉血解毒、利尿消肿的功效。

五十、椴树科

Tiliaceae

刺蒴麻属 *Triumfetta* Linnaeus

刺蒴麻

【别　　名】黐头婆、密马专

【学　　名】*Triumfetta rhomboidea* Jacquin

【分　　布】亚洲热带地区、非洲。我国分布于广东、广西、云南、台湾等省、自治区。福建南部常见。

【生　　境】山坡灌丛中、林缘。

【饲用价值】牛、马、羊喜食。

【其他用途】根药用，利尿化石，治石淋、风热感冒。

毛刺蒴麻

【别　　名】蓬绒木

【学　　名】*Triumfetta cana* Blume

【分　　布】中南半岛、印度次大陆。我国分布于广东、广西、云南、贵州、四川、西藏、台湾等省、自治区。福建中部、南部常见。

【生　　境】山坡疏林或灌木丛中。

【饲用价值】牛、马、羊食用。

黄麻属 *Corchorus* Linnaeus

黄麻

【别　　名】苦麻叶、络麻

【学　　名】*Corchorus capsularis* Linnaeus

【分　　布】原产印度，世界热带、亚热带地区均有栽培。我国长江流域以南各省区常见栽培。福建偶见栽培。

【生　　境】可在旱田种植，亦可在坡下平地种植。以向阳、排水良好而疏松肥沃的土壤栽培为好。

【饲用价值】牛、羊食其叶，良等饲用植物。

【其他用途】重要的麻类植物，茎皮纤维可制成麻袋、绳索及麻织品。

田麻属 *Corchoropsis* Siebold & Zuccarini

田麻

【学　　名】*Corchoropsis crenata* Siebold & Zuccarini

【分　　布】日本、朝鲜。我国除新疆、西藏、青海、甘肃、内蒙古等省、自治区外广泛分布。福建各地常见。

【生　　境】生于山坡、林下、水边潮湿处。

【饲用价值】羊稍食其叶，中等饲用植物。

【其他用途】茎皮纤维可代麻，可作绳索或麻袋。

破布叶属 *Microcos* Linnaeus

破布叶

【别　　名】宝叶、衣子、布渣叶

【学　　名】*Microcos paniculata* Linnaeus

【分　　布】印度、越南至印度尼西亚。我国分布于广东、广西、云南等省、自治区。福建产于厦门，各地偶见栽培。

【生　　境】常生于山谷、草地、沟边、路旁。

【饲用价值】牛、羊采食其嫩叶，低等饲用植物。

【其他用途】叶入药，味酸，性平无毒，解一切肿胀、清黄气、消热毒。

五十一、锦葵科

Malvaceae

锦葵属 *Malva* Linnaeus

野葵

【别　　名】冬葵

【学　　名】*Malva verticillata* Linnaeus

【分　　布】东半球亚热带、北温带，以及印度、缅甸、朝鲜、埃及、埃塞俄比亚及欧洲等。我国各省区均有分布。福建产于福州、泰宁等地。

【生　　境】常见于山坡、林缘、路旁、村庄附近的荒地。

【饲用价值】适口性较好，幼嫩植株牛、马、羊均喜食；煮熟发酵后，猪也喜食，可节约部分精饲料，兔、鸡、鹅也喜食。

【其他用途】幼苗滑嫩可食。全草或种子、茎及根可入药；茎皮纤维可代替麻用；种子药用，利水滑窍、润便利尿、下乳汁、去死胎，又可拔毒排脓、治疮疖等。

中华野葵

【别　　名】中华冬葵、葵菜

【学　　名】*Malva verticillata* var. *rafiqii* Abedin

【分　　布】印度、朝鲜、巴基斯坦。我国分布于安徽、甘肃、广东、贵州、河北、湖北、湖南、江苏、江西、陕西、山东、山西、四川、新疆、云南、浙江等省、自治区。福建各地常见栽培。

【生　　境】常栽培作蔬菜。

【饲用价值】适口性较好，幼嫩植株牛、马、羊均喜食；煮熟发酵后，猪也喜食，可节约部分精饲料，兔、鸡、鹅也喜食。

【其他用途】作蔬菜食用。

赛葵属 *Malvastrum* A. Gray

赛葵

【学　　名】*Malvastrum coromandelianum*（Linnaeus）Garcke

【分　　布】原产美洲，广布于世界各热带地区。在我国系归化植物，分布于广东、广西、云南、台湾等省、自治区。福建产于东山、厦门、龙海、福清、晋安、马尾、永泰、长乐、连江等地。

【生　　境】生于海拔 1000m 以下的山坡、旷地、路旁。

【饲用价值】羊喜食其嫩茎叶，低等饲用植物。

【其他用途】全草或叶供药用，治疮疖。

黄花稔属 *Sida* Linnaeus

白背黄花稔

【别　　名】菱叶拔毒散、麻笔

【学　　名】*Sida rhombifolia* Linnaeus

【分　　布】中南半岛、印度。我国分布于云南、贵州、四川、湖南、湖北、广东、广西等省、自治区。福建产于西南部、中部及福州以南沿海等地。

【生　　境】性耐旱，常生于山坡、路旁、河岸溪边、村庄附近的旷地。

【饲用价值】牛、羊、鹿喜食。

【其他用途】全草入药，有消炎解毒、祛风除湿、止痛的功效。

苘麻属 *Abutilon* Miller

磨盘草

【别　　名】耳响草、白麻、牛牯仔麻

【学　　名】*Abutilon indicum*（Linnaeus）Sweet

【分　　布】越南、老挝、柬埔寨、泰国、斯里兰卡、缅甸、印度、印度尼西亚等。我国分布于广东、广西、贵州、云南、台湾等省、自治区。福建产于厦门、漳州等地。

【生　　境】生于沙地、旷野或路旁。

【饲用价值】羊极喜食，牛食其叶。

【其他用途】茎皮纤维可作麻类的代用品，供编织用；全草入药，有散风、清血热、开窍、活血等功效，为治耳聋的良药。

苘麻

【别　　名】白麻

【学　　名】*Abutilon theophrasti* Medikus

【分　　布】印度、越南、日本及欧洲、北美洲。我国除青藏高原外，全国各省区均有分布。福建产于莆田、长乐、晋安、马尾、永泰、连江、延平、建宁和武夷山等地，其他各地也有栽培。

【生　　境】生于低海拔的路旁、荒地、田野间。

【饲用价值】叶和种子可掺和其他饲料喂猪，低等饲用植物。

【其他用途】茎皮纤维可用于编织麻袋；种子可油用；全草可入药。

梵天花属 *Urena* Linnaeus

肖梵天花

【别　　名】地桃花、田芙蓉、八卦拦路虎

【学　　名】*Urena lobata* Linnaeus

【分　　布】越南、柬埔寨、老挝、泰国、缅甸、印度、日本等地区。我国分布于长江流域以南各省区。福建各地常见。

【生　　境】荒坡、村旁、路边、疏林下。

【饲用价值】牛采食，羊、鹿极喜食。

【其他用途】茎皮纤维坚韧，供制绳索；根入药，水煎掺酒服，可治白痢。

木槿属 *Hibiscus* Linnaeus

黄槿

【别　　名】糕仔树、桐花

【学　　名】*Hibiscus tiliaceus* Linnaeus

【分　　布】原产东半球热带地区，现广植于世界热带沿海地区。我国分布于广东、台湾、海南。福建连江以南沿海各地有栽培。

【生　　境】常生于海岸、港湾、潮水能到达的河岸、堤坝或村落附近。

【饲用价值】牛、羊喜食其叶。

【其他用途】宜作热带、亚热带海滨防风、防潮、防沙树种；树皮纤维可编绳索；嫩叶可作蔬食；木材适于作建筑、造船及家具用材。

朱槿

【别　　名】扶桑

【学　　名】*Hibiscus rosa-sinensis* Linnaeus

【分　　布】原产中国，现广泛栽培于世界各地。我国广东、广西、云南、四川、台湾等省、自治区均有栽培。福建各地常有种植。

【生　　境】多散植于池畔、亭前、路旁、墙边。

【饲用价值】牛喜食其叶，良等饲用植物。

【其他用途】花大色艳，四季常开，供园林观赏用；花、叶、根都可入药，有清热解毒的功效；茎皮可制绳索和麻袋。

野西瓜苗

【别　　名】香铃草、和尚头

【学　　名】*Hibiscus trionum* Linnaeus

【分　　布】原产非洲中部，现广布于欧洲至亚洲各地。我国各地均有。福建厦门有栽培。

【生　　境】路旁、田埂、荒坡、旷野等处。

【饲用价值】营养期适口性较好，马、羊乐食，牛采食；秋季适口性下降，马少量采食；制成青干草后，马、羊、牛一般都乐食；冬季枯草马亦采食；中等饲用植物。

【其他用途】全草、果实及种子可药用，有清热解毒、祛风除湿、止咳、利尿的功效；种子可榨油。

玫瑰茄

【别　　名】洛神花、洛神葵、山茄

【学　　名】*Hibiscus sabdariffa* Linnaeus

【分　　布】可能原产非洲，现广植于世界热带地区。我国广东、海南、云南、台湾有引种。福建各地常见栽培。

【生　　境】平田或坡地都宜种植。

【饲用价值】其丰富的叶、种子、果壳及种子榨油后的油饼均可作家畜饲料，由于叶有酸味，适口性不高。

【其他用途】蒴果成熟后，花萼和小苞片肉质、味酸，可制果酱或加工成饮料；种子富含亚油酸，可食用；茎皮纤维可代麻用于编绳索。

洋麻

【别　　名】大麻槿、芙蓉麻

【学　　名】*Hibiscus cannabinus* Linnaeus

【分　　布】原产非洲、印度，现各热带地区广泛栽培。我国广东、云南、浙江、江苏、河北、辽宁、黑龙江等省有栽培。福建沿海偶见栽培。

【生　　境】适应性强，寒、温、热三带气候均能适应，在有盐碱的土壤和干湿之地均可生长。

【饲用价值】枝叶牛、羊喜食，良等饲用植物。

【其他用途】茎皮纤维柔软，韧性强，富弹性，是纺织麻袋、渔网和编绳索的上等原料；种子榨油，供制肥皂。

木槿

【别　　名】朝开暮落花

【学　　名】*Hibiscus syriacus* Linnaeus

【分　　布】原产我国中部。现广泛栽培于广东、广西、湖南、湖北、河南、云南、贵州、四川、台湾、江西、浙江、安徽、江苏、山东、河北、陕西等省、自治区。福建各地广为栽培。

【生　　境】庭园很常见的灌木花种。

【饲用价值】嫩叶为羊所喜食，叶、花可喂猪，中等饲用植物。

【其他用途】供观赏，可作绿篱；茎皮可用作造纸原料，也可作药用。

五十二、梧桐科

Sterculiaceae

山芝麻属 *Helicteres* Linnaeus

山芝麻

【别　　名】山油麻、坡油麻

【学　　名】*Helicteres angustifolia* Linnaeus

【分　　布】印度、缅甸、马来西亚、泰国、越南、老挝、柬埔寨、印度尼西亚、菲律宾。我国分布于广东、广西、云南、湖南、江西、台湾。福建主要分布于南部及东南沿海、西南山区。

【生　　境】多生于低海拔的山坡、丘陵地、山地草坡或草灌丛中。

【饲用价值】牛、羊喜食其叶。

【其他用途】茎皮纤维为品质优质的纤维材料；全草入药，有清热利湿、通利血脉、消肿解毒的功效。

蛇婆子属 *Waltheria* Linnaeus

蛇婆子

【别　　名】和他草

【学　　名】*Waltheria indica* Linnaeus

【分　　布】世界泛热带地区。我国分布于广东、广西、云南、台湾等省、自治区。福建主要分布于南部沿海及低丘山地。

【生　　境】多生于山野向阳草坡、路边或村旁屋后。

【饲用价值】牛采食，羊喜食。

【其他用途】耐干旱和瘠薄，又具匍匐生长的特性，可作为水土保持植物；茎皮纤维优良，可织麻袋。

马松子属 *Melochia* Linnaeus

马松子

【学　　名】*Melochia corchorifolia* Linnaeus

【分　　布】亚洲热带地区。我国广布于长江流域以南各省区、台湾和四川内江地区。福建各地较常见，东南沿海一带尤多。

【生　　境】喜生于田野、村旁屋边或低山丘陵地灌草丛中。

【饲用价值】羊食其嫩叶，低等饲用植物。

【其他用途】茎皮纤维韧性强，可与黄麻混纺制麻袋。

五十三、柽柳科

Tamaricaceae

柽柳属 *Tamarix* Linnaeus

柽柳

【别　　名】垂丝柳、西河柳

【学　　名】*Tamarix chinensis* Loureiro

【分　　布】温带及亚热带树种。我国分布于东北、华北及长江中下游地区，南至广东、广西、云南等省、自治区。福建沿海各地常有零星栽培。

【生　　境】喜生于河流冲积地、海滨、滩头、潮湿盐碱地、沙荒地。

【饲用价值】骆驼、牛、羊采食其嫩枝叶或秋霜后的干叶，中等饲用植物。

【其他用途】枝条柔韧，可编筐篓；嫩枝及叶供药用，能解毒、利尿、祛风湿，治麻疹不透、关节炎等，外用治癣湿；也可用于沿海及低湿地区改造盐碱地及作防护林和固沙用；树姿优美，可供庭园观赏。

五十四、堇菜科
Violaceae

堇菜属 *Viola* Linnaeus

紫花地丁

【别　　名】光瓣堇菜

【学　　名】*Viola philippica* Cavanilles

【分　　布】朝鲜、日本及俄罗斯远东地区。我国分布于华东、西南、中南、华北、东北。福建各地极多见。

【生　　境】多生于山坡草丛、旷野荒地、田边湿地、水沟边或山坡路旁湿润地。

【饲用价值】早春牲畜采食，中等饲用植物。

【其他用途】全草供药用，能清热解毒、凉血消肿。嫩叶可作野菜。

七星莲

【别　　名】蔓茎堇菜

【学　　名】*Viola diffusa* Gingins

【分　　布】印度、越南、菲律宾、日本。我国分布于长江流域以南地区及陕西、甘肃等省。福建各地较常见。

【生　　境】多生于田野路旁、旷地或山坡路旁，也见于疏林湿润处。

【饲用价值】猪喜食，牛、羊、马采食，中等饲用植物。

【其他用途】全草入药，有清热解毒、散淤消肿、去腐生肌、清肺止咳的功效。

柔毛堇菜

【学　　名】*Viola fargesii* H. Boissieu

【分　　布】我国分布于广东、广西、云南、贵州、四川、湖南、湖北等省、自治区。福建各地较常见。

【生　　境】多生于田野路旁稍湿润地或沟谷边草坡。

【饲用价值】猪喜食，牛、羊、马采食，中等饲用植物。

如意草

【别　　名】堇菜

【学　　名】*Viola arcuata* Blume

【分　　布】朝鲜、日本及俄罗斯西伯利亚地区。我国分布于长江流域以南地区及东北、华北，东达台湾省。福建各地极常见。

【生　　境】多生于山坡草丛、田野、屋边或沟谷溪边、林缘湿地。

【饲用价值】牛、羊早春放牧利用的草种。

【其他用途】全草供药用，治刀伤、肿毒等症。

紫花堇菜

【学　　名】*Viola grypoceras* A. Gray

【分　　布】日本。我国分布于四川、湖南、湖北、浙江、江苏、河南、陕西、甘肃等省。福建各地常见。

【生　　境】多生于海拔 800m 以下的山坡林下、河边、路旁湿地、草丛中。

【饲用价值】猪喜食，牛、马、羊采食，中等饲用植物。

【其他用途】全草民间作药用，能清热解毒、消肿去淤。

五十五、番木瓜科
Caricaceae

番木瓜属 *Carica* Linnaeus

番木瓜

【别　　名】木瓜、万寿果、万寿匏

【学　　名】*Carica papaya* Linnaeus

【分　　布】原产美洲热带、亚热带地区，现广布于世界热带及亚热带地区。我国南部省区广泛栽培。福建南部常见栽培。

【生　　境】适宜在高温、多湿、温暖地区栽培。

【饲用价值】蛋白质含量高，营养丰富，山羊极喜食，良等饲用植物。

【其他用途】果实不仅可作水果、蔬菜，还有多种药用价值；未成熟番木瓜的乳汁，可提取番木瓜素供药用。

五十六、瑞香科

Thymelaeaceae

荛花属 *Wikstroemia* Endlicher

了哥王

【别　　名】南岭荛花、地棉皮、别南根

【学　　名】*Wikstroemia indica*（Linnaeus）C. A. Meyer

【分　　布】越南至印度。我国分布于长江流域以南各省区。福建各地常见。

【生　　境】生于山坡灌木丛中、路边、村边等处。

【饲用价值】蛋白质含量高，营养丰富，山羊极喜食，良等饲用植物。

【其他用途】茎皮纤维可造纸和制人造棉；根、叶可入药，能破结散淤、解毒；种子榨油可制肥皂；种子、叶均有毒，可制毒鱼药。

五十七、千屈菜科
Lythraceae

千屈菜属 *Lythrum* Linnaeus

千屈菜

【别　　名】水柳、对叶莲

【学　　名】*Lythrum salicaria* Linnaeus

【分　　布】原产欧洲和亚洲暖温地区。我国南北各地均有野生，各大城市有栽培。福建厦门、福州也有引种。

【生　　境】多生于沼泽地、水旁湿地、河边、沟边。

【饲用价值】牛、马、羊采食，良等饲用植物。

【其他用途】花美丽，供观赏；全草又可入药，能收敛止泻，治肠炎、痢疾、便血，外用治外伤出血。

水苋菜属 *Ammannia* Linnaeus

水苋菜

【别　　名】还魂草、浆果水苋、结筋草

【学　　名】*Ammannia baccifera* Linnaeus

【分　　布】越南、印度、阿富汗、菲律宾、马来西亚、澳大利亚及非洲热带地区。我国分布于广东、广西、湖南、湖北、云南、台湾、浙江、江苏、安徽、江西、河北、陕西等省、自治区。福建产于厦门、浦城等地。

【生　　境】生于潮湿地或水田中。

【饲用价值】茎叶柔嫩多汁，猪、羊、兔、鹅均喜食，马、牛乐食，切碎后鸡食；粗蛋白含量较高，粗纤维少，能量价值较好，良等饲用植物。

【其他用途】全草入药，有祛淤止血的功效。

节节菜属 *Rotala* Linnaeus

▌节节菜

【别　　名】节节草

【学　　名】*Rotala indica*（Willdenow）Koehne

【分　　布】印度、斯里兰卡、印度尼西亚、菲律宾、中南半岛、日本至高加索地区。我国分布于广东、广西、湖南、江西、浙江、江苏、安徽、湖北、陕西、四川、贵州、云南等省、自治区。福建产于厦门、福清、沙县、三元、梅列、武夷山等地。

【生　　境】常生于沼泽地、水田、湿地。

【饲用价值】茎叶柔嫩，牛、羊喜食，猪也食，良等饲用植物。

▌圆叶节节菜

【学　　名】*Rotala rotundifolia*（Buchanan-Hamilton ex Roxburgh）Koehne

【分　　布】印度、斯里兰卡、中南半岛、日本。我国分布于长江流域以南各省区。福建产于诏安、厦门、龙文、芗城、福州、永安、古田、延平、建阳等地。

【生　　境】生于水田、河边、沼泽中。

【饲用价值】茎叶柔嫩，牛、猪喜食，马、羊也食，良等饲用植物。

【其他用途】全草入药，清热解毒、通便消肿。

五十八、桃金娘科
Myrtaceae

桃金娘属 *Rhodomyrtus*（Candolle）Reichenbach

桃金娘

【别　　名】山稔、桃娘、岗稔

【学　　名】*Rhodomyrtus tomentosa*（Aiton）Hasskar

【分　　布】斯里兰卡、印度次大陆、菲律宾、日本。我国分布于华南、西南及湖南、台湾等省。福建产于东南沿海各地和西南部。

【生　　境】生于低山坡疏林中，为酸性土壤指示植物。

【饲用价值】羊、鹿喜食其叶及嫩梢，良等饲用植物。

【其他用途】果可生食；全株供药用，有活血通络、收敛止泻、补虚止血的功效；可用于园林绿化、生态环境建设、山坡复绿、水土保持。

番石榴属 *Psidium* Linnaeus

番石榴

【别　　名】鸡屎果、芭乐、拔子

【学　　名】*Psidium guajava* Linnaeus

【分　　布】原产热带美洲，现广布于世界热带地区。我国广东、广西、海南、云南、贵州、四川等省、自治区有栽培。福建诏安、龙文、芗城、厦门、洛江、泉港、晋安、马尾、宁德、永泰、德化、上杭有引种栽培。

【生　　境】生于荒地或低丘陵上，有时逸为野生。

【饲用价值】羊、鹿喜食其叶，牛也食用，良等饲用植物。

【其他用途】果味甜，有香味，可生食或酿酒；树皮及未成熟果含鞣制，可提取栲胶；叶含芳香油，可提取香料。

金锦香属 *Osbeckia* Linnaeus

朝天罐

【别　　名】星毛金锦香

【学　　名】*Osbeckia stellata* Buchanan-Hamilton ex Kew Gawler

【分　　布】越南至泰国。我国分布于贵州、广西、台湾、长江流域以南各省区。福建产于南靖、上杭、武平、新罗、连城、德化、福州、永安、三元、梅列、建阳、武夷山、浦城。

【生　　境】生于海拔 250～800m 的山坡、山谷、水边、路旁、疏林中或灌木丛中。

【饲用价值】牛、马、羊、猪食其嫩枝叶，中等饲用植物。

【其他用途】全株供药用，清热、收敛、止血。

金锦香

【学　　名】*Osbeckia chinensis* Linnaeus

【分　　布】从越南至澳大利亚、日本均有。我国分布于广西以东，长江流域以南各省、自治区。福建产于全省各地。

【生　　境】生于海拔 1100m 以下的荒山草坡、路旁、田地边或疏林下向阳处。

【饲用价值】牛、羊食其嫩枝叶，低等饲用植物。

【其他用途】全草入药，能清热解毒、收敛止血，治痢疾止泻，又能治蛇咬伤；鲜草捣碎外敷，治痈疮肿毒及外伤止血。

五十九、野牡丹科

Melastomataceae

野牡丹属 *Melastoma* Linnaeus

▌野牡丹

【学　　名】*Melastoma malabathricum* Linnaeus

【分　　布】柬埔寨、印度、日本、老挝、缅甸、菲律宾、泰国、越南及太平洋群岛等。我国分布于广东、广西、贵州、海南、湖南、江西、四川、台湾、西藏、云南、浙江等省、自治区。福建产于诏安、厦门、南靖、华安、泉州、长乐、福清、闽侯、晋安、马尾、永泰、连江等地。

【生　　境】生于海拔约 120m 以下的山坡松林下或开阔的灌草丛中，是酸性土壤常见植物。

【饲用价值】羊食其嫩枝及叶。

【其他用途】观花植物，可孤植或片植或丛植布置园林；全株供药用，有解毒消肿、收敛止血的功效。

六十、菱科

Trapaceae

菱属 *Trapa* Linnaeus

欧菱

【别　　名】菱角、水菱角、乌菱

【学　　名】*Trapa natans* Linnaeus

【分　　布】印度、日本、朝鲜、俄罗斯、泰国及非洲、亚洲西南部、欧洲等地，亚洲热带及亚热带地区广泛引种栽培，并在大洋洲及北美洲归化。我国大部分省区有分布。福建南部沿海一带也有种植，尤以莆田一带为多。

【生　　境】常栽培于湖泊或浅水池塘中。

【饲用价值】茎叶柔嫩多汁，无异味，各种畜禽均喜食；其坚果富含淀粉，加工后可作精饲料；茎叶切碎后，猪、鸭、鹅喜食，鱼也爱食，优等饲用植物。

【其他用途】果实富含淀粉，供食用，又可提取菱粉，为优质的淀粉，供食用或工业用；果壳含鞣制，可提取栲胶。

六十一、柳叶菜科
Onagraceae

露珠草属 *Circaea* Linnaeus

露珠草

【别　　名】牛泷草、夜抹光、三角叶

【学　　名】*Circaea cordata* Royle

【分　　布】朝鲜、日本、印度、俄罗斯等。我国分布于东北、华北、长江流域、西南及陕西。福建产于建阳、光泽、武夷山等地。

【生　　境】生于山坡路边、林下阴湿处。

【饲用价值】牛、马、羊均喜食，中等饲用植物。

【其他用途】全草药用，清热解毒、生肌，外用治疗疮、脓疮、刀伤。

谷蓼

【别　　名】水珠草

【学　　名】*Circaea erubescens* Franchet & Savatier

【分　　布】朝鲜、日本。我国分布于广东、云南、贵州、四川、湖南、台湾、浙江、江西等省、自治区。福建产于武夷山。

【生　　境】生于常绿阔叶林下或山谷阴湿处。

【饲用价值】牛、马、羊喜食，中等饲用植物。

【其他用途】全草药用，和胃气、止脘腹胀痛、利小便、通月经。

高山露珠草

【别　　名】深山露珠草

【学　　名】*Circaea alpina* Linnaeus

【分　　布】日本、印度、蒙古、俄罗斯、泰国等。我国分布于华东、华中、西南、华北及东北部分地区。福建产于武夷山。

【生　　境】生于海拔约 1750m 的山地疏林下。

【饲用价值】牛、马、羊均喜食，中等饲用植物。

【其他用途】全草药用，养心安神、消食、止咳、解毒、止痒。

丁香蓼属 *Ludwigia* Linnaeus

丁香蓼

【别　　名】水丁香

【学　　名】*Ludwigia prostrata* Roxburgh

【分　　布】印度、马来西亚、朝鲜、日本、菲律宾、斯里兰卡。我国分布于长江流域以南各省区。福建产于厦门、南靖、南安、永春、福州、大田、沙县、长汀、武夷山等地。

【生　　境】生于稻田、渠边、沼泽地。

【饲用价值】嫩茎叶牛、羊乐食，猪喜食，马也食，良等饲用植物。

【其他用途】全草入药，能清热利水，可治黄疸、赤白痢疾等症；叶打烂敷伤口，可止血。

水龙

【别　　名】过江藤

【学　　名】*Ludwigia adscendens*（Linnaeus）H. Hara

【分　　布】全世界热带及亚热带地区。我国分布于长江流域以南各省区。福建产于南靖、仙游、长乐、晋安、马尾、尤溪、永安、连城等地。

【生　　境】生于水田、浅水池塘或沟渠中。

【饲用价值】猪的优质饲料，牛、羊也喜食，优等饲用植物。

【其他用途】全草入药，有清热解毒、利尿消肿的功效。

草龙

【别　　名】线叶丁香蓼

【学　　名】*Ludwigia hyssopifolia*（G. Don）Exell

【分　　布】美洲热带地区和马来群岛。我国分布于西南部至东部地区。福建产于厦门、龙海、建阳、武夷山等地。

【生　　境】田边或旷野湿地。

【饲用价值】家畜喜食其嫩茎叶，优等饲用植物。

【其他用途】全草入药，清热解毒、去腐生肌，用于感冒发热、咽喉肿痛、口腔炎、口腔溃疡、痈疮疖肿。

六十二、小二仙草科

Haloragaceae

狐尾藻属 *Myriophyllum* Linnaeus

穗状狐尾藻

【别　　名】泥茜、草茜

【学　　名】*Myriophyllum spicatum* Linnaeus

【分　　布】世界广布。我国分布于全国各省区。福建常见。

【生　　境】浅水塘中的飘浮水草。

【饲用价值】鱼饲料，也可作猪、禽饲料，良等饲用植物。

六十三、伞形科

Umbelliferae (Apiaceae)

天胡荽属 *Hydrocotyle* Linnaeus

红马蹄草

【别　　名】马蹄肺筋草、铜钱草、一串钱

【学　　名】*Hydrocotyle nepalensis* Hooker

【分　　布】印度、尼泊尔、不丹、越南、缅甸。我国分布于华中、华南、西南等地区。福建产于南靖、闽侯、晋安、马尾、武平、泰宁、建阳、光泽、武夷山等地。

【生　　境】生于山野的沟边、路边、林旁的阴湿矮草丛中。

【饲用价值】牛、马采食，良等饲用植物。

【其他用途】可作室内水体绿化；根、茎、叶可作蔬菜料理；亦可作中药材来祛风、固肠、明目清暑等。

天胡荽

【别　　名】鹅不食草

【学　　名】*Hydrocotyle sibthorpioides* Lamarck

【分　　布】朝鲜、日本、东南亚至印度。我国分布于华东、华中、华南、西南等地区。福建各地常见。

【生　　境】生于湿润的路旁、草地、沟边、林下。

【饲用价值】煮熟后猪喜食，良等饲用植物。

【其他用途】全草入药，清热、利尿、消肿、解毒。

积雪草属 *Centella* Linnaeus

积雪草

【别　　名】崩大碗、马蹄草

【学　　名】*Centella asiatica*（Linnaeus）Urban

【分　　布】世界热带及亚热带地区。我国除甘肃、青海、新疆、西藏外，均有分布。福建产于全省各地。

【生　　境】生于阴湿荒地、村旁、路边、水沟边。

【饲用价值】茎叶为牛、马、羊、猪喜食。

【其他用途】全草入药，清热解毒、利湿消肿。

变豆菜属 *Sanicula* Linnaeus

▌变豆菜

【别　　名】山芹菜、鸭脚板、蓝布正

【学　　名】*Sanicula chinensis* Bunge

【分　　布】日本、朝鲜、俄罗斯。我国分布于华北、西南、西北、东北、中南等地区。福建产于延平、建阳、武夷山、光泽等地。

【生　　境】生于山坡林下、路旁、溪边。

【饲用价值】牛、马、羊喜食，优等饲用植物。

【其他用途】全草入药，解毒、止血。

▌薄片变豆菜

【别　　名】鹅掌脚草、山芹菜、野芹菜、散血草、肺筋草

【学　　名】*Sanicula lamelligera* Hance

【分　　布】日本南部。我国分布于安徽、浙江、台湾、江西、湖北、广东、广西、四川、贵州等省、自治区。福建产于永泰、泰宁等地。

【生　　境】生于山坡林下、沟谷、溪边、湿润的砂质土壤。

【饲用价值】牛、马、羊、猪采食，良等饲用植物。

【其他用途】全草入药，治风寒感冒、咳嗽、经闭等症。

▌直刺变豆菜

【别　　名】小紫花菜、黑鹅脚板、野鹅脚板

【学　　名】*Sanicula orthacantha* S. Moore

【分　　布】柬埔寨、印度、老挝、越南。我国分布于安徽、浙江、江西、湖南、广东、广西、陕西、甘肃、四川、贵州、云南等省、自治区。福建各地较常见。

【生　　境】生于林下、路旁、沟谷、溪边等处。

【饲用价值】牛、马、羊、猪采食，良等饲用植物。

【其他用途】全草有清热解毒的功效，治麻疹后热毒未尽、耳热瘙痒、跌打损伤。

刺芹属 *Eryngium* Linnaeus

刺芹

【别　　名】假芫荽、节节花、假香菜、香菜、缅芫荽、野香草

【学　　名】*Eryngium foetidum* Linnaeus

【分　　布】广布世界热带及亚热带地区。我国分布于广东、广西、贵州、云南等省、自治区。福建产于仙游大济，为新分布种。

【生　　境】生于林下、溪边、路旁等湿润处。

【饲用价值】民间将其煮熟后喂猪。

【其他用途】全草可入药，能利尿、治水肿病，对蛇咬伤有良效；又可作香料。

胡萝卜属 *Daucus* Linnaeus

胡萝卜

【别　　名】丁香萝卜、红萝卜

【学　　名】*Daucus carota* var. *sativa* Hoffmann

【分　　布】世界各地广泛栽培。我国各省区均广泛栽培。福建各地均有栽培。

【生　　境】适宜在土层深厚、土质疏松、排水良好、多有机质的砂壤土和壤土栽培。

【饲用价值】胡萝卜营养成分好，香甜适口，易于消化，是各种畜禽良好的多汁饲料，同时又是优质的维生素 K 补充饲料。

【其他用途】根作蔬菜，也可入药，能消化健胃，可用于便秘、夜盲症（维生素 A 的作用）、麻疹、百日咳、小儿营养不良等症状；果亦可入药，治久痢。

芫荽属 *Coriandrum* Linnaeus

芫荽

【别　　名】香菜

【学　　名】*Coriandrum sativum* Linnaeus

【分　　布】原产地中海沿岸地区，现世界各地均有栽培。我国各地均有栽培。福建各地广泛栽培。

【生　　境】适宜在较冷凉湿润的环境栽培。

【饲用价值】牛、马、羊、猪喜食，优等饲用植物。

【其他用途】茎叶作蔬菜和调味香料，有健胃和消食的作用；果实可提取芳香油，种子含油约 20%；果可入药，有祛风、透疹、健胃、祛痰的功效。

茴香属 *Foeniculum* Miller

茴香

【别　　名】怀香、香丝菜、小茴香

【学　　名】*Foeniculum vulgare* Miller

【分　　布】原产地中海沿岸地区，现世界各地均有栽培。我国各省区都有栽培。福建偶见栽培。

【生　　境】适宜在通透性强、排水好的砂壤或轻砂壤土种植。

【饲用价值】牛、马、羊、猪喜食，良等饲用植物。

【其他用途】嫩茎叶可作蔬菜；果含芳香油及油脂，是一种主要的食用调味香料，也可入药，有祛风、祛痰、散寒、健胃、止痛的功效。

水芹属 *Oenanthe* Linnaeus

卵叶水芹

【学　　名】*Oenanthe javanica* subsp. *rosthornii*（Diels）F. T. Pu

【分　　布】泰国。我国分布于云南、贵州、湖南、广东、广西等省、自治区。福建产于建阳、武夷山、邵武、光泽等地。

【生　　境】生于林下水沟旁草地或湿地草丛中。

【饲用价值】牛、马采食，猪喜食。

短幅水芹

【别　　名】少花水芹

【学　　名】*Oenanthe benghalensis*（Roxburgh）Kurz

【分　　布】印度北部。我国分布于云南、广东、广西、贵州、四川、台湾、江西等省、自治区。福建产于南靖、厦门、福州、泰宁。

【生　　境】多生于山坡林下溪边、沟旁、水旱田中。

【饲用价值】牛、马采食，猪喜食。

【其他用途】全草可入药，有清热、降压的功效。

水芹

【别　　名】水芹菜

【学　　名】*Oenanthe javanica*（Blume）de Candolle

【分　　布】中南半岛、印度尼西亚、日本、朝鲜、俄罗斯等。我国分布于全国各地。福建各地常见。

【生　　境】山坡路旁较阴湿草丛地或水沟、田边沟旁湿地。

【饲用价值】一种青饲料，茎叶柔嫩多汁，叶量大，猪喜食，切碎后家禽可食。

【其他用途】嫩茎叶可作蔬菜；全草及根入药，有清热凉血、止痛、止血、降压的功效。

西南水芹

【别　　名】线叶水芹

【学　　名】*Oenanthe linearis* Wallich ex de Candolle

【分　　布】印度、老挝、缅甸、尼泊尔、越南。我国分布于云南、贵州、四川、湖南、台湾、西藏、云南。福建产于泰宁、建阳、武夷山、光泽、邵武等地。

【生　　境】山谷林下阴湿地、山坡、溪旁。

【饲用价值】牛、马采食，猪喜食。

【其他用途】全草入药，有行气止痛、温化痰饮的功效。

柴胡属 *Bupleurum* Linnaeus

红柴胡

【别　　名】狭叶柴胡

【学　　名】*Bupleurum scorzonerifolium* Willdenow

【分　　布】俄罗斯、蒙古、朝鲜、日本等。我国分布于华东、华中、华北、西北、东北等地区。福建产于诏安、东山、漳浦、龙文、芗城等地。

【生　　境】生于干燥的草原、向阳山坡上及灌木林边缘。

【饲用价值】春夏两季各种家畜均喜食，在秋季稍干枯时家畜喜食。

【其他用途】根含精油，为解热强壮药，可治疟疾、感冒等。

北柴胡

【别　　名】柴胡、竹叶柴胡

【学　　名】*Bupleurum chinense* de Candolle

【分　　布】我国分布于华东、华中、华北、东北、西北等地区。福建产于诏安、长乐、晋安、马尾、霞浦等地。

【生　　境】生于较干燥的山坡、田野、路旁等处。

【饲用价值】羊喜食，牛、马稍食，中等饲用植物。

【其他用途】以根入药，有解表和里、升阳、疏肝解淤的功效。

鸭儿芹属 *Cryptotaenia* de Candolle

鸭儿芹

【别　　名】大鸭脚板、鹅脚根

【学　　名】*Cryptotaenia japonica* Hasskarl

【分　　布】朝鲜、日本。我国分布于长江流域以南各省区。福建产于南靖、延平、武平、永安、尤溪、大田、顺昌、泰宁、建阳、光泽、武夷山、浦城等地。

【生　　境】生于林下阴湿处、路旁溪边草丛中。

【饲用价值】马、牛、羊、猪喜食，优等饲用植物。

【其他用途】全草药用，有活血祛痰、镇痛止痒的功效。

六十四、山茱萸科
Cornaceae

山茱萸属 *Cornus* Linnaeus

小梾木

【别　　名】金草、酸皮条、火烫药

【学　　名】*Cornus quinquenervis* Franchet

【分　　布】我国分布于广东、广西、湖南、湖北、贵州、云南、四川、江苏、陕西、甘肃、江西等省、自治区。福建产地不详。

【生　　境】生于溪边或河岸上。

【饲用价值】羊采食其嫩茎叶，中等饲用植物。

【其他用途】巩固河堤的保土植物，优质的湿地观花、观果植物。

毛梾

【别　　名】小六谷

【学　　名】*Cornus walteri* Wangerin

【分　　布】我国分布于安徽、广东、广西、贵州、海南、河北、河南、湖北、湖南、江苏、江西、辽宁、宁夏、陕西、山东、山西、四川、云南、浙江。福建中部、北部常见。

【生　　境】生于丘陵山地的阳坡、半阳坡及溪岸、沟谷坡地的林缘、杂灌木林、疏林中。

【饲用价值】叶质地柔软，富含营养，无毒、无怪味，牛、羊、猪、兔、鸡、鸭、鹅均喜食；晒制的干叶，牛、羊喜食；制成叶粉，各种畜禽均可利用。种子产量高，营养丰富，可作精饲料；榨油后的油饼，亦是很好的蛋白质饲料。

【其他用途】木材坚硬，纹理细致，是一种良质木材；叶和树皮可提取栲胶、单宁，单宁可作染料；亦是绿化和固土树种及蜜源植物；叶和果也作药材。

六十五、报春花科

Primulaceae

珍珠菜属 *Lysimachia* Linnaeus

显苞过路黄

【学　　名】*Lysimachia rubiginosa* Hemsley

【分　　布】我国分布于广西、贵州、湖北、湖南、四川、云南、浙江。福建产于武夷山。

【生　　境】生于海拔 1000～1500m 的山谷溪旁、林下等阴湿处。

【饲用价值】牛、马、羊喜食，也可作猪饲料，中等饲用植物。

过路黄

【别　　名】对座草

【学　　名】*Lysimachia christiniae* Hance

【分　　布】我国分布于东部、中部、西南各省区。福建产于三元、梅列、泰宁等地。

【生　　境】生于沟边、路旁阴湿处、山坡林下。

【饲用价值】茎叶为牛、马、羊喜食，煮熟后也可喂猪，中等饲用植物。

【其他用途】全草入药，有清热解毒、利尿消炎的功效，外用治化脓性炎症、烧烫伤等。

点腺过路黄

【别　　名】女儿红、露天过路黄、露天金钱草

【学　　名】*Lysimachia hemsleyana* Maximowicz ex Oliver

【分　　布】我国分布于安徽、河南、湖北、湖南、江苏、江西、陕西、四川、浙江。福建产于延平、武夷山等地。

【生　　境】生于山谷林缘、溪旁、路边草丛中。

【饲用价值】牛、马、羊喜食，嫩茎叶煮熟后也可喂猪，中等饲用植物。

【其他用途】全草入药，有清热解毒、利尿消炎的功效，外用治化脓性炎症、烧烫伤等。

珍珠菜

【学　　名】*Lysimachia clethroides* Duby

【分　　布】日本、朝鲜、俄罗斯。我国分布于广东、广西、贵州、海南、湖北、湖南、江苏、江西、辽宁、四川、台湾、云南、浙江等省、自治区。福建产于福州、建阳、武夷山等地。

【生　　境】常生于路边或荒草丛中。

【饲用价值】茎叶为牛、马、羊乐食，煮熟后也可喂猪，中等饲用植物。

【其他用途】全草入药，有通经活血、润肺的功效；种子含油脂，可用于制肥皂；叶可作野菜。

▌星宿菜

【别　　名】红根草、地芥菜、田柯、红根仔、福氏排草

【学　　名】*Lysimachia fortunei* Maximowicz

【分　　布】朝鲜、日本、越南。我国分布于广东、广西、海南、湖南、江苏、江西、台湾、浙江等省、自治区。福建各地常见。

【生　　境】常生于山坡、溪边、低草丛潮湿地。

【饲用价值】猪、牛喜食，中等饲用植物。

【其他用途】全草入药，有清热利湿、活血调经的功效。

▌巴东过路黄

【学　　名】*Lysimachia patungensis* Handel-Mazzetti

【分　　布】我国分布于广东、广西、湖南、湖北、江西、浙江等省、自治区。福建产于三元、梅列、泰宁、福安、建阳、武夷山等地。

【生　　境】多生于山谷溪边、疏林下。

【饲用价值】中等饲用植物。

六十六、白花丹科

Plumbaginaceae

补血草属 *Limonium* Miller

中华补血草

【别　　名】海赤芍

【学　　名】*Limonium sinense*（Girard）Kuntze

【分　　布】越南、日本。我国分布于南北沿海地区及台湾等地。福建产于沿海各地。

【生　　境】生于沿海潮湿盐土或沙土上。

【饲用价值】在生长期一般不为家畜所食，羊有时仅采食其少量花序和叶子，冬季羊仅食其叶子，中等饲用植物。

【其他用途】盐碱土的指示植物；全草入药，有祛湿、清热、止血的功效。

六十七、山矾科

Symplocaceae

山矾属 *Symplocos* Jacquin

白檀

【别　　名】华山矾、碎米子树、乌子树

【学　　名】*Symplocos paniculata*（Thunberg）Miquel

【分　　布】朝鲜、日本、印度，北美洲有栽培。我国分布于广东、广西、云南、贵州、四川、湖南、江西、台湾、浙江、安徽。福建各地极多见。

【生　　境】生于海拔 1000m 以下的丘陵、山地灌丛或林缘路边，有时也见于疏林下。

【饲用价值】嫩叶是猪、牛、羊的良好饲料，适口性强，营养丰富。

【其他用途】根药用，治疟疾、急性肾炎；叶捣烂，外敷治疮疡、跌打；叶研成粉末，治烧伤、烫伤、外伤出血；取叶鲜汁，冲酒内服，治蛇咬伤；种子油可制肥皂。

六十八、木犀科

Oleaceae

白蜡树属 *Fraxinus* Linnaeus

白蜡树

【别　　名】青榔木、白荆树

【学　　名】*Fraxinus chinensis* Roxburgh

【分　　布】日本、朝鲜、越南、俄罗斯。我国大部分省区有分布。福建产于南靖、延平、建阳、武夷山。

【生　　境】生于海拔 800～1600m 的山地杂木林中。

【饲用价值】羊稍食其嫩叶，中等饲用植物。

【其他用途】可作行道树及护堤树；木材坚硬有弹性，供制车辆、家具等用；枝叶可放养白蜡虫生产白蜡；树皮（秦皮）药用，有清热燥湿功效。

女贞属 *Ligustrum* Linnaeus

女贞

【别　　名】刀伤药、蜡树、冬青子

【学　　名】*Ligustrum lucidum* W. T. Aiton

【分　　布】朝鲜有分布，印度、尼泊尔有栽培。我国分布于安徽、甘肃、广东、广西、贵州、海南、河南、湖南、湖北、江苏、江西、陕西、四川、西藏、云南、浙江等省、自治区。福建各地常见栽培或野生。

【生　　境】生于常绿阔叶林中，或常栽培于人行道或庭园。

【饲用价值】叶含有丰富的无氮浸出物（以碳水化合物为主），粗蛋白含量也较高，粗脂肪、粗灰分含量中等，粗纤维较少。叶及果实可饲喂猪、牛、羊。

【其他用途】可作行道树；果实入药，有滋补肝肾、明目乌发的功效；木材可作细木工材。

六十九、马钱科
Loganiaceae

钩吻属 *Gelsemium* Jussieu

钩吻

【别　　名】断肠草、胡蔓藤、大茶药

【学　　名】*Gelsemium elegans*（Gardner & Champion）Bentham

【分　　布】印度、印度尼西亚、老挝、马来西亚、缅甸、泰国、越南。我国分布于广东、广西、贵州、海南、湖南、江西、台湾、云南、浙江等省、自治区。福建产于平和、新罗、连城、上杭、同安、闽侯、仙游、永春等地。

【生　　境】生于灌木林中或山地路边。

【饲用价值】民间用其叶饲喂猪、牛、羊，有健胃、杀虫、快肥的作用，可作为添加剂少量使用。

【其他用途】全株对人有剧毒，鲜叶适量可用于外治疗疮肿毒、疥癣、毒蛇咬伤。

七十、龙胆科

Gentianaceae

龙胆属 *Gentiana* Linnaeus

龙胆

【别　　名】龙胆草、苦根仔、还魂草、扇柏

【学　　名】*Gentiana scabra* Bunge

【分　　布】俄罗斯、朝鲜、日本。我国分布于江苏、浙江。福建产于霞浦、屏南、政和、松溪、建瓯、建阳、浦城、武夷山等地。

【生　　境】生于 750～1800m 的山谷林缘或山顶草丛中。

【饲用价值】牛、羊采食，中等饲用植物。

【其他用途】根入药，有去肝胆虚火、祛下焦湿热的功效。

獐牙菜属 *Swertia* Linnaeus

獐牙菜

【别　　名】大苦草、黑节苦草、黑药黄、紫花青叶胆、蓑衣草、双点獐牙菜

【学　　名】*Swertia bimaculata* (Siebold & Zuccarini) J. D. Hooker & Thomson ex C. B. Clarke

【分　　布】印度、尼泊尔、不丹、缅甸、越南等。我国分布于安徽、甘肃、广东、广西、贵州、海南、河北、河南、湖南、湖北、江苏、江西、陕西、山西、四川、西藏、云南、浙江等省、自治区。福建产于屏南、建阳、武夷山等地。

【生　　境】生于沟边、山谷林缘、杂木林中。

【饲用价值】牛、马、羊均采食，中等饲用植物。

七十一、睡菜科

Menyanthaceae

荇菜属 *Nymphoides* Séguier

金银莲花

【别　　名】白花荇菜、印度荇菜

【学　　名】*Nymphoides indica*（Linnaeus）Kuntze

【分　　布】印度、日本、朝鲜、缅甸、越南及大洋洲、太平洋群岛。我国分布于东北、华东、华南及河北、云南、台湾。福建偶见。

【生　　境】生于池沼、水塘、湖泊中。

【饲用价值】可作猪饲料，中等饲用植物。

【其他用途】全草入药，有清热利尿、消肿解毒的功效。

水皮莲

【别　　名】银莲花、水鬼莲、水浮莲

【学　　名】*Nymphoides cristata*（Roxburgh）Kuntze

【分　　布】印度东部。我国分布于四川、湖北、湖南、江苏、广东、台湾。福建偶见。

【生　　境】生于池沼、水塘、湖泊中。

【饲用价值】可作猪饲料，中等饲用植物。

荇菜

【别　　名】莕菜、金莲子、莲叶荇菜、莲叶莕菜

【学　　名】*Nymphoides peltata*（S. G. Gmelin）Kuntze

【分　　布】俄罗斯、蒙古、朝鲜、日本及亚洲西南部、欧洲。我国除海南、青海、西藏外其他省区均有分布。福建偶见。

【生　　境】生于池塘或不甚流动的河溪中。

【饲用价值】茎叶柔嫩多汁，无毒，无异味，富含营养，猪、鸭、鹅均喜食，草鱼也食；可捞取切碎喂猪和家禽，是一种良好的水生青饲料。

七十二、夹竹桃科

Apocynaceae

倒吊笔属 *Wrightia* R. Brown

倒吊笔

【学　　名】*Wrightia pubescens* R. Brown

【分　　布】印度、泰国、越南、柬埔寨、马来西亚、印度尼西亚、菲律宾、澳大利亚。我国分布于广东、广西、贵州、海南、云南等省、自治区。福建福州有栽培。

【生　　境】散生于低海拔热带雨林中、干燥稀树林中。阳性树，常见于海拔 300m 以下的山麓疏林中，在密林中不常见。

【饲用价值】有乳汁，羊、鹿极喜食，叶也可作猪饲料，中等饲用植物。

【其他用途】以根入药，有祛风利湿、消肿生肌、化痰散结的功效。

络石属 *Trachelospermum* Lemaire

络石

【别　　名】合掌藤、牛奶子、钳壁龙、风不动

【学　　名】*Trachelospermum jasminoides*（Lindley）Lemaire

【分　　布】日本、朝鲜、越南。我国分布于华南、西南、华东等地区及河北、陕西。产于福建各地。

【生　　境】生于山坡灌丛、旷野路边、溪河两岸、杂木林中或林缘，常攀援于树干、墙壁或岩石上。

【饲用价值】牛、羊采食，低等饲用植物。

【其他用途】根、茎、叶及果实药用，有祛风活络、利关节、止血、止痛消肿、清热解毒的功效；乳汁有毒，对心脏有毒害作用；茎皮纤维拉力强，可编绳索，也可作造纸及人造棉的原料；花芳香，可提取"络石浸膏"。

七十三、旋花科
Convolvulaceae

打碗花属 *Calystegia* R. Brown

肾叶打碗花

【别　　名】扶子苗、滨旋花

【学　　名】*Calystegia soldanella*（Linnaeus）R. Brown

【分　　布】欧、亚温带及大洋洲海滨。我国分布于辽宁、河北、山东、江苏、浙江、台湾等沿海地区。福建产于晋江、平潭、连江。

【生　　境】生于海滨沙地或海岸岩石缝中。

【饲用价值】茎秆脆嫩，纤维素含量少，叶肥厚，气味纯正，为多种家畜所喜食，尤其是牛、马、驴、骡最喜食，兔、禽、猪也食；晒干后是家畜、兔、羊越冬的良好饲草，可放牧、青贮或调制干草，中等饲用植物。

【其他用途】全草入药，有祛风利湿、化痰止咳的功效。

打碗花

【别　　名】土灯心、肾叶天剑

【学　　名】*Calystegia hederacea* Wallich

【分　　布】埃塞俄比亚及亚洲南部、东部至马来西亚。我国各地均有分布。福建产于福鼎、南安等地。

【生　　境】农田、荒地、路旁。

【饲用价值】茎叶青鲜时猪最喜食，是一种优质的猪饲料；羊、兔可食，牛、马不食；饲喂猪时，青贮、打浆、煮熟或发酵均可；根有毒，含生物碱，故不应采集带根的植株饲喂。

【其他用途】根茎药用，有滋阴润肺、清心祛痰的功效。

番薯属 *Ipomoea* Linnaeus

蕹菜

【别　　名】空心菜、通菜蓊、蓊菜、藤藤菜、通菜

【学　　名】*Ipomoea aquatica* Forsskål

【分　　布】热带亚洲、非洲、大洋洲。我国中部、南部各省区常见栽培。福建各地均有栽培。

【生　　境】旱地水田、沟边地角都可栽植。

【饲用价值】高产多汁的青饲料；多以其老茎叶作饲料，或专门栽培作猪饲料，其生长期长（4～11月），可多次收获，供青期长达7～8个月。

【其他用途】供蔬菜食用，全草药用，有清热凉血、解毒的功效。

番薯

【别　　名】红薯、地瓜、甘藷、甘储、甘薯、朱薯、金薯、番茹

【学　　名】*Ipomoea batatas*（Linnaeus）Lamarck

【分　　布】原产南美洲及大、小安的列斯群岛，现已广泛栽培于全世界热带、亚热带地区。我国大多数地区普遍栽培。福建各地均有栽培。

【生　　境】适宜土层深厚，含有机质丰富，疏松、通气、排水性能良好的砂壤土与砂性土种植。

【饲用价值】茎叶及块根是猪、牛、羊的优质饲料；茎叶青绿，柔嫩多汁，适口性好，营养价值高；块根富含淀粉、钙、磷，氨基酸全面，粗纤维少，育肥效果好。

【其他用途】茎叶可作蔬菜，块根除作主粮外，也是食品加工、淀粉和酒精制造工业的重要原料。

五爪金龙

【别　　名】五爪龙、上竹龙、牵牛藤、黑牵牛、假土瓜藤

【学　　名】*Ipomoea cairica*（Linnaeus）Sweet

【分　　布】广泛栽培或归化于全世界热带地区。我国分布于广东、海南、台湾、云南等省。福建各地常见。

【生　　境】生于荒地、路边、山坡向阳处。

【饲用价值】牛、羊食其叶，煮熟后可喂猪。

【其他用途】块根入药，有清热解毒的功效。

厚藤

【别　　名】马鞍藤、沙灯心、马蹄草、鲎藤

【学　　名】*Ipomoea pes-caprae*（Linnaeus）R. Brown

【分　　布】广布于热带、亚热带沿海地区。我国分布于浙江、台湾、广东、海南及广西沿海地区。福建产于沿海地区。

【生　　境】海滨常见，多生于沙滩上、路边向阳处。

【饲用价值】茎叶嫩，汁液多，猪喜食。

【其他用途】植株可作海滩固沙或覆盖植物。全草入药，有祛风除湿、拔毒消肿的功效。

圆叶牵牛

【学　　名】*Ipomoea purpurea*（Linnaeus）Roth

【分　　布】原产美洲，现已在世界各地归化。我国大部分省区均有分布。福建各地常见栽培。

【生　　境】路旁、山坡、荒地向阳处。

【饲用价值】嫩叶适口性好，牛、羊、马喜食。

【其他用途】可供观赏。

毛牵牛

【别　　名】心萼薯

【学　　名】*Ipomoea biflora*（Linnaeus）Persoon

【分　　布】越南。我国分布于广东、广西、湖南、云南、贵州、台湾、江西等省、自治区。福建产于诏安、厦门、龙岩、莆田、晋安、马尾、永泰、沙县、建宁、南平。

【生　　境】生于山坡路旁灌丛。

【饲用价值】羊采食其叶，低等饲用植物。

【其他用途】民间用茎叶治小儿疳积，种子治跌打、蛇咬伤。

土丁桂属 *Evolvulus* Linnaeus

土丁桂

【学　　名】*Evolvulus alsinoides*（Linnaeus）Linnaeus

【分　　布】热带、亚热带地区。我国分布于长江流域以南各省区。福建产于诏安、厦门、龙文、芗城、新罗、长汀、晋江、洛江、泉港、莆田、福清、平潭、长乐、晋安、马尾、永泰、永安、建阳等地。

【生　　境】生于干燥山坡、旷野或路旁。

【饲用价值】牛、羊食其茎叶，低等饲用植物。

【其他用途】全草药用，有散淤止痛、清湿热的功效。

七十四、紫草科

Boraginaceae

紫草属 *Lithospermum* Linnaeus

麦家公

【别　　名】田紫草、紫草

【学　　名】*Lithospermum arvense* Linnaeus

【分　　布】朝鲜、日本、俄罗斯、阿富汗及亚洲西南部、欧洲。我国分布于黑龙江、吉林、辽宁、河北、山东、山西、江苏、浙江、安徽、湖北、陕西、甘肃、新疆等省、自治区。福建产于连江黄岐北部。

【生　　境】常生于丘陵、低山草坡或田边。

【饲用价值】植株细弱，茎叶柔软，营养丰富，无毒，无怪味，但全株被伏糙毛，影响饲用效果；除马不食外，各种畜禽均可利用，细嫩茎叶切碎后，猪、兔、鸡、鸭、鹅等均喜食；终年均可利用，但以开花期前利用最为合理。

【其他用途】果实（地仙桃）入药，有温中健胃、消肿止痛的功效。

斑种草属 *Bothriospermum* Bunge

柔弱斑种草

【学　　名】*Bothriospermum zeylanicum*（J. Jacquin）Druce

【分　　布】朝鲜、日本、中南半岛、印度、俄罗斯等。我国除西藏、青海、新疆、内蒙古等省、自治区外均有分布。福建各地常见。

【生　　境】常生于田野、路边。

【饲用价值】植株细弱，茎叶柔软，兔喜食。

附地菜属 *Trigonotis* Steven

附地菜

【学　　名】*Trigonotis peduncularis*（Trevisan）Bentham ex Baker & S. Moore

【分　　布】亚洲温暖地区、欧洲东部。我国广布于南北各地。福建各地常见。

【生　　境】常生于田野、路旁。

【饲用价值】植株细弱，茎叶柔软，兔喜食。

聚合草属 *Symphytum* Linnaeus

▌聚合草

【别　　名】友谊草、爱国草

【学　　名】*Symphytum officinale* Linnaeus

【分　　布】俄罗斯、哈萨克斯坦及欧洲。我国各地广泛栽培。福建厦门、福州、南平等地引种栽培较多。

【生　　境】林地、坡地、排水良好的低湿地都可种植。

【饲用价值】一种适应性广、产量高、含蛋白质丰富的饲料作物，是猪、禽的良好饲料；鲜嫩茎叶打浆后具黄瓜青香味，适口性最佳，猪喜食；用聚合草喂奶牛、水牛、羊、鸡、骆驼、鹿等，适口性也是乐食或喜食，效果较好。

【其他用途】可供观赏。

七十五、马鞭草科

Verbenaceae

假马鞭属 *Stachytarpheta* Vahl

假马鞭

【别　　名】假败酱、倒团蛇、玉龙鞭、大种马鞭草、大蓝草

【学　　名】*Stachytarpheta jamaicensis*（Linnaeus）Vahl

【分　　布】原产热带美洲，现世界热带地区广泛分布。我国分布于广东、广西、海南、云南等省、自治区。据报道，福建有产，但未采集到标本。

【生　　境】生于路边、荒地、山坡。

【饲用价值】茎叶柔软，牛、羊采食其叶。

【其他用途】全草药用，有清热解毒、利水通淋的功效。

豆腐柴属 *Premna* Linnaeus

豆腐柴

【别　　名】臭黄荆、观音柴、土黄芪、豆腐草、观音草、止血草、腐婢

【学　　名】*Premna microphylla* Turczaninow

【分　　布】日本。我国分布于华东、中南、华南至四川、贵州等省。福建产于各地。

【生　　境】常生于山坡林下或林缘。

【饲用价值】嫩枝叶虽然柔嫩多汁，无毒，但因有异味，家畜一般不喜食，仅见山羊、绵羊偶尔采食其嫩枝叶；鲜叶鸡、鸭、鹅采食，经蒸煮后，猪乐食；如晒制干草，制成叶粉，各种畜禽均可利用，可用作配合饲料的原料；鲜叶直接利用，饲用价值不大，但经调制后可作为良等饲料利用。

【其他用途】叶可制豆腐；根、茎、叶入药，有清热解毒、消肿止血的功效。

牡荆属 *Vitex* Linnaeus

黄荆

【别　　名】荆条

【学　　名】*Vitex negundo* Linnaeus

【分　　布】日本及非洲东部、亚洲南部及东南部、太平洋群岛。我国分布于秦岭—淮河以南各省区。福建各地常见。

【生　　境】常生于山坡路旁或灌木丛中。

【饲用价值】嫩茎叶山羊喜食，绵羊、牛采食；在春季禾草返青前，山羊喜采食；其嫩茎叶的粗蛋白含量中等，粗脂肪含量高。

【其他用途】蜜源和水土保持植物；茎皮可造纸及制人造棉；茎、叶、根和种子入药；花和枝叶可提取芳香油。

大青属 *Clerodendrum* Linnaeus

大青

【别　　名】臭婆根、大叶地骨皮、大青臭、山靛青、山皇后

【学　　名】*Clerodendrum cyrtophyllum* Turczaninow

【分　　布】朝鲜、越南、马来西亚。我国分布于华东、中南、西南（四川除外）各省区。福建各地均有分布。

【生　　境】常生于海拔 1700m 以下的平原、丘陵、山地林下或溪谷旁。

【饲用价值】叶量大，柔嫩多汁，牛、羊均采食，切碎后猪喜食；叶中粗蛋白含量较高，粗纤维含量少，微量元素铁和锰较为丰富，可加工成草粉或青贮利用。

【其他用途】绿肥、观赏和薪炭用柴，根、叶入药，有清热、泻火、利尿、凉血、解毒的功效。

臭牡丹

【别　　名】臭枫根、大红袍、矮桐子、臭梧桐、臭八宝

【学　　名】*Clerodendrum bungei* Steudel

【分　　布】越南。我国分布于华北、西北、西南及江苏、安徽、浙江、江西、湖南、湖北、广西等省、自治区。福建各地多有分布。

【生　　境】生于山坡、林缘、沟谷、路旁、灌丛润湿处。

【饲用价值】叶为牛、羊采食，煮熟后可喂猪，良等饲用植物。

【其他用途】根、茎、叶入药，有祛风解毒、消肿止痛的功效。

白花灯笼

【别　　名】灯笼草、鬼灯笼、红花大青

【学　　名】*Clerodendrum fortunatum* Linnaeus

【分　　布】菲律宾、越南。我国分布于江西南部、广东、广西。福建产于诏安、政和、福鼎、龙岩、福州等地。

【生　　境】常生于海拔 1000m 以下的丘陵、山坡、路边、村旁、旷野。

【饲用价值】叶为牛、羊采食，煮熟后可喂猪，良等饲用植物。

【其他用途】根或全株入药，有清热降火、消炎解毒、止咳镇痛的功效。

▌赪桐

【别　　名】朱桐、真珠梧桐、真珠花、轮胎叶

【学　　名】*Clerodendrum japonicum*（Thunberg）Sweet

【分　　布】孟加拉国、不丹、印度、印度尼西亚、老挝、马来西亚、越南。我国分布于江苏、浙江南部、江西南部、湖南、台湾、广东、广西、四川、贵州、云南等省、自治区。福建各地零星分布。

【生　　境】常生于平原、山谷、溪边或疏林中或栽培于庭园。

【饲用价值】牛、羊采食，煮熟后可喂猪，良等饲用植物。

【其他用途】全株药用，有祛风利湿、消肿散淤的功效。可供观赏。

七十六、唇形科

Lamiaceae（Labiatae）

地笋属 *Lycopus* Linnaeus

硬毛地笋

【别　　名】地笋、提娄、地参

【学　　名】*Lycopus lucidus* var. *hirtus* Regel

【分　　布】俄罗斯、日本。我国分布于黑龙江、吉林、辽宁、河北、陕西、四川、贵州、云南。福建产于厦门、泰宁、建瓯等地。

【生　　境】常生于沼泽地、水边、沟边等潮湿处。

【饲用价值】牛、羊、猪均食。

【其他用途】全草入药，能通经利尿，对产前产后诸病有效；根通称地笋，可食，又为治金疮肿毒良剂，并可治风湿关节痛。

石荠苎属 *Mosla*（Bentham）Buchanan-Hamilton ex Maximowicz

石香薷

【别　　名】香薷

【学　　名】*Mosla chinensis* Maximowicz

【分　　布】越南北部。我国分布于广东、广西、湖南、湖北、贵州、四川、台湾、江西、浙江、安徽、江苏、山东等省、自治区。福建产于平和、新罗、惠安、平潭、晋安、马尾、长乐、连城、永安、武夷山等地。

【生　　境】生于路边灌丛中、湿地、山顶草丛中或岩石上。

【饲用价值】牛、羊采食其嫩茎叶，低等饲用植物。

【其他用途】全草入药，治中暑发热、感冒恶寒、急性肠胃炎、消化不良、痢疾、跌打癣痛、皮肤湿疹瘙痒、多发性肿；此外，亦为治毒蛇咬伤的要药。

石荠苎

【别　　名】蜻蜓花、野棉花

【学　　名】*Mosla scabra*（Thunberg）C. Y. Wu & H. W. Li

【分　　布】日本、越南。我国分布于广东、广西、湖南、湖北、河南、四川、台湾、江西、浙江、安徽、江苏、辽宁、陕西、甘肃等省、自治区。福建各地常见。

【生　　境】生于山坡、路旁或灌丛中。

【饲用价值】牛、羊采食其嫩茎叶，低等饲用食物。

【其他用途】民间用全草入药，治感冒、中暑、发高烧、痱子、皮肤瘙痒、疟疾、便秘、内痔、便血、湿脚气、外伤出血、跌打损伤，又能用于杀虫；根可治疮毒。

鼠尾草属 *Salvia* Linnaeus

鼠尾草

【学　　名】*Salvia japonica* Thunberg

【分　　布】日本。我国分布于广东、广西、湖北、台湾、江西、浙江、安徽、江苏。福建常见。

【生　　境】生于山坡、路旁、水沟边、林下阴湿处。

【饲用价值】嫩茎叶可作猪、牛饲料，低等饲用植物。

黄芩属 *Scutellaria* Linnaeus

半枝莲

【学　　名】*Scutellaria barbata* D. Don

【分　　布】印度、尼泊尔、缅甸、老挝、泰国、越南、朝鲜、日本。我国分布于长江流域以南地区及河南、河北、陕西。福建常见。

【生　　境】生于水田边、溪边、湿润草地或旷地上。

【饲用价值】嫩茎叶牛、羊采食，可作猪饲料，低等饲用植物。

【其他用途】全草入药，可代益母草，治妇女病，热天生痱子可用全草泡水洗；此外亦用于治各种炎症（肝炎、阑尾炎、咽喉炎、尿道炎等）、咯血、尿血、胃痛、跌打损伤、蚊虫咬伤等。

紫苏属 *Perilla* Linnaeus

紫苏

【别　　名】桂荏、荏、白苏、赤苏、鸡苏

【学　　名】*Perilla frutescens*（Linnaeus）Britton

【分　　布】不丹、印度、中南半岛，南至印度尼西亚（爪哇），东至日本、朝鲜。我国各地广泛栽培。福建各地普遍栽培。

【生　　境】生于山地路旁、村边荒地，或栽培于舍旁。

【饲用价值】营养价值较好，开花前因含芳香油，畜禽多不采食，在幼嫩期，可拌其他饲用植物被牛羊采食，霜降后，枯叶牛可采食；籽粒榨后的油饼可作精饲料，各畜禽均喜食，提油后的茎叶亦可作猪禽饲料。

【其他用途】药用和香料用，叶供食用；种子油，名苏子油，供食用，又有防腐作用，供工业用。

野紫苏

【别　　名】白丝草、红香师菜、蚊草、蛤树、紫禾草、臭草、香丝菜、野香丝

【学　　名】*Perilla frutescens* var. *purpurascens*（Hayata）H. W. Li

【分　　布】日本。我国分布于山西、河北、湖北、江西、浙江、江苏、台湾、广东、广西、云南、贵州、四川。福建各地均有分布。

【生　　境】常生于山地路旁、村边荒地，或栽培于舍旁。

【饲用价值】猪喜食，中等饲用植物。

风轮菜属 *Clinopodium* Linnaeus

风轮菜

【学　　名】*Clinopodium chinense*（Bentham）Kuntze

【分　　布】日本。我国分布于广东、广西、湖南、湖北、云南、台湾、江西、浙江、安徽、江苏、山东等省、自治区。福建各地常见。

【生　　境】生于山坡、草丛、路边、沟边、灌丛、林下。

【饲用价值】嫩茎叶牛、羊乐食，煮熟后可喂猪，中等饲用植物。

益母草属 *Leonurus* Linnaeus

益母草

【别　　名】野故草、鸡母草、红花艾、坤草、野天麻、云母草、鸭母草

【学　　名】*Leonurus japonicus* Houttuyn

【分　　布】俄罗斯、朝鲜、日本及热带亚洲、非洲、美洲。我国大部分省区均有分布。福建各地均有分布。

【生　　境】生于山野荒地、田埂、草地等。

【饲用价值】嫩茎叶可作牛、羊、猪的饲草。

【其他用途】全草入药，有活血、祛淤、调经、消炎的功效。

野芝麻属 *Lamium* Linnaeus

宝盖草

【别　　名】珍珠莲、接骨草、莲台夏枯草

【学　　名】*Lamium amplexicaule* Linnaeus

【分　　布】欧洲、亚洲均广泛分布。我国分布于江苏、安徽、浙江、湖南、湖北、河南、陕西、甘肃、青海、新疆、四川、贵州、云南、西藏等省、自治区。福建产于东南和西南各地。

【生　　境】常生于路旁、林缘、沼泽草地、宅旁等地，或为田间杂草。

【饲用价值】嫩茎叶牛、羊喜食，煮熟后猪也食。

【其他用途】全草入药，有祛风通络、消肿止痛的功效。

水苏属 *Stachys* Linnaeus

水苏

【学　　名】*Stachys japonica* Miquel

【分　　布】日本、俄罗斯。我国分布于河南、江西、浙江、安徽、江苏、山东、河北、内蒙古、辽宁。福建常见。

【生　　境】生于水沟旁、林下湿地。

【饲用价值】牛、羊、猪采食，低等饲用植物。

【其他用途】民间用全草或根入药，可治百日咳、扁桃体炎、咽喉炎等症；根可治带状疱疹。

筋骨草属 *Ajuga* Linnaeus

金疮小草

【别　　名】筋骨草

【学　　名】*Ajuga decumbens* Thunberg

【分　　布】日本、朝鲜。我国分布于长江流域以南地区。福建产于厦门、南靖、华安、平和、永安、大田、连城、古田、武夷山等地。

【生　　境】生于路旁、水边、草坡或林下。

【饲用价值】可作牛、羊、猪饲料，低等饲用植物。

【其他用途】全草入药，治痈疽、疔疮、鼻衄、咽喉炎、肠胃炎、急性结膜炎、烫伤、狗咬伤等症。

活血丹属 *Glechoma* Linnaeus

活血丹

【别　　名】金钱草

【学　　名】*Glechoma longituba*（Nakai）Kuprianova

【分　　布】俄罗斯远东地区及朝鲜。我国除青海、甘肃、新疆、西藏外，全国各地均有分布。福建产于厦门、南靖、延平、武夷山、光泽等地。

【生　　境】生于山坡草地、林缘或溪旁等阴湿地。

【饲用价值】叶牛、羊、猪采食，低等饲用植物。

【其他用途】全草入药，内服治膀胱结石、尿道结石，还可治伤风咳嗽、吐血、尿血、妇女病、小儿支气管炎、惊风、黄疸、肺结核、糖尿病、风湿性关节炎等症，外敷治跌打损伤、骨折、外伤出血，叶治小儿惊痛、慢性肺炎。

牛至属 *Origanum* Linnaeus

牛至

【别　　名】茵陈、土茵陈、山茵陈、节节花、节二花

【学　　名】*Origanum vulgare* Linnaeus

【分　　布】欧、亚两洲及北非，北美洲有引种。我国分布于河南、江苏、浙江、安徽、江西、台湾、湖北、湖南、广东、贵州、四川、云南、陕西、甘肃、新疆、西藏等省、自治区。福建产于中部和北部各地。

【生　　境】常生于路旁、山坡、林下、草地。

【饲用价值】春、夏两季营养生长时期，植物体内富含挥发油，降低了适口性，牲畜少采食或不采食；秋季降霜后，马、牛、羊、骆驼均采食；冬季干枯或刈割调制干草补饲，各种牲畜均喜食；营养价值较高，脂肪、无氮浸出物和钙等营养成分均较高。

【其他用途】全草入药，有清热祛暑、利尿消肿的功效。

凉粉草属 *Mesona* Blume

凉粉草

【别　　名】仙草

【学　　名】*Mesona chinensis* Bentham

【分　　布】我国分布于台湾、浙江、江西、广东、广西西部。福建产于安溪、永泰、德化、建阳等地，其他地区也有引种栽培。

【生　　境】常生于水沟边、干沙地草丛中。

【饲用价值】猪、羊喜食。

【其他用途】植株晒干后煮汁，除去枝叶等杂质后，和以米浆煮熟，冷却后，即凝结成黑色胶冻，质韧而软，拌糖后可为良好的消暑解渴品。

七十七、茄科

Solanaceae

枸杞属 *Lycium* Linnaeus

枸杞

【别　　名】枸杞菜、红珠仔刺

【学　　名】*Lycium chinense* Miller

【分　　布】朝鲜、日本、尼泊尔、巴基斯坦及欧洲有栽培或逸为野生。我国分布于东北、西南、华中、华南、华东及河北、山西、陕西、甘肃南部。福建产于各地。

【生　　境】常生于山坡、荒地、丘陵地、盐碱地、路旁、村边宅旁。

【饲用价值】在生长季绵羊、山羊喜食，牛、马乐食其嫩枝叶，兔喜食其叶子；冬、春季绵羊、山羊喜食其当年生枝条。

【其他用途】果药用，叶可作蔬菜或绿化栽培。

茄属 *Solanum* Linnaeus

马铃薯

【别　　名】阳芋、洋芋、土豆、洋番薯、番仔薯

【学　　名】*Solanum tuberosum* Linnaeus

【分　　布】原产热带美洲的山地，现广泛种植于全球温带地区。我国各地均有栽培。福建各地均有栽培。

【生　　境】现广泛栽培于田间。

【饲用价值】富含淀粉，粗纤维含量很低，蛋白质主要含球蛋白，生物学价值高，消化率也较高，是猪的良好育肥饲料；茎叶中含有有毒物质龙葵素，经青贮后毒素减少或消失，可供猪、牛饲用。

【其他用途】块茎富含淀粉，供食用，为淀粉工业的主要原料。

少花龙葵

【别　　名】美洲龙葵、七粒扣、白花菜、古钮菜、扣子草

【学　　名】*Solanum americanum* Miller

【分　　布】广布于全世界温暖地区。我国分布于云南南部、江西、湖南、广西、广东、台湾等省、自治区。福建各地常见。

【生　　境】常生于村野荒地、路边。

【饲用价值】煮熟后可喂猪。

【其他用途】叶可供蔬食，全草入药，有清凉散热的功效，又可兼治喉痛。

▎茄

【别　　名】茄子

【学　　名】*Solanum melongena* Linnaeus

【分　　布】原产亚洲热带。我国各省均有栽培。福建各地也广为种植。

【生　　境】适于在土层深厚、通风透光、土质肥沃而疏松、排灌方便的砂壤土或壤土种植。

【饲用价值】牛、羊嫩食其嫩茎叶，中等饲用植物。

【其他用途】果供蔬菜用。茎、根、叶入药。

番茄属 *Lycopersicon* Miller

▎番茄

【别　　名】番柿、西红柿

【学　　名】*Lycopersicon esculentum* Miller

【分　　布】原产南美洲，现广泛种植于世界热带至温带地区。我国及福建各地有广泛栽培。

【生　　境】适于在土层深厚、土质肥沃而疏松、排灌方便的砂壤土或壤土种植。

【饲用价值】牛、羊食嫩叶，煮熟后可喂猪，良等饲用植物。

【其他用途】果为蔬菜。

七十八、玄参科
Scrophulariaceae

泡桐属 *Paulownia* Siebold & Zuccarini

▍白花泡桐

【别　　名】白花桐、泡桐、大果泡桐

【学　　名】*Paulownia fortunei*（Seemann）Hemsley

【分　　布】越南、老挝。我国分布于安徽、浙江、台湾、江西、湖北、湖南、四川、云南、贵州、广东、广西等省、自治区。福建各地均有分布。

【生　　境】野生或栽培，常生于低海拔的山坡、林中、山谷、荒地。

【饲用价值】叶、花蕾、花和嫩果，柔嫩多汁，无毒，无怪味，营养丰富，均可作为畜禽的青饲料，特别是猪、绵羊、山羊、兔喜食；秋后的落叶，牛、羊乐食。

野甘草属 *Scoparia* Linnaeus

▍野甘草

【别　　名】冰糖草、四时茶、香仪、万粒珠、竖枝珠仔草

【学　　名】*Scoparia dulcis* Linnaeus

【分　　布】广布于全球热带及亚热带地区。我国分布于广东、广西、云南、台湾等省、自治区。福建各地常见。

【生　　境】多生于荒地、山坡、路旁。

【饲用价值】营养期、开花期粗蛋白含量均较高，牛采食，羊喜食，良等饲用植物。

【其他用途】全草入药，有清热利尿的功效。

婆婆纳属 *Veronica* Linnaeus

▍婆婆纳

【别　　名】卵子草、石补钉、双铜锤、双肾草、桑肾子

【学　　名】*Veronica polita* Fries

【分　　布】原产亚洲西南部，现广泛归化于世界各地。我国分布于华东、华中、西南、西

北各省区。福建产于厦门、惠安、长乐、沙县、南平等地。

【生　　境】生于荒地、海边、山坡、水田。

【饲用价值】粗蛋白含量较高，青嫩期或开花前，猪、牛、羊均可喜食，开花后，茎粗糙，羊乐食，干枯后，牛、羊乐食，中等饲用植物。

【其他用途】茎叶味甜，可食；全草入药，有补肾壮阳、凉血止血、理气止痛的功效。

波斯婆婆纳

【别　　名】阿拉伯婆婆纳

【学　　名】*Veronica persica* Poiret

【分　　布】原产亚洲西南部，现广泛归化于世界各地。我国分布于华中、西南、华东及新疆等地，为一归化种。福建各地常见。

【生　　境】常生于路边、宅旁、旱地夏熟作物田。

【饲用价值】牛、马、羊、猪喜食，中等饲用植物。

水苦荬

【别　　名】芒种草、水莴苣、水菠菜

【学　　名】*Veronica undulata* Wallich ex Jack

【分　　布】朝鲜、日本、尼泊尔、印度、越南、阿富汗、巴基斯坦北部。我国除内蒙古、宁夏、青海、西藏外，其余各省区均有分布。福建各地常见。

【生　　境】常生水沟边、沼泽地。

【饲用价值】牛、羊、猪喜食，中等饲用植物。

【其他用途】全草入药，有通经止血的功效。

蚊母草

【学　　名】*Veronica peregrina* Linnaeus

【分　　布】朝鲜、日本、蒙古、俄罗斯及欧洲。我国分布于华中、西南、华东、东北各省区。福建各地常见。

【生　　境】常生于潮湿荒地、村旁、路边。

【饲用价值】各种家畜喜食，良等饲用植物。

【其他用途】果实常因虫瘿而肥大；带虫瘿的全草药用，治跌打损伤、淤血肿痛、骨折；嫩苗味苦，水煮去苦味后可食。

阴行草属 *Siphonostegia* Bentham

阴行草

【学　　名】*Siphonostegia chinensis* Bentham

【分　　布】朝鲜、日本、俄罗斯。我国分布于全国各省区。福建产于厦门、泉州、仙游、福州、南平。

【生　　境】生于山坡路旁。

【饲用价值】牛、羊食其嫩茎叶，中等饲用植物。

母草属 *Lindernia* Allioni

▌陌上菜

【学　　名】*Lindernia procumbens*（Krocker）Borbás

【分　　布】欧洲南部至日本，南至马来西亚。我国分布于四川、云南、贵州、广西、广东、湖南、湖北、江西、浙江、江苏、安徽、河南、河北、吉林、黑龙江等省、自治区。福建产于厦门、上杭、福清、永安、顺昌等地。

【生　　境】生于水边、潮湿处。

【饲用价值】牛、羊、马、猪采食其嫩茎叶，中等饲用植物。

▌旱田草

【别　　名】鸭舌癀

【学　　名】*Lindernia ruellioides*（Colsmann）Pennell

【分　　布】日本、印度至印度尼西亚、菲律宾、澳大利亚。我国分布于中南、西南及台湾、江西等省。福建产于南靖、平和、闽侯、沙县、建阳等地。

【生　　境】生于草地、沟溪边、山谷、林下。

【饲用价值】牛、羊、马、猪采食其嫩茎叶，中等饲用植物。

【其他用途】全草入药，有止血生肌、清心肺热的功效。

▌母草

【学　　名】*Lindernia crustacea*（Linnaeus）F. Mueller

【分　　布】热带及亚热带地区广布。我国分布于中南、西南、华东各省区。福建各地常见。

【生　　境】生于田边、草地、路边等低湿处。

【饲用价值】牛、马、羊、猪采食其嫩茎叶，中等饲用植物。

【其他用途】全草药用，有清热、利湿、止痢的功效，外用治痈疮、疔毒等。

▌长蒴母草

【别　　名】长果母草

【学　　名】*Lindernia anagallis*（N. L. Burman）Pennell

【分　　布】亚洲东南部。我国分布于广东、广西、湖南、云南、贵州、四川、台湾、江西。福建产于漳浦、厦门、南靖、上杭、新罗、连城、永春、仙游、闽侯、晋安、马尾、永安、沙县、延平、建阳。

【生　　境】生于林下、溪旁、田野湿润处、沼泽地。

【饲用价值】牛、马、羊、猪采食其嫩茎叶，中等饲用植物。

【其他用途】全草可药用。

通泉草属 *Mazus* Loureiro

通泉草

【学　　名】*Mazus pumilus*（N. L. Burman）Steenis

【分　　布】不丹、印度、日本、朝鲜、尼泊尔、菲律宾、俄罗斯、泰国、越南等。我国分布于全国各地。福建各地常见。

【生　　境】常生于潮湿荒地、村旁、路边。

【饲用价值】适口性好，牛、羊、马喜食，适宜放牧，整个生长期均可利用，良等饲用植物。

七十九、爵床科
Acanthaceae

狗肝菜属 *Dicliptera* Jussieu

狗肝菜

【学　　名】*Dicliptera chinensis*（Linnaeus）Jussieu
【分　　布】越南。我国分布于广东、广西、台湾等省、自治区。福建各地常见。
【生　　境】生于溪边、路旁或疏林下。
【饲用价值】嫩茎叶为牛、兔喜食，羊、猪采食，中等饲用植物。
【其他用途】全草供药用，有清热解毒、消肿止痛的功效。

水蓑衣属 *Hygrophila* R. Brown

水蓑衣

【学　　名】*Hygrophila ringens*（Linnaeus）R. Brown ex Sprengel
【分　　布】亚洲东南部至东部琉球群岛有分布，印度也有。我国广布于长江流域以南各省区。福建产于全省各地。
【生　　境】生于溪边、沟边湿地或路边阴湿地。
【饲用价值】适口性强，猪、牛、羊、鱼喜食其嫩茎叶，中等饲用植物。
【其他用途】全草供药用，有健胃消食、清热消肿的功效。

爵床属 *Rostellularia* Reichenb.

爵床

【别　　名】六角英、麦穗癀
【学　　名】*Rostellularia procumbens*（Linnaeus）Nees
【分　　布】亚洲南部至澳大利亚广布。我国分布于西南部和南部各省区。福建各地常见。
【生　　境】生于旷野草地或路旁、园边较阴湿处。
【饲用价值】牛、马、羊、猪均食，中等饲用植物。
【其他用途】全草供药用，有清热利湿、消肿解毒的功效。

八十、车前科

Plantaginaceae

车前属 *Plantago* Linnaeus

车前

【别　　名】车轮草、蛤蟆草

【学　　名】*Plantago asiatica* Linnaeus

【分　　布】孟加拉国、不丹、印度、日本、朝鲜、尼泊尔、马来西亚、印度尼西亚。我国大部分省区均有分布。福建各地常见。

【生　　境】常生于草地、沟边、河岸湿地、田边、路旁或村边空旷处。

【饲用价值】从出苗到花期，叶质肥厚，细嫩多汁，为各种家畜所采食，尤其是猪喜食；利用期长于 4 个月，适用于放牧猪，或青割喂兔、鸡，也可青割晒干，制草粉供冬春饲喂。

【其他用途】全草入药，有清热利尿、渗湿止泻、明目、祛痰的功效。

大车前

【别　　名】蛤蟆草

【学　　名】*Plantago major* Linnaeus

【分　　布】欧亚大陆温带及寒温带。我国大部分省区有分布。福建各地均有分布。

【生　　境】常生于草地、草甸、河滩、沟边、沼泽地、山坡路旁、田边或荒地。

【饲用价值】粗蛋白含量中等，无氮浸出物含量较高，能量价值较低，良等饲用植物；花葶和基生叶柔软多汁，在冬春枯草季节，牛、羊、鹅均喜食其绿叶，基生叶切碎后喂饲，猪、鸭、鹅均喜食，果穗成熟后，亦见羊、鹅、鸭采食。

【其他用途】全草入药，有清热利尿、渗湿止泻、明目、祛痰的功效。

八十一、茜草科

Rubiaceae

水团花属 *Adina* Salisbury

水团花

【别　　名】水杨梅

【学　　名】*Adina pilulifera*（Lamarck）Franchet ex Drake

【分　　布】日本、越南。我国分布于海南、广东、广西、云南、湖南、江西、浙江、江苏、陕西等省、自治区。福建产于全省各地。

【生　　境】生于山谷疏林下或旷野路旁、溪边水畔。

【饲用价值】牛、羊食其叶，低等饲用植物。

【其他用途】全株药用，有清热解毒、散淤止痛的功效；木材供雕刻用；根系发达，是很好的固堤植物。

细叶水团花

【别　　名】细叶水杨梅

【学　　名】*Adina rubella* Hance

【分　　布】朝鲜。我国分布于广西、湖南、江西、浙江、江苏、陕西等省、自治区。福建产于全省各地。

【生　　境】生于海拔 200~500m 的河岸、溪边灌丛中。

【饲用价值】叶牛、羊采食，低等饲用植物。

【其他用途】茎皮坚韧可制绳索，也可为人造棉及造纸原料；根叶具清热利湿、祛风解表、消肿止痛的功效；根治小儿惊风；叶煎水泡脚，可治脚癣，效果良好。

玉叶金花属 *Mussaenda* Linnaeus

玉叶金花

【别　　名】土甘草、山茶心、白蝴蝶、甜茶、甜草子、凉茶藤、水根藤

【学　　名】*Mussaenda pubescens* W. T. Aiton

【分　　布】越南。我国分布于广东、海南、广西、湖南、江西、浙江、台湾。福建各地均有分布。

【生　　境】常生于灌丛、溪谷、山坡或村旁。

【饲用价值】其嫩枝叶粗蛋白含量较高，牛、羊均可采食。

【其他用途】茎叶入药，有清凉消暑、清热疏风的功效。

毛茶属 *Antirhea* Commerson ex Jussieu

毛茶

【学　　名】*Antirhea chinensis*（Champion ex Bentham）Bentham & J. D. Hooker ex F. B. Forbes & Hemsley

【分　　布】我国分布于广东、海南等省。福建产诏安、南安等地。

【生　　境】常生于林下或灌木丛中。

【饲用价值】羊、鹿喜食其叶和嫩枝，良等饲用植物。

咖啡属 *Coffea* Linnaeus

小果咖啡

【别　　名】小粒咖啡

【学　　名】*Coffea arabica* Linnaeus

【分　　布】原产非洲，现世界各地广泛栽培。我国台湾、广东、海南、广西、四川、贵州、云南等省、自治区均有栽培。福建南部有栽培。

【生　　境】抗寒力强，又耐短期低温，在热带地区可生于海拔 2100m 的高山上。

【饲用价值】叶牛食，果肉也可作牛的粗饲料，粉碎后猪也食，但以少量为宜。

六月雪属 *Serissa* Commerson ex Jussieu

白马骨

【别　　名】六月雪、日日有、满天星、笔蒲花、天星花、日日春花

【学　　名】*Serissa serissoides*（Candolle）Druce

【分　　布】琉球群岛。我国分布于安徽、广东、广西、湖北、江苏、江西、台湾、浙江等省、自治区。福建各地均有分布。

【生　　境】常生于山坡、路边、溪旁、灌木丛中。

【饲用价值】牛、羊喜食，良等饲用植物。

【其他用途】全草入药，有疏风解表、舒筋活络、消肿拔毒的功效，也是园林绿化树种。

丰花草属 *Spermacoce* Linnaeus

▍糙叶丰花草

【别　　名】铺地毡草、鸭舌癀

【学　　名】*Spermacoce hispida* Linnaeus

【分　　布】印度尼西亚、马来西亚、菲律宾及大洋洲。我国分布于台湾、广东、香港、海南、广西等省、自治区。福建产于东南沿海各地。

【生　　境】常生于低海拔的空旷沙地上。

【饲用价值】牛、羊喜食，良等饲用植物。

▍阔叶丰花草

【学　　名】*Spermacoce alata* Aublet

【分　　布】广布于世界热带地区。我国广东南部、海南、广西等省、自治区有栽培或逸生。福建南部地区有栽培或逸生。

【生　　境】见于 1000m 以下的废墟、荒地、沟渠边、山坡路旁、沙地。

【饲用价值】嫩茎叶羊、猪、鹅喜食。

耳草属 *Hedyotis* Linnaeus

▍白花蛇舌草

【别　　名】蛇总管

【学　　名】*Hedyotis diffusa* Willdenow

【分　　布】亚洲热带地区、日本。我国分布于云南、台湾、江苏、安徽等省。福建各地常见。

【生　　境】生于海拔 900m 以下的水田田埂或湿润旷地。

【饲用价值】鹅食少量嫩茎叶。

【其他用途】全草具清热解毒、消肿止痛的功效，治恶性肿瘤及多种炎症、咬伤，外用治疮疹、痈节和毒蛇。

▍金毛耳草

【学　　名】*Hedyotis chrysotricha*（Palibin）Merrill

【分　　布】日本、菲律宾。我国分布于长江流域以南各省区。福建各地极常见。

【生　　境】生于海拔 120m 以下的林下路边或山坡较湿润的灌丛中，也见于田埂或溪边。

【饲用价值】牛、马、羊食，低等饲用植物。

【其他用途】全草治肠炎、痢疾、黄疸型肝炎、小儿急性肾炎、功能性子宫出血、外伤出血等。

伞房花耳草

【学　　名】*Hedyotis corymbosa*（Linnaeus）Lamarck

【分　　布】热带亚洲、非洲、美洲。我国分布于东南至西南各省区。福建产长乐以南沿海各地。

【生　　境】生于低海拔的水田田埂或潮湿草地、水沟边。

【饲用价值】牛、马、羊食，低等饲用植物。

【其他用途】全草具清热解毒、消肿止痛的功效，治恶性肿瘤及多种炎症、咬伤，外用治疮疹、痈节和毒蛇咬伤。

卷毛耳草

【别　　名】粗毛耳草、甜草仔

【学　　名】*Hedyotis mellii* Tutcher

【分　　布】我国分布于广东、广西、湖南、江西等省、自治区。福建产于西南部至西部各地。

【生　　境】生于疏林下路边或向阳山坡灌草丛中。

【饲用价值】牛、马、羊食，低等饲用植物。

【其他用途】全草具消食化积、止血解毒的功效，治小儿疳积、刀伤出血、毒蛇咬伤等。

长节耳草

【别　　名】穿心草、蛇草

【学　　名】*Hedyotis uncinella* Hooker & Arnott

【分　　布】印度。我国分布于海南、广东、贵州、云南、湖南等省。福建产于长乐、晋安、马尾、宁化等地。

【生　　境】生于低海拔的坡地、田埂或村宅附近旷地。

【饲用价值】牛、马、羊食，低等饲用植物。

【其他用途】全草主治痢疾、肠炎、风湿关节痛、止血、小儿疳积、毒蛇咬伤。

拉拉藤属 *Galium* Linnaeus

拉拉藤

【别　　名】猪殃殃

【学　　名】*Galium aparine* Linnaeus

【分　　布】广布于欧洲、亚洲、北非、美洲。我国分布于东北、华北、华南、西南各省区。福建各地常见。

【生　　境】世界性杂草，常生于耕地、路旁或草地。

【饲用价值】柔嫩多汁，全株可作牛、马的饲草，不宜喂猪，因具倒钩刺，猪食则病；其干草粗蛋白含量较高，粗纤维少，粗灰分丰富，可制成干草草粉利用，良等饲用植物。

【其他用途】全草药用，有清热解毒、消肿止痛的功效。

八十二、败酱科

Valerianaceae

败酱属 *Patrinia* Jussieu

败酱

【别　　名】黄花龙牙、苦菜

【学　　名】*Patrinia scabiosifolia* Link

【分　　布】俄罗斯、日本、朝鲜。我国除广东、海南、青海、新疆、西藏外广布。福建中部、北部星散分布。

【生　　境】生于山坡林下、林缘、灌丛中及路边、田埂边的草丛中。

【饲用价值】嫩茎叶牛、羊乐食，煮熟后可喂猪。

【其他用途】民间采摘幼苗嫩叶食用。

白花败酱

【别　　名】攀倒甑

【学　　名】*Patrinia villosa* (Thunberg) Dufresne

【分　　布】日本。我国广布于长江流域以南各省区。福建各地常见。

【生　　境】生山沟水旁湿处。

【饲用价值】嫩茎叶牛、羊乐食，煮熟后可喂猪。

【其他用途】民间以嫩苗供菜蔬用，药用有清热解毒的功效。

八十三、葫芦科
Cucurbitaceae

盒子草属 *Actinostemma* Griffith

盒子草

【学　　名】*Actinostemma tenerum* Griffith

【分　　布】中南半岛、印度、朝鲜、日本。我国各地普遍分布。福建各地较常见。

【生　　境】生于山坡、路旁、溪河边的草灌丛中。

【饲用价值】可作猪、牛、羊饲料，低等饲用植物。

【其他用途】种子及全草供药用，有利尿、消肿、清热解毒、去湿的功效；种子含油，可制肥皂；油饼可作肥料及饲料。

茅瓜属 *Solena* Loureiro

茅瓜

【别　　名】老鼠拉冬瓜

【学　　名】*Solena heterophylla* Loureiro

【分　　布】日本、朝鲜、越南、印度、印度尼西亚、菲律宾。我国分布于华南、西南、华东及湖北、湖南。福建各地常见。

【生　　境】多生于海拔 300～1500m 的山坡路旁、田边、草灌丛中。

【饲用价值】牛、羊、猪采食其叶、嫩茎、果，中等饲用植物。

【其他用途】全草药用，有清热、利尿、消肿的功效。

马㼎儿属 *Zehneria* Endlicher

马㼎儿

【学　　名】*Zehneria japonica*（Thunberg）H. Y. Liu

【分　　布】日本、朝鲜、越南、印度、印度尼西亚、菲律宾。我国分布于华南、西南、华东地区及湖北、湖南。福建各地常见。

【生　　境】多生于海拔 300～1500m 的山坡路旁、田边及草灌丛中。

【饲用价值】羊采食，低等饲用植物。

【其他用途】全草药用，有清热、利尿、消肿的功效。

葫芦属 *Lagenaria* Seringe

葫芦

【别　　名】瓟

【学　　名】*Lagenaria siceraria*（Molina）Standley

【分　　布】广泛栽培于世界热带到温带地区。我国各地均有栽培。福建各地常见栽培。

【生　　境】对土壤适应性较强，在微酸性土壤中生长良好，选择排水良好的砂壤土种植，产量更高。

【饲用价值】嫩茎叶和果富含蛋白质，均可作饲料。

【其他用途】果幼嫩时可供菜食，成熟后外壳木质化、中空，可作各种容器、水瓢或儿童玩具，也可药用。

苦瓜属 *Momordica* Linnaeus

苦瓜

【别　　名】凉瓜、癞葡萄

【学　　名】*Momordica charantia* Linnaeus

【分　　布】广泛栽培于世界热带到温带地区。我国南北各地均普遍栽培。福建各地均有栽培。

【生　　境】对土壤要求不太严格，在肥沃疏松、保土保肥力强的土壤上生长良好，产量高。

【饲用价值】藤蔓、叶、瓜煮熟后可喂猪。

【其他用途】果主要作蔬菜用，根、藤及果实可入药，有清热解毒、明目的功效。

丝瓜属 *Luffa* Miller

丝瓜

【别　　名】絮瓜

【学　　名】*Luffa aegyptiaca* Miller

【分　　布】广泛栽培于世界热带至温带地区。我国各地普遍栽培。福建各地均有栽培。

【生　　境】喜肥沃、腐殖质丰富的土壤。

【饲用价值】叶、藤蔓、果实切碎后可喂猪。

【其他用途】果为夏季蔬菜。成熟时里面的网状纤维称丝瓜络，可代替海绵用于洗刷灶具及家具，还可供药用，有清凉、利尿、活血、通经、解毒的功效。

广东丝瓜

【学　　名】*Luffa acutangula*（Linnaeus）Roxburgh

【分　　布】广泛栽培于世界热带地区。我国南部地区普遍栽培。福建各地均有栽培。

【生　　境】对土壤适应性广，宜选择土层深厚、潮湿、富含有机质的砂壤土种植。

【饲用价值】叶、藤蔓、果实切碎后可喂猪。

【其他用途】果为夏季蔬菜。

佛手瓜属 *Sechium* P. Browne

佛手瓜

【别　　名】洋丝瓜、隼人瓜、安南瓜、寿瓜

【学　　名】*Sechium edule*（Jacquin）Swartz

【分　　布】原产墨西哥，广泛栽培于世界温带至热带地区。我国长江流域以南地区常见栽培或逸为野生。福建山区常见栽培。

【生　　境】性喜温凉环境，多生于海拔 500m 以上的山区村旁屋边。

【饲用价值】茎叶的蛋白质含量高于瓜，老瓜富含淀粉，出粉率为干重的 25%～30%，喂猪可代替精饲料；茎叶和瓜生喂、熟喂均可，茎叶也可用于青贮。

【其他用途】果实作蔬菜。

冬瓜属 *Benincasa* Savi

冬瓜

【别　　名】东瓜、枕瓜、白瓜

【学　　名】*Benincasa hispida*（Thunberg）Cogniaux

【分　　布】世界热带、亚热带地区广泛栽培。我国南北各地均有栽培。福建各地常见栽培。

【生　　境】适于土层深厚，有机质丰富的壤土或砂壤土种植。

【饲用价值】产量高，粗蛋白含量较高，适口性好，是家畜的优质多汁饲料，利用冬瓜作饲料时不宜单一饲用。冬瓜的茎叶切碎煮熟后可喂猪。

【其他用途】果实除作蔬菜外，也可浸渍为各种糖果；果皮和种子药用，有消炎、利尿、消肿的功效。

西瓜属 *Citrullus* Schrader ex Ecklon & Zeyher

西瓜

【别　　名】寒瓜、夏瓜

【学　　名】*Citrullus lanatus*（Thunberg）Matsumura & Nakai

【分　　布】原种可能来自非洲，久已广泛栽培于世界热带到温带地区。我国各地均有栽培。福建各地均有栽培。

【生　　境】常栽培于山地或大田，以土质疏松、土层深厚、排水良好的砂质土最佳。

【饲用价值】西瓜皮多汁，适口性好，是畜禽优质的多汁饲料，用来饲喂家禽时，可切碎拌入其他饲料，用来饲喂猪、牛时，可整块投喂。

【其他用途】果实为夏季之水果，能降温去暑；种子可炒作消遣食品；果皮药用，有清热、利尿、降血压的功效。

黄瓜属 *Cucumis* Linnaeus

甜瓜

【别　　名】香瓜、哈密瓜

【学　　名】*Cucumis melo* Linnaeus

【分　　布】广泛栽培于世界热带至温带地区。我国各地广泛栽培。福建各地均有栽培。

【生　　境】适于在土层深厚、有机质丰富、通气性好的壤土或砂质壤土种植。

【饲用价值】藤蔓和瓜粗蛋白含量较高，营养价值较好；收获后的藤蔓可作家畜饲料，瓜皮或烂瓜是牛和猪的优质多汁饲料。

【其他用途】果实为盛夏的重要水果；全草药用，有祛炎败毒、催吐、除湿、退黄疸等功效。

黄瓜

【别　　名】胡瓜

【学　　名】*Cucumis sativus* Linnaeus

【分　　布】广泛栽培于世界热带至温带地区。我国各地普遍栽培。福建各地均有栽培。

【生　　境】适于在排水良好、富含有机质、肥沃而保水保肥良好的偏黏质砂壤土种植。

【饲用价值】茎蔓猪喜食，是猪的良好青饲料。

【其他用途】果为我国各地夏季主要菜蔬之一；茎藤药用，有消炎、祛痰、镇痉等功效。

南瓜属 *Cucurbita* Linnaeus

南瓜

【别　　名】金瓜、倭瓜、饭瓜、番南瓜、北瓜

【学　　名】*Cucurbita moschata* Duchesne

【分　　布】原产墨西哥到中美洲一带，世界各地普遍栽培。我国南北各地广泛栽培。福建各地广泛栽培。

【生　　境】常见于农舍附近闲散地块种植，也可在庭园搭棚架种植。

【饲用价值】糖含量高，胡萝卜素和维生素 C 丰富，是猪、牛的优质多汁饲料；成熟的瓜可鲜喂，也可晒成半干与其他饲用植物青贮，鲜喂南瓜可打浆，调以精饲料，猪、鸡均喜食，青贮牛喜食。

【其他用途】果实作菜馔，亦可代粮食；全株各部又供药用，种子有清热除湿、驱虫的功效，藤有清热的功效，瓜蒂有安胎的功效。

▌西葫芦

【别　　名】菜瓜

【学　　名】*Cucurbita pepo* Linnaeus

【分　　布】原产北美洲，广泛栽培于世界热带至温带地区。我国南北各地广泛栽培。福建各地广泛栽培。

【生　　境】对土壤要求不严格，砂土、壤土、黏土均可栽培，土层深厚的壤土易获高产。

【饲用价值】茎叶及瓜粗蛋白含量较高，营养价值较好，均可作饲料。

【其他用途】果实作蔬菜。

八十四、桔梗科

Campanulaceae

桔梗属 *Platycodon* A. Candolle

桔梗

【学　　名】*Platycodon grandiflorus*（Jacquin）A. Candolle

【分　　布】朝鲜、日本及俄罗斯远东地区和俄罗斯东西伯利亚地区。我国分布于东北、华北、华东、华中地区及广东、广西北部、贵州和云南东南部、四川、陕西等省。福建各地均产。

【生　　境】生于向阳山坡或林缘草丛、灌丛中。

【饲用价值】羊乐食。

【其他用途】根药用，有止咳、祛痰、消炎等功效，用于治疗咳嗽、咽喉肿痛。

沙参属 *Adenophora* Fischer

轮叶沙参

【学　　名】*Adenophora tetraphylla*（Thunberg）Fischer

【分　　布】朝鲜、日本、俄罗斯、越南。我国分布于华东、东北及广东、广西、云南、四川、贵州、山东、河北、山西。福建各地均产。

【生　　境】生于海拔 2000m 以下的草地、灌木丛中。

【饲用价值】嫩茎叶牛、羊乐食，可喂猪，中等饲用植物。

【其他用途】根供药用，治疗咳嗽，有清肺、祛痰的功效。

半边莲属 *Lobelia* Linnaeus

半边莲

【学　　名】*Lobelia chinensis* Loureiro

【分　　布】印度以东的亚洲其他各国。我国分布于长江中下游及以南各省区。福建各地均产。

【生　　境】生于沟边、潮湿草地上。

【饲用价值】可作猪、禽饲料，低等饲用植物。

【其他用途】全草供药用，有清热解毒、消肿的功效；主治蛇咬伤、肝炎。

蓝花参属 *Wahlenbergia* Schrader ex Roth

蓝花参

【别　　名】寒草

【学　　名】*Wahlenbergia marginata*（Thunberg）A. Candolle

【分　　布】广布于亚洲热带、亚热带。我国长江流域各省区均有分布。福建各地常见。

【生　　境】生于低海拔山坡路旁或沟边、田边。

【饲用价值】牛、马、羊均食，低等饲用植物。

【其他用途】全草药用，主治风寒感冒、小儿疳积。

八十五、香蒲科

Typhaceae

香蒲属 *Typha* Linnaeus

水烛

【别　　名】狭叶香蒲、蒲草、水蜡烛、鬼蜡烛、芦油烛

【学　　名】*Typha angustifolia* Linnaeus

【分　　布】尼泊尔、印度、巴基斯坦、日本、俄罗斯、泰国及欧洲、美洲、大洋洲等。我国分布于黑龙江、吉林、辽宁、内蒙古、河北、山东、河南、陕西、甘肃、新疆、江苏、湖北、云南等省、自治区。福建产于漳浦、厦门、仙游、寿宁等地。

【生　　境】生于湖泊、河流、池塘浅水处。

【饲用价值】适口性较差，但幼嫩时期粗蛋白含量较高，营养价值较好，若适时刈割，调制成优质的青干料，可在冬春枯草季节补饲牛、马、羊等草食家畜，是枯草季节一种较好的补饲饲草。

【其他用途】花粉可入药，即中药蒲黄；叶用于编织、造纸等；幼叶基部和根状茎先端可作蔬食；雌花序可作枕芯和坐垫的填充物；另外，本种叶挺拔，花序粗壮，常用于花卉观赏。

八十六、眼子菜科
Potamogetonaceae

眼子菜属 *Potamogeton* Linnaeus

菹草

【别　　名】虾藻、虾草、麦黄草

【学　　名】*Potamogeton crispus* Linnaeus

【分　　布】广布于世界各地。我国分布于南北各省区。福建各地常见。

【生　　境】生于池塘、水沟、水稻田、灌渠、缓流河水中。

【饲用价值】茎叶柔嫩，适口性好，含较丰富的粗蛋白和脂肪，粗纤维含量低，品质优良，营养价值高，易消化，猪最喜食，也是鱼、鸡、鸭、鹅的良好饲料，为草食性鱼类的良好天然饵料。我国一些地区选其为囤水田养鱼的草种。

【其他用途】可作为绿肥。

篦齿眼子菜

【学　　名】*Potamogeton pectinatus* Linnaeus

【分　　布】阿富汗、蒙古、缅甸、尼泊尔、菲律宾、俄罗斯、乌兹别克斯坦及非洲、亚洲西南部、大洋洲、欧洲、美洲、太平洋群岛。我国分布于南北各省区。福建各地均有分布。

【生　　境】生于河溪、湖泊、水塘中。

【饲用价值】猪、禽均喜食，良等饲用植物。

尖叶眼子菜

【别　　名】线叶藻

【学　　名】*Potamogeton oxyphyllus* Miquel

【分　　布】俄罗斯、印度尼西亚、日本、朝鲜。我国分布于东北、华东及湖北、陕西南部、台湾、云南等省。福建各地偶见。

【生　　境】常生于池塘、溪沟之中。

【饲用价值】猪、禽均喜食，良等饲用植物。

浮叶眼子菜

【学　　名】*Potamogeton natans* Linnaeus

【分　　布】北半球广布种。我国广布于南北各省区。福建各地常见。

【生　　境】生于湖泊、池塘等及稻田中，水体多呈微酸性。

【饲用价值】可作猪、禽、鱼饲料，良等饲用植物。

【其他用途】可供观赏，是浮叶类中较好的种群；全草可供药用。

鸡冠眼子菜

【别　　名】小叶眼子菜

【学　　名】*Potamogeton cristatus* Regel & Maack

【分　　布】朝鲜、日本。我国分布于东北地区及河北、河南、湖北、湖南、四川、江苏、浙江、江西、台湾等省。福建各地常见。

【生　　境】生于静水池塘及水稻田中。

【饲用价值】可作猪、禽、鱼饲料，良等饲用植物。

【其他用途】全草入药，有去热解毒、利尿通淋、止咳去痰的功效。

南方眼子菜

【别　　名】钝脊眼子菜

【学　　名】*Potamogeton octandrus* Poiret

【分　　布】俄罗斯、朝鲜、日本。我国分布于东北地区及陕西南部、江苏、湖北、广西等省、自治区。福建各地少见。

【生　　境】生于池塘、缓流河沟中，水体多呈微酸性。

【饲用价值】可作猪饲料，中等饲用植物。

【其他用途】可作肥料。

竹叶眼子菜

【别　　名】马来眼子菜

【学　　名】*Potamogeton wrightii* Morong

【分　　布】俄罗斯、朝鲜、日本、印度及东南亚各国。我国产于南北各省区。福建各地少见。

【生　　境】生于灌渠、池塘、河流等静、流水体，水体多呈微酸性。

【饲用价值】植株可作饲料。

【其他用途】可供观赏。

小眼子菜

【别　　名】线叶眼子菜

【学　　名】*Potamogeton pusillus* Linnaeus

【分　　布】朝鲜、日本。我国南北各省区均产，但以北方更为多见。福建产于全省各地。

【生　　境】生于池塘、湖泊、沼地、水田及沟渠等静水或缓流之中。

【饲用价值】鲜草有腥味，猪、鸡、鸭等喜食，牛马不食，但晒干后气味大减，各种家畜亦喜食，中等饲用植物。

【其他用途】全株可用于观赏，多用于装饰水族箱、玻璃缸等。

八十七、水鳖科

Hydrocharitaceae

茨藻属 *Najas* Linnaeus

纤细茨藻

【别　　名】细茨藻

【学　　名】*Najas gracillima*（A. Braun ex Engelmann）Magnus

【分　　布】日本及美洲等。我国分布于吉林、辽宁、内蒙古、台湾、浙江、湖北、广西、海南、贵州、云南等省、自治区。福建偶见于东南沿海各地。

【生　　境】多生于稻田或藕田中，亦见于水沟和池塘的浅水处。

【饲用价值】猪喜食，良等饲用植物。

小茨藻

【学　　名】*Najas minor* Allioni

【分　　布】亚洲、欧洲、非洲、美洲各地。我国广布于南北各省区。福建各地常见。

【生　　境】多生于池塘、湖泊、水沟、稻田中。

【饲用价值】猪、禽喜食，良等饲用植物。

黑藻属 *Hydrilla* Richard

黑藻

【学　　名】*Hydrilla verticillata*（Linnaeus f.）Royle

【分　　布】广布于欧亚大陆热带至温带地区。我国分布于中南、西南、华东等地区。福建各地常见。

【生　　境】生于小溪、水田、池塘或湖泊中。

【饲用价值】可作为淡水鱼、鸭的饲料。

【其他用途】全株用于观赏；全草可供药用，有清热解毒的功效。

水鳖属 *Hydrocharis* Linnaeus

水鳖

【学　　名】*Hydrocharis dubia*（Blume）Backer

【分　　布】欧洲、大洋洲、亚洲。我国分布于中南、西南、华东、华北、东北等地区。福建产于东部和北部地区。

【生　　境】生于静水池沼中。

【饲用价值】可作鱼饵料及猪饲料。

【其他用途】用于不同水体观赏；幼叶柄可作为蔬菜食用；也可供药用。

海菜花属 *Ottelia* Persoon

龙舌草

【别　　名】水车前

【学　　名】*Ottelia alismoides*（Linnaeus）Persoon

【分　　布】广布于非洲东北部、亚洲东部及东南部至澳大利亚热带地区。我国分布于中南、西南及华东的大部分省区。福建各地常见。

【生　　境】常生于湖泊、沟渠、水塘、水田及积水洼地。

【饲用价值】可作饲料及鱼饵料。

【其他用途】植株在幼苗期可作水生蔬菜；全草可供观赏并入药。

苦草属 *Vallisneria* Linnaeus

苦草

【学　　名】*Vallisneria natans*（Loureiro）H. Hara

【分　　布】马来群岛、中南半岛、印度、伊朗、日本、朝鲜、澳大利亚。我国分布于中南、西南、华东及华北地区。福建产于南部和东部地区。

【生　　境】生于溪沟、河流、池塘、湖泊之中。

【饲用价值】可作鱼饵料及猪饲料。

【其他用途】全株用于观赏；嫩叶可食；也可供药用，治妇女白带等症。

水筛属 *Blyxa* Noronha ex Thouars

有尾水筛

【学　　名】*Blyxa echinosperma*（C. B. Clarke）J. D. Hooker

【分　　布】东南亚及日本、朝鲜等地。我国分布于中南、西南及华东的大部分省区。福建产于长乐、晋安、马尾等地。

【生　　境】生于水田、沟渠中。

【饲用价值】可作饲料。

【其他用途】全株可供观赏，尤其在花果期，在水族箱和玻璃缸中观赏价值更高。

八十八、棕榈科

Arecaceae (Palmae)

油棕属 *Elaeis* Jacquin

油棕

【别　　名】油椰子

【学　　名】*Elaeis guineensis* Jacquin

【分　　布】原产非洲热带地区。我国台湾、海南、云南等热带地区有引种栽培。福建诏安、厦门、云霄等地曾有栽培。

【生　　境】喜高温、湿润、强光照环境和肥沃的土壤。

【饲用价值】可利用其副产品作为畜禽的精饲料。冬春干旱季节，多余的叶人工砍下后可用来喂牛；油棕压榨纤维（果肉压榨后所得的残渣）蛋白质含量低，主要用来饲喂反刍动物（比例为日粮的 10%～25%）、猪及各类家禽，用来喂牛时，添加比例不应超过日粮的 40%，或者与木薯粉混合后进行干燥，制成优质饲料饼，用来喂猪、牛。

【其他用途】热带油料作物，供食用和工业用；根药用，有消肿祛淤的功效。

八十九、菖蒲科

Acoraceae

菖蒲属 *Acorus* Linnaeus

菖蒲

【别　　名】香蒲、溪菖蒲、石菖蒲、山菖蒲、水剑草、凌水挡

【学　　名】*Acorus calamus* Linnaeus

【分　　布】南北两半球的温带、亚热带。我国各省均产。福建各地均有分布。

【生　　境】生于水边、沼泽湿地，湖泊浮岛上也常有栽培。

【饲用价值】牛、马、羊少食，劣等饲用植物。

【其他用途】根茎药用，有温宣开窍、健胃、化痰、解毒、杀虫等功效。

九十、天南星科
Araceae

大藻属 *Pistia* Linnaeus

大藻

【别　　名】水浮莲、水荷莲、大萍、水莲、肥猪草、水芙蓉

【学　　名】*Pistia stratiotes* Linnaeus

【分　　布】世界热带、亚热带地区。我国长江流域以南各省区均有分布或栽培。福建各地均有分布。

【生　　境】生于池塘、水田、湖泊。

【饲用价值】营养丰富，含粗纤维较少，是产量高、培植容易、质地柔软、营养价值高、适口性好的猪饲料，是南方养猪普遍利用的一种青饲料；常打浆或切碎混以糠麸喂猪，多为生喂或发酵后喂，也有青贮后饲喂。

【其他用途】全草（大浮萍）药用，有祛风发汗、利尿解毒的功效。

蘑芋属 *Amorphophallus* Blume ex Decaisne

疏毛蘑芋

【别　　名】东亚蘑芋、蒟蒻、蒻头

【学　　名】*Amorphophallus kiusianus*（Makino）Makino

【分　　布】日本。我国分布于安徽、广东、湖南、江西、台湾、浙江等省。福建各地零星分布。

【生　　境】生于林下阴湿处。

【饲用价值】饲用只是利用蘑（魔）芋的副产品——叶和飞粉，飞粉中的营养物质消化率较高，与其他饲料相比，营养价值较好，可作为复合饲料成分或饲料的添加剂。

【其他用途】块茎可加工成蘑（魔）芋豆腐供食用；芋干片含淀粉 42.05%，淀粉的膨胀力可大至 80～100 倍，黏着力强，可用作浆纱、造纸、瓷器或建筑等的胶黏剂；块茎药用，有解毒消肿、健胃消食等功效。

芋属 *Colocasia* Schott

芋

【别　　名】芋头、毛芋

【学　　名】*Colocasia esculenta*（Linnaeus）Schott

【分　　布】广泛栽培于世界热带、亚热带地区。我国南北各省区普遍栽培。福建各地均有栽培。

【生　　境】水田或旱地均可栽培。

【饲用价值】块茎、茎、叶煮熟后猪喜食，中等饲用植物。

【其他用途】块茎可食，可作蔬菜，也可代粮或制淀粉。

九十一、浮萍科

Lemnaceae

浮萍属 *Lemna* Linnaeus

浮萍

【别　　名】田萍

【学　　名】*Lemna minor* Linnaeus

【分　　布】全球温暖地区。我国分布于南北各省区。福建各地均有分布。

【生　　境】生于水田、池沼或其他静水水域。

【饲用价值】富含蛋白质、脂肪和灰分，钙和磷含量也较高，粗纤维很少，是鱼、家禽、猪的良好饲料。喂草鱼，不但适口性好、易消化，而且鲜嫩、不变质，对预防草鱼赤皮、烂鳃和肠炎等病均有益处。

【其他用途】全草入药，有发汗、利水、消肿毒的功效。

品萍

【别　　名】品藻

【学　　名】*Lemna trisulca* Linnaeus

【分　　布】除了南美洲，广布于世界各地。我国分布于南北各省区。福建偶见于中部山区。

【生　　境】生于静水池沼或浅水中。

【饲用价值】猪、禽、鱼的优质饲料，优等饲用植物。

紫萍属 *Spirodela* Schleiden

紫萍

【别　　名】萍、田萍

【学　　名】*Spirodela polyrhiza*（Linnaeus）Schleiden

【分　　布】全球广布。我国南北各省区均有分布。福建各地常见。

【生　　境】生于水田、水塘、湖湾、水沟。

【饲用价值】在温带，紫萍是一种生长期长、产量高、品质好的优质水生饲料，是鱼、猪、禽喜食的水生饲料，为放养草鱼的良好饵料，也是鸡、鸭、鹅的良好饲料，良等饲用植物。

【其他用途】全草药用，有发汗、利尿的功效。

无根萍属 *Wolffia* Horkel ex Schleiden

无根萍

【别　　名】芜萍

【学　　名】*Wolffia globosa*（Roxburgh）Hartog & Plas

【分　　布】孟加拉国、印度、日本、老挝、菲律宾、泰国、越南及美洲有引种。我国分布于东南各省区。福建各地均有分布。

【生　　境】生于静水池沼中。

【饲用价值】富含淀粉、蛋白质等营养物质，为草鱼、鲤鱼等幼鱼的优质饵料，有些渔场常人工放养，也是猪、鸭、鹅喜食的饲料，良等饲用植物。

【其他用途】云南傣族捕捞供蔬菜食用。

九十二、凤梨科

Bromeliaceae

凤梨属 *Ananas* Miller

菠萝

【别　　名】凤梨

【学　　名】*Ananas comosus*（Linnaeus）Merrill

【分　　布】原产美洲热带地区。我国广东、海南、广西、台湾、云南有栽培。福建东南各地有栽培。

【生　　境】适应性强，耐瘠、耐旱，是新垦山地的重要先锋作物。

【饲用价值】叶是反刍动物的优质饲料，鲜喂、晒干或青贮均可，但喂前须切碎；如用菠萝叶调制青贮饲料，必须先混入一定比例的糖蜜；菠萝加工过程中所获的副产品也可饲用；新鲜菠萝残渣可直接用来喂猪或奶牛，也可将残渣进行人工干燥、粉碎，加 9% 的糖蜜再饲用；菠萝糖浆是育肥猪的优质饲料。

【其他用途】著名热带水果之一，叶的纤维甚坚韧，可供织物、制绳、结网和造纸。

九十三、鸭跖草科

Commelinaceae

鸭跖草属 *Commelina* Linnaeus

鸭跖草

【别　　名】竹叶菜、水竹、兰花仔、竹仔草、竹仔菜、兰花草

【学　　名】*Commelina communis* Linnaeus

【分　　布】越南、朝鲜、日本、老挝、泰国及俄罗斯远东地区。我国除青海、新疆、西藏外，其余各省区均有分布。福建各地常见。

【生　　境】生于湿润处。

【饲用价值】茎嫩叶多，是很好的猪、牛饲料。喂前应煮熟或发酵，可将嫩叶切碎，掺入糠内，煮熟后就可喂猪。

【其他用途】全草药用，有消肿利尿、清热解毒的功效。

饭包草

【别　　名】竹叶菜、大号日头舅、千日晒

【学　　名】*Commelina benghalensis* Linnaeus

【分　　布】亚洲、非洲的热带及亚热带地区。我国分布于海南、广西、江西、山东、陕西、云南、河南、湖南、安徽、湖北、河北、江苏、四川、广东、浙江等省、自治区。福建各地均有分布。

【生　　境】常生于溪旁或林中阴湿处。

【饲用价值】肥嫩多汁，地上部分煮熟后可喂猪，良等饲用植物。

【其他用途】全草药用，有清热解毒、消肿利尿的功效。

大苞鸭跖草

【别　　名】大鸭跖草、凤眼灵芝、大竹叶菜

【学　　名】*Commelina paludosa* Blume

【分　　布】尼泊尔、印度至印度尼西亚。我国分布于广东、广西、贵州、湖南、江西、四川、台湾、西藏、云南等省、自治区。福建产于南靖、长泰、厦门、新罗、上杭、武平、漳平、仙游、延平、建瓯等地。

【生　　境】生于溪边、水沟边、林下阴湿处。

【饲用价值】肥嫩多汁，地上部分煮熟后可喂猪，良等饲用植物。

【其他用途】全草药用，有消肿利尿、清热解毒的功效。

节节草

【别　　名】竹节菜、竹节草

【学　　名】*Commelina diffusa* N. L. Burman

【分　　布】全球热带及亚热带地区。我国分布于广东、广西、云南、贵州、台湾等省、自治区。福建产于厦门、漳浦、南平等地。

【生　　境】生于水沟边、山坡草地阴湿处、林下。

【饲用价值】牛、羊、猪、兔均喜食，良等饲用植物。

【其他用途】茎、根可供药用，有消热、散毒、利小便的功效；民间也见有用全草治病者；花汁可作绘画用的青碧色颜料。

聚花草属 *Floscopa* Loureiro

聚花草

【学　　名】*Floscopa scandens* Loureiro

【分　　布】不丹、印度、老挝、缅甸、泰国、越南及大洋洲。我国分布于广东、广西、海南、湖南、江西、四川、西藏、云南、浙江等省、自治区。福建各地常见。

【生　　境】生于溪边、水沟边、林下阴湿处。

【饲用价值】肥嫩多汁，地上部分煮熟后可喂猪；适口性中等，牛、马采食，放牧利用。

水竹叶属 *Murdannia* Royle

裸花水竹叶

【学　　名】*Murdannia nudiflora*（Linnaeus）Brenan

【分　　布】印度、中南半岛、菲律宾、日本等。我国分布于安徽、广东、河南、湖南、江苏、江西、山东、四川、云南等省。福建各地常见。

【生　　境】生于溪边、水沟边、林下阴湿处。

【饲用价值】肥嫩多汁，地上部分煮熟后可喂猪；放牧或刈割利用，适口性良好，牛、马、羊喜食，优等饲用植物。

【其他用途】全草和烧酒捣烂，外敷可治蛇咬伤。

水竹叶

【学　　名】*Murdannia triquetra*（Wallich ex C. B. Clarke）Brückner

【分　　布】日本、印度。我国分布于西南、华东、华中、东北等地区。福建产于连城、沙县、建阳、武夷山等地。

【生　　境】生于阴湿地或浅水旁。

【饲用价值】猪、牛喜食，直接或煮熟后可喂猪，晾干后可喂牛、羊。

【其他用途】幼茎嫩叶可供食用；全草清热解毒、利尿消肿，还可治蛇咬伤。

竹叶吉祥草属 *Spatholirion* Ridley

竹叶吉祥草

【别　　名】竹叶红参、马耳朵草、珊瑚草、白龙须、缠百合

【学　　名】*Spatholirion longifolium*（Gagnepain）Dunn

【分　　布】越南。我国分布于广东、广西、贵州、湖北、湖南、江西等省、自治区。福建产于泰宁。

【生　　境】生于山坡草地、溪旁或山谷林下。

【饲用价值】猪、羊乐食，中等饲用植物。

穿鞘花属 *Amischotolype* Hasskarl

穿鞘花

【学　　名】*Amischotolype hispida*（A. Richard）D. Y. Hong

【分　　布】日本、琉球群岛、巴布亚新几内亚、印度尼西亚至中南半岛。我国分布于广东、广西、贵州、海南、台湾、西藏、云南等省、自治区。福建产于南靖、华安、龙岩。

【生　　境】生于林下、山谷溪边。

【饲用价值】牛、马、羊、猪均采食，中等饲用植物。

【其他用途】全草药用，有清热解毒、利水消肿的功效。

九十四、雨久花科

Pontederiaceae

雨久花属 *Monochoria* C. Presl

鸭舌草

【学　　名】*Monochoria vaginalis*（N. L. Burman）C. Presl ex Kunth

【分　　布】日本、南亚次大陆、中南半岛至大洋洲、非洲。我国分布于南北各省区。福建各地常见。

【生　　境】生于水田、沟旁、浅水池塘等水湿处。

【饲用价值】粗蛋白、无氮浸出物含量丰富，粗纤维含量较低，具有较高的饲用价值，是一种优质青饲料；茎叶脆嫩多汁，各种畜禽均可采食。

【其他用途】嫩茎叶可作蔬食；全草入药，有清热解毒的功效。

箭叶雨久花

【学　　名】*Monochoria hastata*（Linnaeus）Solms

【分　　布】东南亚热带地区至大洋洲。我国分布于广东、海南、贵州、云南等省。福建偶见于东南。

【生　　境】生于水塘、沟边、稻田等湿地。

【饲用价值】牛、马、羊、猪、禽均喜食，良等饲用植物。

凤眼莲属 *Eichhornia* Kunth

凤眼莲

【别　　名】凤眼蓝、水浮莲、水葫芦

【学　　名】*Eichhornia crassipes*（Martius）Solms

【分　　布】原产巴西，现广布于世界热带及亚热带地区。我国长江流域、黄河流域及华南各省区常见逸生。福建各地极多见。

【生　　境】生于水塘、沟渠、稻田中。

【饲用价值】全草柔软多汁，鲜嫩可口，而且营养丰富，易消化，可喂猪、牛、羊、草鱼和家禽，是产量极高的优等饲料；饲用方式上，一般是将全草打浆、发酵、青贮，也可冻贮、水藏，均能长期保持原有鲜嫩的特点。

九十五、灯心草科

Juncaceae

地杨梅属 *Luzula* de Candolle

羽毛地杨梅

【学　　名】*Luzula plumosa* E. Meyer

【分　　布】不丹、印度、日本、朝鲜。我国分布于秦岭以南、五岭以北至西藏等省、自治区。福建产于建宁、泰宁等地。

【生　　境】生于海拔 1100m 以上的山坡林缘、路旁、水边潮湿处。

【饲用价值】中等饲用植物。

灯心草属 *Juncus* Linnaeus

小灯心草

【学　　名】*Juncus bufonius* Linnaeus

【分　　布】北温带广泛分布。我国长江流域以北各省区常见。福建仅见于长乐天池山。

【生　　境】生于湿润草地、湖岸、河边、沼泽地等。

【饲用价值】幼嫩时家畜均喜食，中等饲用植物。

【其他用途】全草药用，有清热、通淋、利尿、止血的功效。

灯心草

【别　　名】灯芯草、蔺草、龙须草、野席草、马棕根、野马棕

【学　　名】*Juncus effusus* Linnaeus

【分　　布】全世界温暖地区。我国分布于秦岭以南、五岭以北各省区。福建各地常见。

【生　　境】生于河边、池旁、水沟边、稻田旁、草地上、沼泽湿处。

【饲用价值】牛、马、羊均采食，中等饲用植物。

【其他用途】茎内白色髓心除供点灯和烛心用外，入药有利尿、清凉、镇静的功效；茎皮纤维可作编织和造纸原料。

小花灯心草

【学　　名】*Juncus articulatus* Linnaeus
【分　　布】北半球温带、非洲。我国分布于南岭以北。福建各地星散分布。
【生　　境】生于草甸、沙滩、河边、沟边湿地。
【饲用价值】牛、马、羊均采食，中等饲用植物。

翅茎灯心草

【学　　名】*Juncus alatus* Franchet & Savatier
【分　　布】日本、朝鲜。我国分布于秦岭以南至长江流域地区。福建产于武夷山。
【生　　境】生于水边、田边、湿草地、山坡林下阴湿处。
【饲用价值】牛、马喜食，羊采食，中等饲用植物。
【其他用途】全草药用，有清热、通淋、止血的功效。

江南灯心草

【别　　名】笄石菖
【学　　名】*Juncus prismatocarpus* R. Brown
【分　　布】日本、太平洋、南亚次大陆。我国分布于秦岭以南地区，西藏（东南部）、云南等省、自治区。福建全省广布。
【生　　境】生于田边、山谷、路旁水湿地。
【饲用价值】茎叶柔软，各种家畜喜食，优等饲用植物。

九十六、百合科
Liliaceae

天门冬属 *Asparagus* Linnaeus

石刁柏

【别　　名】芦笋

【学　　名】*Asparagus officinalis* Linnaeus

【分　　布】哈萨克斯坦、蒙古等亚洲国家，俄罗斯及非洲、欧洲，现世界各国均有栽培。我国仅新疆有野生，各地引种栽培。福建南部常见栽培。

【生　　境】生于砂质河滩、河岸、草坡或林下。

【饲用价值】嫩苗牛、马、羊均采食，中等饲用植物。

【其他用途】嫩苗可供蔬食，块根供药用。

天门冬

【学　　名】*Asparagus cochinchinensis*（Loureiro）Merrill

【分　　布】日本、朝鲜、老挝、越南。我国分布于华东、中南、西南及河北、山西、陕西、甘肃等省。福建各地常见。

【生　　境】生于山坡、路旁、疏林下、山谷或荒地。

【饲用价值】嫩苗牛、马、羊均采食，中等饲用植物。

【其他用途】块根可供药用，有滋阴润燥、清火止咳的功效。

山麦冬属 *Liriope* Loureiro

禾叶山麦冬

【学　　名】*Liriope graminifolia*（Linnaeus）Baker

【分　　布】我国分布于安徽、甘肃、广东、贵州、河北、河南、湖北、江苏、江西、陕西、山西、四川、台湾、浙江等省。福建产于厦门、福州、平和、沙县、南靖等地。

【生　　境】生于山坡、山谷林下、灌丛中或山沟阴处、石缝间、草丛中。

【饲用价值】牛、马、羊均采食，中等饲用植物。

【其他用途】块根（土麦冬）药用，有养阴润肺、清心除烦、益胃生津的功效。

山麦冬

【别　　名】大麦冬

【学　　名】*Liriope spicata*（Thunberg）Loureiro

【分　　布】日本、朝鲜、越南。我国除东北及内蒙古、青海、新疆、西藏各省、自治区外，其他地区广泛分布和栽培。福建产于永安、沙县、仙游、福安、浦城、武夷山等地。

【生　　境】生于山坡、山谷林下、路旁湿地、湿岩壁上。

【饲用价值】牛、马、羊均采食其茎叶，中等饲用植物。

【其他用途】园林观赏植物。块根作麦冬入药，有养阴润肺、清心除烦、益胃生津的功效。

阔叶山麦冬

【别　　名】阔叶麦冬

【学　　名】*Liriope muscari*（Decaisne）L. H. Bailey

【分　　布】日本。我国分布于安徽、广东、广西、贵州、河南、湖北、湖南、江苏、江西、山东、四川、台湾、浙江等省、自治区。福建产于上杭、连城、新罗。

【生　　境】生于山地、山谷林下潮湿处。

【饲用价值】牛、马、羊均采食，中等饲用植物。

【其他用途】南方常栽培供观赏。

沿阶草属 *Ophiopogon* Ker Gawler

沿阶草

【别　　名】阔叶麦冬

【学　　名】*Ophiopogon bodinieri* H. Léveillé

【分　　布】不丹。我国分布于甘肃、贵州、河南、湖北、陕西、四川、台湾、西藏、云南等省、自治区。福建产于厦门、福州、福安、南平、龙岩等地，各地引种栽培。

【生　　境】生于林下、灌丛、山谷阴湿处。

【饲用价值】牛、马、羊均采食，中等饲用植物。

【其他用途】栽培供观赏。块根作中药麦冬用，有生津止渴、润肺止咳的功效。

麦冬

【别　　名】阔叶麦冬

【学　　名】*Ophiopogon japonicus*（Linnaeus f.）Ker Gawler

【分　　布】日本、朝鲜。我国分布于安徽、广东、广西、贵州、河南、河北、湖北、湖南、江苏、江西、陕西、山东、四川、台湾、云南、浙江等省、自治区。福建产于福州、延平、建阳、邵武、泰宁、武夷山，各地常引种栽培。

【生　　境】生于山地林下或草坡阴湿处。

【饲用价值】牛、马、羊均采食，中等饲用植物。

【其他用途】栽培供观赏。块根为中药麦冬，有生津止渴、润肺止咳的功效。

粉条儿菜属 *Aletris* Linnaeus

粉条儿菜

【学　　名】*Aletris spicata*（Thunberg）Franchet

【分　　布】日本。我国分布于广东、广西、台湾、浙江、湖南、湖北、安徽、江西、河南、河北、山西、甘肃等省、自治区。福建产于晋安、马尾、永泰、南平、泰宁、将乐等地。

【生　　境】生于山坡、路旁、灌丛草地。

【饲用价值】嫩茎叶牛、羊少食，煮熟后可喂猪，低等饲用植物。

【其他用途】根供药用，有润肺止咳、杀死蛔虫、消除疳积的功效。

萱草属 *Hemerocallis* Linnaeus

黄花菜

【别　　名】金针菜、黄花萱草、柠檬萱草

【学　　名】*Hemerocallis citrina* Baroni

【分　　布】日本、朝鲜。我国分布于安徽、湖北、湖南、江苏、江西、内蒙古、陕西、山东、四川、浙江等省、自治区，其他各地区引种栽培。福建较多栽培。

【生　　境】生于山坡、山谷、荒地或林缘。

【饲用价值】嫩茎叶牛、马、羊均喜食，良等饲用植物。

【其他用途】花经过蒸、晒，加工成干菜，即金针菜或黄花菜食品，还有健胃、利尿、消肿等功效；根可酿酒；叶可造纸和编织草垫；花葶干后可作纸煤和燃料。

山菅属 *Dianella* Lamarck

山菅

【别　　名】山菅兰

【学　　名】*Dianella ensifolia*（Linnaeus）Redouté

【分　　布】亚洲热带地区、澳大利亚、太平洋群岛及非洲的马达加斯加岛。我国分布于广东、广西、台湾、浙江、江西、四川、贵州、云南等省、自治区。福建产于厦门、泉州、闽侯、南平、龙岩等地。

【生　　境】生于林下，山坡灌丛或草丛中。

【饲用价值】牛、马、羊少食，低等饲用植物。

【其他用途】有毒植物，根状茎磨成干粉，调醋外敷，可治痈疮脓肿、癣、淋巴结炎等。

葱属 *Allium* Linnaeus

▌洋葱

【别　　名】球葱、圆葱、玉葱、葱头、荷兰葱

【学　　名】*Allium cepa* Linnaeus

【分　　布】原产亚洲西部，在国内外均广泛栽培。福建各地均有栽培。

【生　　境】对土壤的适应性较强，以肥沃疏松、通气性好的中性壤土栽培为宜。

【饲用价值】优等饲用植物。

【其他用途】鳞茎供食用、药用，有温胃、健胃的功效。

▌韭

【别　　名】韭菜

【学　　名】*Allium tuberosum* Rottler ex Sprengel

【分　　布】原产亚洲东南部，现在世界上已普遍栽培。我国广泛栽培。福建各地均有栽培。

【生　　境】菜园栽培，以沙培土为宜。

【饲用价值】家畜均喜食，适口性强，营养价值高，尤其是早春嫩苗，营养价值更高，牲畜最喜食，春、夏季常作牛、马、羊的抓膘饲料。优等饲用植物。

【其他用途】叶、花葶和花均作蔬菜食用；种子入药，有温中、行气、散淤的功效。

▌宽叶韭

【别　　名】大叶韭、亥菜、野韭菜

【学　　名】*Allium hookeri* Thwaites

【分　　布】斯里兰卡、不丹、印度、缅甸。我国分布于四川、云南（西北部）、西藏（东南部），南方一些地区有引种栽培。福建福州有栽培。

【生　　境】生于海拔 1400m 以上的林下、草甸或湿地。

【饲用价值】牛、羊喜食，良等饲用植物。

【其他用途】福州地区著名蔬菜，全草药用，有理气宽中、通阳散结、消肿止痛的功效。

▌蒜

【别　　名】葫、葫蒜

【学　　名】*Allium sativum* Linnaeus

【分　　布】原产亚洲，世界各地广泛栽培。我国南北普遍栽培。福建各地普遍栽培。

【生　　境】菜园栽培，以壤土为宜。

【饲用价值】作饲料添加剂。

【其他用途】幼苗、花葶和鳞茎均供蔬食，鳞茎还可作药用，有健胃、止咳、杀菌、驱虫的功效。

薤白

【别　　名】小根蒜、山蒜、苦蒜、小么蒜、小根菜、大脑瓜儿、野蒜

【学　　名】*Allium macrostemon* Bunge

【分　　布】俄罗斯、朝鲜、日本、蒙古。我国除新疆、青海、海南外，全国各省区均产。福建产于同安、漳州等地。

【生　　境】生于海拔 1600m 以下的山坡、丘陵、山谷、林下或草地上。

【饲用价值】牛、羊喜食，良等饲用植物。

【其他用途】鳞茎可作蔬菜食用，也可作药用，有温中通阳、理气宽胸的功效。

薤头

【学　　名】*Allium chinense* G. Don

【分　　布】印度、日本，中南半岛和美国也有栽培。我国分布于安徽、广东、广西、贵州、海南、河南、湖北、湖南、江西、浙江，我国热带及亚热带地区广泛栽培。福建各地偶见栽培。

【生　　境】生于荒山荒地或栽培于农舍旁。

【饲用价值】作饲料添加剂。

【其他用途】鳞茎供食用。

菝葜属 *Smilax* Linnaeus

牛尾菜

【别　　名】草菝葜、白须公、软叶菝葜

【学　　名】*Smilax riparia* A. de Candolle

【分　　布】朝鲜、日本、菲律宾。我国除内蒙古、新疆、西藏、青海、宁夏及四川、云南高山地区外，全国均有分布。福建各地均有分布。

【生　　境】生于林下、灌丛、山沟或山坡草丛中。

【饲用价值】中等饲用植物。

【其他用途】嫩苗可生食或当蔬菜食用；根状茎药用，有止咳祛痰的功效。

暗色菝葜

【学　　名】*Smilax lanceifolia* var. *opaca* A. de Candolle

【分　　布】越南、老挝、柬埔寨、印度尼西亚、马来西亚。我国分布于广东、广西、贵州、海南、湖南、江西、台湾、云南、浙江等省、自治区。福建各地常见。

【生　　境】生于林下、灌丛中或山坡阴处。

【饲用价值】中等饲用植物。

【其他用途】根状茎供药用，有解毒、除湿、强关节的功效。

托柄菝葜

【学　　名】*Smilax discotis* Warburg

【分　　布】我国分布于安徽、甘肃、贵州、河南、湖北、湖南、江西、陕西、四川、云南、浙江。福建产于建阳、光泽、武夷山等地。

【生　　境】生于海拔 600～2100m 的林下、灌丛中或山坡路旁阴处。

【饲用价值】中等饲用植物。

柔毛菝葜

【学　　名】*Smilax chingii* F. T. Wang & Tang

【分　　布】我国分布于广东、广西、贵州、湖北、湖南、江西、四川、云南。福建产于上杭、连城、长汀等地。

【生　　境】生于林下、灌丛中或山坡、河谷阴处。

【饲用价值】中等饲用植物。

三脉菝葜

【学　　名】*Smilax trinervula* Miquel

【分　　布】日本。我国分布于江西、浙江、湖南、贵州。福建产地不明。

【生　　境】生于林下或山坡路旁灌丛中。

【饲用价值】中等饲用植物。

红果菝葜

【学　　名】*Smilax polycolea* Warburg

【分　　布】我国分布于贵州、广西、湖北、湖南、四川等省、自治区。福建产于武夷山。

【生　　境】生于海拔 900～2200m 的林下、灌丛中或山坡阴处。

【饲用价值】中等饲用植物。

土茯苓

【别　　名】光叶菝葜

【学　　名】*Smilax glabra* Roxburgh

【分　　布】越南、泰国、印度、缅甸。我国分布于长江流域以南各省区。福建各地常见。

【生　　境】生于海拔 1800m 以下的林中、灌丛下、河岸、山谷中，也见于林缘、疏林中。

【饲用价值】中等饲用植物。

【其他用途】根茎称"土茯苓"，可入药，有利湿解毒、健脾胃的功效，也可提取淀粉供酿酒用。

九十七、石蒜科
Amaryllidaceae

龙舌兰属 *Agave* Linnaeus

剑麻

【学　　名】*Agave sisalana* Perrine ex Engelmann

【分　　布】原产墨西哥。我国华南、西南有引种栽培。福建南部也常见栽培和逸生居群。

【生　　境】生于山坡、林缘、路旁。

【饲用价值】叶加工纤维剩下的废叶和肉质部分，可作牛、家兔的饲料。

【其他用途】世界著名的纤维植物，纤维品质极优；植株含甾体皂苷元，是制药工业的重要原料。

龙舌兰

【学　　名】*Agave americana* Linnaeus

【分　　布】原产美洲热带地区。我国华南、西南有引种栽培。福建沿海各地常见栽培和逸生居群。

【生　　境】生于山坡、林缘、路旁。

【饲用价值】肉质叶含有丰富的糖液，可作家畜饲料。

【其他用途】叶可提取纤维，但含量低，质量差；叶汁中含有较丰富的海柯吉宁（hecogenin），为制可的松（cortisone）等药物的原料；也可栽培于庭园供观赏。

九十八、薯蓣科

Dioscoreaceae

薯蓣属 *Dioscorea* Linnaeus

参薯

【别　　名】大薯

【学　　名】*Dioscorea alata* Linnaeus

【分　　布】泛热带地区广泛栽培。我国南部地区引种栽培。福建各地常见栽培。

【生　　境】栽培或野生在山脚、山腰、溪边的微酸性黄壤或红壤上。

【饲用价值】块茎可作畜禽的优质饲料。

【其他用途】块茎可作蔬菜食用，药用有补脾肺、涩精气、消肿、止痛的功效，部分地区作"淮山"入药。

薯蓣

【别　　名】淮山、山药

【学　　名】*Dioscorea polystachya* Turczaninow

【分　　布】日本、朝鲜。我国南北各省区均有栽培或野生。福建各地常见栽培。

【生　　境】生于山坡路旁草丛中或栽培。

【饲用价值】块茎可作畜禽的优质饲料。

【其他用途】块茎为中药"怀山药"，有补脾胃、益肺肾的功效。

黄独

【别　　名】黄药子、零余薯

【学　　名】*Dioscorea bulbifera* Linnaeus

【分　　布】日本、朝鲜、印度、缅甸及大洋洲、非洲。我国分布于广东、广西、湖南、湖北、河南、云南、贵州、四川、西藏、台湾、江西、浙江、安徽、江苏、陕西、甘肃等省、自治区。福建产于诏安、厦门、华安、新罗、惠安、莆田、晋安、马尾、永泰、大田、连城、永安、三元、梅列、沙县、泰宁、宁德、建阳、松溪、政和、武夷山、顺昌、光泽等地。

【生　　境】生于房前屋后、路旁的树荫下或溪边、山谷阴沟、林缘。

【饲用价值】茎叶为牛、羊、猪喜食，块茎富含淀粉，作蔬菜食用或作精饲料，中等饲用植物。

【其他用途】块茎供药用，称"黄药子"，有解毒消肿、化痰散结、凉血止血的功效，用于治疗甲状腺肿大。

薯莨

【别　　名】红孩儿

【学　　名】*Dioscorea cirrhosa* Loureiro

【分　　布】越南、菲律宾。我国分布于广东、广西、湖南、云南、贵州、四川、西藏、台湾、江西、浙江。福建产于南靖、平和、上杭、武平、新罗、长汀、福清、长乐、晋安、马尾、沙县、泰宁、延平、顺昌、光泽等地。

【生　　境】生于林缘枯溪边或山坡、路旁灌丛中。

【饲用价值】茎叶为牛、羊、猪喜食，块茎富含淀粉，作蔬菜食用或作精饲料，中等饲用植物。

【其他用途】块茎富含单宁，可提制栲胶，或用于染丝绸、棉布、渔网等；也可作酿酒原料；又供药用，有止血、活血、养血的功效。

五叶薯蓣

【学　　名】*Dioscorea pentaphylla* Linnaeus

【分　　布】亚洲和非洲热带地区。我国分布于广东、广西、湖南、云南、贵州、四川、西藏、台湾、江西、浙江。福建产于南靖、平和、武平、永泰、连城、尤溪、霞浦等地。

【生　　境】生于山坡、林缘、路旁灌丛中。

【饲用价值】嫩茎叶为牛、羊、猪喜食，块茎可作精饲料，中等饲用植物。

【其他用途】块茎药用，有补肾壮阳的功效。

山萆薢

【学　　名】*Dioscorea tokoro* Makino

【分　　布】日本。我国分布于湖南、湖北、河南、贵州、四川、江西、浙江、安徽、江苏。福建产于松溪、政和。

【生　　境】生于林下潮湿处或稀疏杂木林下。

【饲用价值】嫩茎叶为牛、羊、猪喜食，块茎可作精饲料，中等饲用植物。

【其他用途】药用有祛风、利湿的功效；民间用根状茎煎水服，有舒筋活血的功效；根状茎捣碎投入水中可毒鱼。

福州薯蓣

【别　　名】草薢、土草薢、猴骨草

【学　　名】*Dioscorea futschauensis* Uline ex R. Knuth

【分　　布】我国分布于广东、广西、湖南、浙江。福建产于诏安、厦门、南靖、长泰、新罗、漳平、南安、长乐、闽侯、晋安、马尾、永泰、大田、连城、尤溪、蕉城、霞浦、延平、政和等地。

【生　　境】生于山坡灌丛、林缘、沟谷边、路旁或杂木林中。

【饲用价值】茎叶为牛、羊、猪喜食，块茎富含淀粉，作蔬菜食用或作精饲料，中等饲用植物。

【其他用途】根状茎含微量薯蓣皂苷元和大量的淀粉，药用有祛风利湿的功效；民间当"萆薢"入药，有清热解毒、利尿的功效。

日本薯蓣

【别　　名】野山药、山药

【学　　名】*Dioscorea japonica* Thunberg

【分　　布】日本、朝鲜。我国分布于广东、广西、湖南、湖北、贵州、四川、台湾、江西、浙江、安徽、江苏等省、自治区。福建产于上杭、武平、新罗、德化、仙游、晋安、马尾、永泰、永安、三元、梅列、沙县、宁化、尤溪、将乐、泰宁、建宁、宁德、延平、建阳、松溪、政和、武夷山、浦城、顺昌、邵武、光泽等地。

【生　　境】生于山坡、灌丛或杂木林下。

【饲用价值】嫩茎叶为牛、羊、猪喜食，块茎可作精饲料，中等饲用植物。

【其他用途】块茎可供食用；也可供药用，为滋养强壮药，外敷治肿毒、火伤症。

粉背薯蓣

【别　　名】黄萆薢

【学　　名】*Dioscorea collettii* var. *hypoglauca*（Palibin）C. T. Ting et al.

【分　　布】日本。我国分布于广东、广西、湖南、湖北、河南、四川、台湾、江西、浙江、安徽等省、自治区。福建产于诏安、长乐、闽侯、晋安、马尾、永泰、泰宁、罗源、宁德、武夷山、浦城、顺昌、光泽等地。

【生　　境】生于疏林下、林缘或灌丛中。

【饲用价值】茎叶为牛、羊、猪喜食，块茎富含淀粉，作蔬菜食用或作精饲料，中等饲用植物。

【其他用途】根状茎含薯蓣皂苷元等，药用有祛风、利湿的功效。

细柄薯蓣

【学　　名】*Dioscorea tenuipes* Franchet & Savatier

【分　　布】日本。我国分布于广东、湖南、湖北、江西、浙江、安徽。福建产于长汀、永泰、三元、梅列、沙县、宁化、泰宁、蕉城、寿宁、政和、浦城、顺昌、邵武、光泽等地。

【生　　境】生于溪边、村旁、林缘或山坡、路旁灌丛中。

【饲用价值】嫩茎叶为牛、羊、猪喜食，块茎可作精饲料，中等饲用植物。

【其他用途】根状茎药用有祛风湿、止痛、舒筋活血、止咳平喘祛痰的功效，用于治疗风湿性关节炎、慢性支气管炎、咳嗽气喘等。

褐苞薯蓣

【别　　名】山薯

【学　　名】*Dioscorea persimilis* Prain & Burkill

【分　　布】越南。我国分布于广东、广西、湖南、云南、贵州等省、自治区。福建产于漳浦、新罗、漳平、长汀、安溪、德化、闽侯、闽清、永泰、永安、尤溪、将乐、泰宁、延平、武夷山、浦城、邵武等地。

【生　　境】生于山坡路旁灌丛中或杂木林中。

【饲用价值】嫩茎叶为牛、羊、猪喜食，块茎可作精饲料，中等饲用植物。

【其他用途】块茎供药用，有补脾肺、涩精气的功效；也可食用。

纤细薯蓣

【学　　名】*Dioscorea gracillima* Miquel

【分　　布】日本。我国分布于湖南、湖北、江西、浙江、安徽。福建产于武平、闽侯、宁化、武夷山、浦城、邵武、光泽等地。

【生　　境】生于山坡疏林或路旁灌丛中。

【饲用价值】茎叶为牛、羊、猪喜食，块茎富含淀粉，作蔬菜食用或作精饲料，中等饲用植物。

【其他用途】根状茎含薯蓣皂苷元，是合成甾体激素药物的原料；药用有利湿浊、祛风湿的功效。

山薯

【学　　名】*Dioscorea fordii* Prain & Burkill

【分　　布】我国分布于广东、广西、湖南、浙江。福建产于同安、南靖、平和、长泰、华安、龙岩、德化、大田、建阳等地。

【生　　境】生于杂木林中或林缘。

【饲用价值】茎叶为牛、羊、猪喜食，块茎富含淀粉，作蔬菜食用或作精饲料，中等饲用植物。

九十九、芭蕉科

Musaceae

象腿蕉属 *Ensete* Horaninow

象腿蕉

【学　　名】*Ensete glaucum*（Roxburgh）Cheesman

【分　　布】尼泊尔、印度、缅甸、泰国、菲律宾、印度尼西亚（爪哇）。我国产于云南南部及西部。福建厦门有引种栽培。

【生　　境】多野生或栽培于平坝、山地，尤喜生于沟谷两旁的缓坡地带。

【饲用价值】假茎作猪、牛、马的饲料，良等饲用植物。

【其他用途】假茎药用，有收敛止血的功效。

芭蕉属 *Musa* Linnaeus

野蕉

【别　　名】山芭蕉、野芭蕉

【学　　名】*Musa balbisiana* Colla

【分　　布】亚洲东南部。我国分布于云南西部、广西、广东、海南。福建各地均有分布。

【生　　境】生于沟谷坡地的湿润常绿林中。

【饲用价值】假茎和嫩茎叶可作猪饲料，多煮熟后饲用，良等饲用植物。

【其他用途】世界上栽培香蕉的亲本种之一；叶鞘纤维可作麻类代用品。

芭蕉

【别　　名】甘蕉、天苴、板蕉、牙蕉

【学　　名】*Musa basjoo* Siebold & Zuccarini

【分　　布】原产日本、朝鲜。我国秦岭—淮河以南地区可露地栽培。福建各地均有栽培。

【生　　境】多栽培于庭园、农舍附近。

【饲用价值】茎、叶、果皮和根茎（地下茎和须根）均可作饲料。

【其他用途】叶纤维为芭蕉布（称蕉葛）的原料，亦为造纸原料，假茎、叶、花、根均可药用。

一〇〇、美人蕉科

Cannaceae

美人蕉属 *Canna* Linnaeus

蕉芋

【别　　名】姜芋

【学　　名】*Canna edulis* Ker Gawler

【分　　布】原产西印度群岛和南美洲。我国南部、西南部有栽培。福建各地有栽培。

【生　　境】适宜在开旷多肥的土地生长，也可种在庭院、街道、花园中。

【饲用价值】块茎可代替精饲料作为猪的催肥饲料，茎叶青贮发酵后，有酸香味，猪愿意采食，只是粗纤维多，叶面有胶质，消化率低，提取淀粉或酿酒后的粉渣可作饲料还可晒干长期保存。

【其他用途】块茎可煮食或提取淀粉、酿酒及供工业用；茎叶纤维可造纸、制绳。

美人蕉

【学　　名】*Canna indica* Linnaeus

【分　　布】原产热带美洲，现广泛栽培于世界热带及亚热带地区。我国南北各地均有栽培。福建各地常见栽培。

【生　　境】喜温暖和充足的阳光，不耐寒。对土壤要求不严，在疏松肥沃、排水良好的砂壤土中生长最佳。

【饲用价值】地下茎、茎、叶切碎煮熟后可喂猪，嫩茎叶其他家畜也食，中等饲用植物。

【其他用途】观赏花卉，根茎药用，有清热利湿、舒筋活络的功效；茎叶纤维可制人造棉、织麻袋、搓绳，其叶提取芳香油后的残渣还可作造纸原料。

附录一　拉丁学名索引

Erigeron sumatrensis Retzius 110

Eriobotrya cavaleriei（ H. Léveillé ）Rehder 223

Eriobotrya japonica（ Thunberg ）Lindley 223

Eriochloa procera（ Retzius ）C. E. Hubbard 37

Eriochloa villosa（ Thunberg ）Kunth 37

Erodium cicutarium（ Linnaeus ）L'Héritier ex
　Aiton 226

Eryngium foetidum Linnaeus 275

Eschenbachia leucantha（ D. Don ）Brouillet 110

Eulalia leschenaultiana（ Decaisne ）Ohwi 46

Eulalia quadrinervis（ Hackel ）Kuntze 46

Eulalia speciosa（ Debeaux ）Kuntze 46

Euonymus maackii Ruprecht 241

Eupatorium japonicum Thunberg 108

Eupatorium lindleyanum Candolle 107

Euphorbia hirta Linnaeus 237

Euphorbia hypericifolia Linnaeus 237

Euphorbia thymifolia Linnaeus 237

Euryale ferox Salisbury 208

Evolvulus alsinoides（ Linnaeus ）Linnaeus 291

F

Fagopyrum dibotrys（ D. Don ）H. Hara 191

Fagopyrum esculentum Moench 191

Fagopyrum tataricum（ Linnaeus ）Gaertner 191

Fatoua villosa（ Thunberg ）Nakai 175

Festuca arundinacea Schreber 12

Festuca parvigluma Steudel 12

Festuca rubra Linnaeus 12

Ficus abelii Miquel 179

Ficus auriculata Loureiro 178

Ficus elastica Roxburgh 179

Ficus formosana Maximowicz 179

Ficus fulva Reinwardt ex Blume 178

Ficus hirta Vahl 178

Ficus microcarpa Linnaeus f. 179

Ficus pandurata Hance 180

Ficus pumila Linnaeus 180

Ficus stenophylla Hemsley 180

Ficus variegata Blume 178

Fimbristylis aestivalis（ Retzius ）Vahl 139

Fimbristylis complanata（ Retzius ）Link 137

Fimbristylis dichotoma（ Linnaeus ）Vahl 138

Fimbristylis diphylloides Makino 138

Fimbristylis fusca（ Nees ）C. B. Clarke in J. D.
　Hooker 139

Fimbristylis littoralis Gaudichaud 138

Fimbristylis nutans（ Retzius ）Vahl 141

Fimbristylis pierotii Miquel 140

Fimbristylis quinquangularis（ Vahl ）Kunth 140

Fimbristylis schoenoides（ Retzius ）Vahl 139

Fimbristylis sericea R. Brown 139

Fimbristylis sieboldii Miquel ex Franchet &
　Savatier 138

Fimbristylis squarrosa Vahl 140

Fimbristylis squarrosa var. *esquarrosa* Makino 140

Fimbristylis subbispicata Nees & Meyen 139

Fimbristylis tetragona R. Brown 140

Flemingia macrophylla（ Willdenow ）Prain 78

Flemingia prostrata Roxburgh 78

Flemingia strobilifera（ Linnaeus ）R. Brown 78

Floscopa scandens Loureiro 337

Foeniculum vulgare Miller 276

Fragaria × *ananassa*（ Weston ）Duchesne 222

Fraxinus chinensis Roxburgh 284

Fuirena ciliaris（ Linnaeus ）Roxburgh 145

Fuirena umbellata Rottboll 145

G

Gahnia tristis Nees 147

Galinsoga parviflora Cavanilles 117

Galium aparine Linnaeus 313

Gelsemium elegans（ Gardner & Champion ）
　Bentham 285

Gentiana scabra Bunge 286

Glebionis segetum（ Linnaeus ）Fourreau 117

Glechoma longituba（ Nakai ）Kuprianova 301

Glochidion eriocarpum Champion ex Bentham 232

Glochidion puberum（ Linnaeus ）Hutchinson 232

Glycine max（ Linnaeus ）Merrill 74

Glycine soja Siebold & Zuccarini 75

Gnaphalium adnatum（ Candolle ）Wallich ex
　Thwaites 111

Gnaphalium affine D. Don 111

Gnaphalium hypoleucum Candolle 111

Gnaphalium pensylvanicum Willdenow 112

J

Juncus alatus Franchet & Savatier 341
Juncus articulatus Linnaeus 341
Juncus bufonius Linnaeus 340
Juncus effusus Linnaeus 340
Juncus prismatocarpus R. Brown 341

K

Kochia scoparia（Linnaeus）Schrader 194
Koeleria macrantha（Ledebour）Schultes 7
Kummerowia stipulacea（Maximowicz）Makino 105
Kummerowia striata（Thunberg）Schindler 105
Kyllinga brevifolia Rottboll 146
Kyllinga cylindrica Nees 147

L

Lablab purpureus（Linnaeus）Sweet 84
Lactuca formosana Maximowicz 129
Lactuca indica Linnaeus 129
Lactuca raddeana Maximowicz 130
Lactuca sativa Linnaeus 130
Lagenaria siceraria（Molina）Standley 316
Lamium amplexicaule Linnaeus 300
Laportea bulbifera（Siebold & Zuccarini）Weddell 185
Lapsanastrum apogonoides（Maximowicz）Pak & K. Bremer 128
Lathyrus odoratus Linnaeus 86
Leersia hexandra Swartz 1
Leersia sayanuka Ohwi 2
Leibnitzia anandria（Linnaeus）Turczaninow 128
Lemna minor Linnaeus 333
Lemna trisulca Linnaeus 333
Leonurus japonicus Houttuyn 299
Leptochloa chinensis（Linnaeus）Nees 19
Leptochloa fusca（Linnaeus）Kunth 19
Leptochloa panicea（Retzius）Ohwi 19
Lespedeza bicolor Turczaninow 102
Lespedeza chinensis G. Don 104
Lespedeza cuneata（Dumont de Courset）G. Don 104
Lespedeza dunnii Schindler 102
Lespedeza floribunda Bunge 103

Lespedeza pilosa（Thunberg）Siebold & Zuccarini 104
Lespedeza thunbergii subsp. *formosa*（Vogel）H. Ohashi 103
Lespedeza tomentosa（Thunberg）Siebold ex Maximowicz 103
Lespedeza virgata（Thunberg）Candolle 104
Leucaena leucocephala（Lamarck）de Wit 62
Ligustrum lucidum W. T. Aiton 284
Limonium sinense（Girard）Kuntze 282
Lindernia anagallis（N. L. Burman）Pennell 306
Lindernia crustacea（Linnaeus）F. Mueller 306
Lindernia procumbens（Krocker）Borbás 306
Lindernia ruellioides（Colsmann）Pennell 306
Linum usitatissimum Linnaeus 227
Lipocarpha chinensis（Osbeck）J. Kern 147
Lipocarpha microcephala（R. Brown）Kunth 147
Liquidambar formosana Hance 219
Liriope graminifolia（Linnaeus）Baker 342
Liriope muscari（Decaisne）L. H. Bailey 343
Liriope spicata（Thunberg）Loureiro 343
Litchi chinensis Sonnerat 243
Lithospermum arvense Linnaeus 292
Lobelia chinensis Loureiro 320
Lolium multiflorum Lamarck 11
Lolium perenne Linnaeus 11
Lophatherum gracile Brongniart 10
Lophatherum sinense Rendle 10
Lotononis bainesii Baker 72
Ludwigia adscendens（Linnaeus）H. Hara 271
Ludwigia hyssopifolia（G. Don）Exell 271
Ludwigia prostrata Roxburgh 271
Luffa acutangula（Linnaeus）Roxburgh 317
Luffa aegyptiaca Miller 316
Luzula plumosa E. Meyer 340
Lycium chinense Miller 302
Lycopersicon esculentum Miller 303
Lycopus lucidus var. *hirtus* Regel 297
Lygodium flexuosum（Linnaeus）Swartz 156
Lygodium japonicum（Thunberg）Swartz 156
Lygodium microphyllum（Cavanilles）R. Brown 156
Lysimachia christiniae Hance 280
Lysimachia clethroides Duby 280

附录二　中文名索引

参 考 文 献

陈默君，贾慎修．2002．中国饲用植物．北京：中国农业出版社．

陈耀东，马欣堂，杜玉芬，等．2012．中国水生植物．郑州：河南科学技术出版社．

福建省科学技术委员会．1982-1995．福建植物志．第1-6卷．福州：福建科学技术出版社．

李春燕，詹杰，应朝阳，罗旭辉，陈恩，陈志彤．2014．福建省野生豆科植物资源及植物生态地理区系分析．热带农业科学，34（10）：62-66．

李振宇，解焱．2002．中国外来入侵种．北京：中国林业出版社．

刘国道，白昌军，杨虎彪，等．2015．中国热带牧草品种志．北京：科学出版社．

刘国道，白昌军等．2012．海南莎草志．北京：科学出版社．

刘国道，罗丽娟．1999．中国热带饲用植物资源．北京：中国农业大学出版社．

刘国道，钟声，白昌军，等．2010．海南禾草志．北京：科学出版社．

刘国道．2000．海南饲用植物志．北京：中国农业大学出版社．

罗旭辉，陈恩，詹杰，应朝阳，杨虎彪，白昌军．2015．福建雀稗属植物一个新记录种——海雀稗．福建农业学报，30（1）：111-112．

马金双．2013．中国入侵植物名录．北京：高等教育出版社．

马玉寿，徐海峰．2013．三江源区饲用植物志．北京：科学出版社．

农业部畜牧兽医司，北方草场资源调查办公室，南方草场资源调查科技办公室．1994．中国草地饲用植物资源．沈阳：辽宁民族出版社．

邱燕连，陈柄华，赵健，邱荣洲，王正伟．2014．福建省新分布植物Ⅰ．福建师范大学学报（自然科学版），30（1）：121-124．

万方浩，刘全儒，谢明，等．2012．生物入侵：中国外来入侵植物图鉴．北京：科学出版社．

肖文一，陈德新，吴渠来，等．1991．饲用植物栽培与利用．北京：农业出版社．

杨成梓，刘小芬，黄泽豪，范世明，吴锦忠．2012．福建被子植物分布新记录Ⅲ．亚热带植物科学，41（3）：61-64．

杨虎彪，刘国道，白昌军，等．2016．海南莎草科饲用植物志．北京：科学出版社．

负旭疆，李晓芳，赵来喜，等．2008．中国主要优良栽培草种图鉴．北京：中国农业出版社．

云南省畜牧局．1989．云南野生饲用植物．昆明：云南科技出版社．

曾宪锋，邱贺媛，马金双．2011．福建省2种新记录外来入侵植物．广东农业科学，（20）：149．

中国科学院《中国植物志》编辑委员会．1959-2004．中国植物志．第1-80卷．北京：科学出版社．

中华人民共和国环境保护部．2014-8-20．关于发布中国外来入侵物种名单（第三批）的公告．http://www.zhb.gov.cn/gkml/hbb/bgg/201408/t20140828_288367.htm?COLLCC=2941030703&.

中华人民共和国农业部．1959．中国饲料植物图谱．北京：科学普及出版社．

Deng Y. 2014. *Carex longicolla* (Cyperaceae), a new sedge from China. Phytotaxa, 178(3): 181-188.

Missouri Botanical Garden. 2015.11-2016.04. Tropicos. http://www.tropicos.org/.

The Editorial Committee of Flora of China. 1989-2013. Flora of China. Volume 1-25. Beijing: Science Press & St, Louis: Missouri Botanical Garden Press.

Wikimedia Foundation. 2001-2016. Wikipedia. https://en.wikipedia.org/.

Ying Z Y, Wen S L, Hacker J B. 2000. Potential of *Chamaecrista* spp. in southern China. *In*: Stuir W W, Horne P M, Hacker J B, Kerridge P C. Working with Farmers: The Key to Adoption of Forage Technologies. ACIAR Proceedings No. 95. Canberra: ACIAR, 187-190.

彩 图

稻 *Oryza sativa*

李氏禾 *Leersia hexandra*

无芒山涧草 *Chikusichloa mutica*（植株）

无芒山涧草 *Chikusichloa mutica*（花序）

无芒山涧草 *Chikusichloa mutica*（小穗）

无芒山涧草 *Chikusichloa mutica*（叶舌）

菰 *Zizania latifolia*

鹅观草 *Elymus kamoji*

纤毛鹅观草 *Elymus ciliaris*

看麦娘 *Alopecurus aequalis*

拂子茅 *Calamagrostis epigeios*

棒头草 *Polypogon fugax*

菵草 *Beckmannia syzigachne*（花序）

菵草 *Beckmannia syzigachne*（颖果）

菵草 *Beckmannia syzigachne*（颖果结构）

菵草 *Beckmannia syzigachne*（植株）

野燕麦 *Avena fatua*

淡竹叶 *Lophatherum gracile*

黑麦草 *Lolium perenne*（植株）　　　　　黑麦草 *Lolium perenne*（花序）

芦竹 *Arundo donax*　　　　　　　　　雀麦 *Bromus japonicus*

小颖羊茅 *Festuca parvigluma*　　　　　　早熟禾 *Poa annua*

知风草 *Eragrostis ferruginea*（植株）　　知风草 *Eragrostis ferruginea*（花序）

牛筋草 *Eleusine indica*　　　　　　穇 *Eleusine coracana*

龙爪茅 *Dactyloctenium aegyptium*　　　狗牙根 *Cynodon dactylon*

沟叶结缕草 *Zoysia matrella*

鼠尾粟 *Sporobolus fertilis*

红毛草 *Melinis repens*

棕叶狗尾草 *Setaria palmifolia*

狗尾草 *Setaria viridis*

大狗尾草 *Setaria faberi*

非洲狗尾草 *Setaria anceps*

狼尾草 *Pennisetum alopecuroides*

杂交狼尾草 *Pennisetum americanum* × *P. purpureum*

弓果黍 *Cyrtococcum patens*

大黍 *Panicum maximum*

铺地黍 *Panicum repens*

大距花黍 *Ichnanthus pallens* var. *major*（野生群体）　　　　大距花黍 *Ichnanthus pallens* var. *major*（植株）

竹叶草 *Oplismenus compositus*　　　　　　　　　光头稗 *Echinochloa colona*

福建竹叶草 *Oplismenus fujianensis*（野生群体）　　　福建竹叶草 *Oplismenus fujianensis*（花序）

稗 *Echinochloa crusgalli*

野黍 *Eriochloa villosa*

丝毛雀稗 *Paspalum urvillei*

百喜草 *Paspalum notatum*

圆果雀稗 *Paspalum scrobiculatum* var. *orbiculare*（植株）

圆果雀稗 *Paspalum scrobiculatum* var.
orbiculare（花序）

宽叶雀稗 *Paspalum wettsteinii*

地毯草 *Axonopus compressus*

紫马唐 *Digitaria violascens*

金丝草 *Pogonatherum crinitum*

白茅 *Imperata cylindrica*

五节芒 *Miscanthus floridulus*

斑茅 *Saccharum arundinaceum*

甜根子草 *Saccharum spontaneum*

细毛鸭嘴草 *Ischaemum ciliare*
（野生群体）

细毛鸭嘴草 *Ischaemum ciliare*
（花序）

水蔗草 *Apluda mutica*

假俭草 *Eremochloa ophiuroides*

光高粱 *Sorghum nitidum*

高丹草 *Sorghum bicolor* × *S. sudanense*

墨西哥玉米 *Zea mexicana*

薏苡 *Coix lacryma-jobi*

山合欢 *Albizia kalkora*

阔荚合欢 *Albizia lebbeck*

台湾相思 *Acacia confusa*

首冠藤 *Bauhinia corymbosa*

黄槐 *Senna surattensis*

圆叶决明 *Chamaecrista rotundifolia*

羽叶决明 *Chamaecrista nictitans*

云实 *Caesalpinia decapetala*

凤凰木 *Delonix regia*

假地蓝 *Crotalaria ferruginea*

光萼猪屎豆 *Crotalaria trichotoma*

印度草木樨 *Melilotus indicus*

天蓝苜蓿 *Medicago lupulina*

白车轴草 *Trifolium repens*

蔓草虫豆 *Cajanus scarabaeoides*

蝶豆 *Clitoria ternatea*　　　　紫花大翼豆 *Macroptilium atropurpureum*

野葛 *Pueraria montana* var. *lobata*　　　　木豆 *Cajanus cajan*

豇豆 *Vigna unguiculata*　　　　豆薯 *Pachyrhizus erosus*

救荒野豌豆 *Vicia sativa*

庭藤 *Indigofera decora*

紫穗槐 *Amorpha fruticosa*

香花崖豆藤 *Millettia dielsiana*

小巢菜 *Vicia hirsuta*

假蓝靛 *Indigofera suffruticosa*

绿花崖豆藤 *Millettia championii*（植株）

绿花崖豆藤 *Millettia championii*（花）

田菁 *Sesbania cannabina*

紫云英 *Astragalus sinicus*

合萌 *Aeschynomene indica*

杜兰落花生 *Arachis duranensis*

平托花生 *Arachis pintoi*

假地豆 *Desmodium heterocarpon*

猫尾草 *Uraria crinita*

美丽胡枝子 *Lespedeza thunbergii* subsp. *formosa*

截叶铁扫帚 *Lespedeza cuneata*

鸡眼草 *Kummerowia striata*

鱼眼草 *Dichrocephala integrifolia*

一年蓬 *Erigeron annuus*

苍耳 *Xanthium sibiricum*

鳢肠 *Eclipta prostrata*

鼠麴草 *Gnaphalium affine*

匙叶鼠麴草 *Gnaphalium pensylvanicum*

豨莶 *Sigesbeckia orientalis*　　　　　　肿柄菊 *Tithonia diversifolia*

菊芋 *Helianthus tuberosus*　　　　　　狼杷草 *Bidens tripartita*

鬼针草 *Bidens pilosa*　　　　　　牛膝菊 *Galinsoga parviflora*

串叶松香草 *Silphium perfoliatum*　　　　　　南茼蒿 *Glebionis segetum*

艾 *Artemisia argyi*　　　　　　野菊 *Chrysanthemum indicum*

野茼蒿 *Crassocephalum crepidioides*　　　　　　一点红 *Emilia sonchifolia*

蒲儿根 *Sinosenecio oldhamianus*

千里光 *Senecio scandens*

蓟 *Cirsium japonicum*

牛蒡 *Arctium lappa*

华麻花头 *Rhaponticum chinense*

蒲公英 *Taraxacum mongolicum*

苦苣菜 *Sonchus oleraceus*

苣荬菜 *Sonchus wightianus*

翅果菊 *Lactuca indica*

黄鹌菜 *Youngia japonica*

菊苣 *Cichorium intybus*（植株）　　　　　　菊苣 *Cichorium intybus*（花）

水虱草 *Fimbristylis littoralis*（野生群体）　　　　水虱草 *Fimbristylis littoralis*（花序）

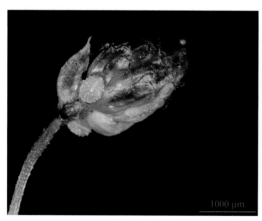

水虱草 *Fimbristylis littoralis*（小穗）　　　　水虱草 *Fimbristylis littoralis*（鳞片及小坚果）

绢毛飘拂草 *Fimbristylis sericea*

香附子 *Cyperus rotundus*

碎米莎草 *Cyperus iria*

砖子苗 *Cyperus cyperoides*

矮扁莎 *Pycreus pumilus*

短叶水蜈蚣 *Kyllinga brevifolia*

高秆珍珠茅 *Scleria terrestris*　　　　　　　　　　浆果薹草 *Carex baccans*

发秆薹草 *Carex capillacea*（植株）　　发秆薹草 *Carex*　　　　发秆薹草 *Carex capillacea*（小坚果）
　　　　　　　　　　　　　　　　　capillacea（果序）

中华薹草 *Carex chinensis*（植株）　　　　　　中华薹草 *Carex chinensis*（果序）

中华薹草 *Carex chinensis*（果囊）　　　中华薹草 *Carex chinensis*（小坚果）　　　中华薹草 *Carex chinensis*（果鳞片）

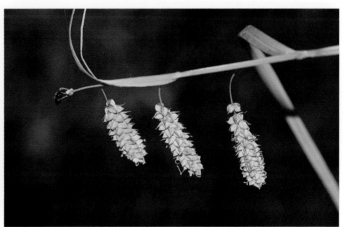

粉被薹草 *Carex pruinosa*（植珠）　　　　　　粉被薹草 *Carex pruinosa*（花序）

条穗薹草 *Carex nemostachys*　　　　　　　　长颈薹草 *Carex longicolla*

笔管草 *Equisetum ramosissimum* subsp. *debile*

槐叶萍 *Salvinia natans*

满江红 *Azolla pinnata* subsp. *asiatica*

鱼腥草 *Houttuynia cordata*

山油麻 *Trema cannabina* var. *dielsiana*

葎草 *Humulus scandens*

桑 *Morus alba*

苎麻 *Boehmeria nivea*　　　　　　　　　　　　　　紫麻 *Oreocnide frutescens*

水蓼 *Polygonum hydropiper*（植株）　　　　　　　水蓼 *Polygonum hydropiper*（托叶鞘）

水蓼 *Polygonum hydropiper*（花）　　水蓼 *Polygonum hydropiper*（果实）　　水蓼 *Polygonum hydropiper*（瘦果）

火炭母 Polygonum chinense

刺蓼 Polygonum senticosum

尼泊尔蓼 Polygonum nepalense

土荆芥 Dysphania ambrosioides

金荞麦 Fagopyrum dibotrys

羊蹄 Rumex japonicus

小藜 *Chenopodium ficifolium*

藜 *Chenopodium album*

青葙 *Celosia argentea*

空心莲子草 *Alternanthera philoxeroides*

皱果苋 *Amaranthus viridis*

籽粒苋 *Amaranthus hypochondriacus*

土牛膝 *Achyranthes aspera*

毛马齿苋 *Portulaca pilosa*

雀舌草 *Stellaria alsine*

土人参 *Talinum paniculatum*

落葵 *Basella alba*

番杏 *Tetragonia tetragonioides*

牛繁缕 *Myosoton aquaticum*

簇生泉卷耳 *Cerastium fontanum* subsp. *vulgare*

萍蓬草 *Nuphar pumila*

弹裂碎米荠 *Cardamine impatiens*

碎米荠 *Cardamine hirsuta*

萝卜 *Raphanus sativus*

枫香 *Liquidambar formosana*

龙芽草 *Agrimonia pilosa*（花）

龙芽草 *Agrimonia pilosa*（植株）

蛇莓 *Duchesnea indica*

簕樘花椒 *Zanthoxylum avicennae*

土蜜树 *Bridelia tomentosa*

木薯 *Manihot esculenta*

白背叶 *Mallotus apelta*

山乌桕 *Triadica cochinchinensis*

乌桕 *Triadica sebifera*

沼生水马齿 *Callitriche palustris*

盐肤木 *Rhus chinensis*

枣 *Ziziphus jujuba*

白背黄花稔 *Sida rhombifolia*

苘麻 *Abutilon theophrasti*

磨盘草 *Abutilon indicum*

七星莲 *Viola diffusa*

圆叶节节菜 *Rotala rotundifolia*

丁香蓼 *Ludwigia prostrata*　　　红马蹄草 *Hydrocotyle nepalensis*　　　积雪草 *Centella asiatica*

薄片变豆菜 *Sanicula lamelligera*（植株）　　　薄片变豆菜 *Sanicula lamelligera*（果）

星宿菜（红根草）*Lysimachia fortunei*　　　番薯 *Ipomoea batatas*

五爪金龙 *Ipomoea cairica*

厚藤 *Ipomoea pes-caprae*

柔弱斑种草 *Bothriospermum zeylanicum*

附地菜 *Trigonotis peduncularis*

大青 *Clerodendrum cyrtophyllum*

紫苏 *Perilla frutescens*

硬毛地笋 *Lycopus lucidus* var. *hirtus*　　　益母草 *Leonurus japonicus*　　　马铃薯 *Solanum tuberosum*

阿拉伯婆婆纳 *Veronica persica*　　　水苦荬 *Veronica undulata*

旱田草 *Lindernia ruellioides*　　　通泉草 *Mazus pumilus*

车前 *Plantago asiatica*

玉叶金花 *Mussaenda pubescens*

阔叶丰花草 *Spermacoce alata*

拉拉藤 *Galium aparine*

水烛 *Typha angustifolia*

佛手瓜 *Sechium edule*

大薸 *Pistia stratiotes*   疏毛蒻芋 *Amorphophallus kiusianus*

凤眼蓝 *Eichhornia crassipes*（植株）   凤眼蓝 *Eichhornia crassipes*（花）

鸭跖草 *Commelina communis*   聚花草 *Floscopa scandens*

裸花水竹叶 *Murdannia nudiflora*

灯心草 *Juncus effusus*

江南灯心草 *Juncus prismatocarpus*

宽叶韭 *Allium hookeri*

参薯 *Dioscorea alata*

美人蕉 *Canna indica*